농촌계획학
Rural Planning

저자 약력

최수명 (1장 집필) 전남대학교 농업생명과학대학 지역바이오시스템공학과(지역시스템공학전공) 교수
서울대학교 농학박사

리신호 (5장 집필) 충북대학교 농업생명환경대학 지역건설공학과 교수
서울대학교 농학박사

김기성 (7장 집필) 강원대학교 농업생명과학대학 지역건설공학과 교수
일본 북해도대학교 농학박사

황한철 (4장 집필) 한경대학교 농업생명과학대학 지역자원시스템공학과 교수
일본 동경농공대학교 농학박사

김대식 (3장 집필) 충남대학교 농업생명과학대학 지역환경토목학과 교수
서울대학교 공학박사, 일본 교토대학교 농학박사

김영주 (2장 집필) 경상대학교 농업생명과학대학 지역환경기반공학과 교수
일본 교토대학교 농학박사

정남수 (6장 집필) 공주대학교 산업과학대학 생물산업공학부(지역건설공학전공) 교수
서울대학교 공학박사

농촌계획학

초판 발행 2011년 8월 25일
초판 3쇄 발행 2016년 1월 25일

지은이 최수명, 리신호, 김기성, 황한철, 김대식, 김영주, 정남수
펴낸이 최국주
펴낸곳 동명사
출판등록 1950년 11월 1일(제1-76호)
주소 (우 413-756) 경기도 파주시 회동길 50(문발동)
전화 031-955-7200(대표)~2, 7203(편집부), 7204(물류)
팩스 031-955-7205
전자우편 webmaster@dmsbook.com
홈페이지 www.dmsbook.com

東明社

ISBN 978-89-411-3728-3 93520
값 18,000원

머리말

농촌개발과 정비에 대한 사회적 관심이 고조되었던 시대적 배경을 바탕으로 '농촌계획학' 교과서가 발간된지도 10년을 넘고 있다. 흐름의 시대인 지식정보화사회에서 10년이면 강산이 몇 번이고 변할 수 있는 시간인데 이제야 개정판을 내놓게 되었다. 기쁘고 자랑스럽기 보다는 부끄럽고 미안한 마음이 앞선다. 특히 농촌지역개발 분야에서 고군분투하고 있는 계획실무 요원들께는 그간의 간절한 요구에 부응치 못하여 죄송함이 더욱 크다. 이제라도 심기일전하여 다듬고 정리한 내용을 담아 출간하였으므로 오랜 바램에 대한 부응이라 생각하고 너른 양해를 부탁한다.

지난 10년 동안 농촌지역개발 분야의 정책과 사업이 크게 활성화 되었다. 일부 농촌지역개발사업이 정부부서별로 분산 추진되고 있으나 포괄보조제도에 의해 농림수산식품부가 주관부서로 위상을 확고히 정립하고 있다. 또한 농촌공간의 계층적 위계에 따라 '농가-마을-마을권역-거점면-소도읍' 각각에 대응한 시책과 사업이 정립되어 있다. 아직 농촌계획법 제정에 이르지는 못하고는 있지만 '농촌정비법'과 '농림어업인의 삶의 질 향상 및 농산어촌지역개발 촉진에 관한 특별법' 등 관련법의 제정으로 제도적 차원에서도 농촌지역개발은 착실히 정착되고 있다.

이렇게 활성화되고 있는 농촌지역개발사업은 계획이 전제가 됨은 두 말할 나위가 없다. 농촌계획의 이론을 바탕으로 계획실무에 대한 능력개발이 더욱 더 요구되는 시기이다. 이러한 인식을 바탕으로 하여 대학에서 농촌계획을 전공하고 있는 7명의 전문가가 힘을 모아 이 '농촌계획학'을 발간하게 되었다. 많이 고치고 보완하였음에도 부족한 것이 많은데 독자들도 이 책을 같이 완성해 간다는 마음으로 완성도를 높이는데 동참하기를 부탁한다.

어려운 시간을 할애하여 옥고를 기여하신 공저자들께 감사드린다. 또한 편집과 교정을 도맡아 수고한 조은정 박사께도 감사드린다.

2011. 2

저자대표 최 수 명

차 례

Chapter 1 총 설

Chapter 3 농촌공간계획

Chapter 4 농촌토지이용계획

Chapter 5 생활환경정비계획

Chapter 7 농촌사회 활성화

Chapter 01

총 설

1.1 메가트랜드의 변화와 농촌의 재구성

1.1.1 메가트랜드의 변화 : 지식기반사회화

미래학자인 앨빈 토플러(Alvin Toffler)는 그의 저서 '제3의 물결(The Third Wave)'에서 인류문명의 발달사를 제1물결인 농업단계, 제2물결의 산업화단계 그리고 제3물결의 정보화단계로 규정, 각각의 모습을 그려 보이고 있다. 20세기 후반, 탈산업사회 또는 후기 산업사회로의 이행과 맞물려 정보통신기술(information and communication technology: ICT)의 급속한 발전과 대중적 보급에 의해 지구촌 사회는 단순한 정보사회에 머무르지 않고 복합적인 사회변동, 즉 패러다임 전환(paradigm shift)이 일어나는 지식기반사회로 발전하고 있다.

지식기반사회란 신지식인 → 지식기반산업 → 지식기반경제 → 지식기반사회로 이어지는 지식계층구조의 최상위 단계를 일컫는다. 지식이 국가성장의 핵심요인으로, 부가가치의 창출과 기업 · 개인의 경쟁력 발현의 원천이며, 노동 · 자본 등 전통적인 생산요소 보다 인간의 창의성에 바탕한 지식이 경제활동의 핵심요인이 되는 사회를 지칭한다. 과학이 자본의 영향하에 생산기술과 결합하여 과학기술이라는 막강한 사회추동체를 형성한다. 또한 정보혁명에 의한 발전양식은 정보화 양식과 기존의 자본재적 생산양식이 변증법적으로 결합되어 독자적인 발전 논리를 지향하게 된다. 이에 따라 지식기반사회는 시 · 공간의 개념 변화와 소유에서 접속으로의 사회적 변화를 원천적으로 지향하면서 다음의 특성을 보인다.

- 경제활동의 지구화

- 직업의 유연화 및 불안정화
- 노동의 개인화
- 문화의 가상화

지식기반사회의 새로운 사회질서는 잡종사회(heterotopic society)로 요약할 수 있다. 첨단 기술력을 기반으로 잡종사회는 기술체계와 사회체계가 변증법적으로 융합하는 '신기술 사회구성체'로 진전되며 사회문화적 파장이 상호 침투되어 이질적 요소들이 혼존 상황을 이루게 된다. 이에 따라 사회환경은 편재화 · 가상화, 사회조직은 중첩화 · 다양화, 사회관계는 피상화 · 단명화 하고, 사회심리는 개체화 · 주체화 한다. 여기서 잡종사회의 개념은 존재, 관계, 성질, 위상이라는 4가지 측면에서 파악이 가능하다.

- 존재적 측면 : 구성 요소들이 산발적으로 분포한 산재성(scatteredness)
- 관계적 측면 : 이질적 요소들 사이에 교접이 일어나는 이종 교배(hiatus)
- 정성적 측면 : 새로운 성질을 가진 사물이 생성되는 혼성성(hybrid)
- 위상적 측면 : 기존 상태에 변화가 일어나는 상전이(phase transition)

정보통신기술의 보편적 적용에 의해 인간은 역사상 처음으로 장소에 대한 안전 · 정지 · 안정 등 전통적인 감각에서 개방 · 자유 · 추상적인 공간 감각으로 전환하고 있다. 특히 온라인 미디어 공간이 유선에서 무선으로 확장되어 흐름 · 유동의 중요성이 극대화 하며 이용자의 동선을 고려한 모바일 서비스들이 급속히 개발되고 있다. 사회공간의 조직원리가 장소에서 흐름으로 전환됨에 따라 사람 및 조직들과 공간 또는 지리와의 관계가 보다 유연화 하면서도 실제 세계는 공간 의존성이 심화되는 상반적 관계가 병존하는 모습을 보이고 있다.

공간 · 시간은 인간의 물리적 실천이 지리 · 역사적으로 변화함에 따라 판이하게 다른 구조를 보이고 있다. 실제 정보통신사회(또는 지식기반사회)에서 변화한 것은 장소와 공간의 속성을 규정하는 사회구조적 메커니즘으로, 기술이 시 · 공간과의 관계로부터 우리를 벗어나게 하면 할수록 개별 장소들을 매력적으로 만들고자 하는 필요는 더욱 커진다. 절대적 거리와 입지는 무의미해 지고 네트워크에 의한 상호관련성이 중요해 진다. 이에 따라 공간적 파편화(이심화)와 통합화(집중화)의 압력이 병존하는 특성을 보인다. 도시사회의 주요 요소들에서 발생하는 활동들이 변화하여 첫째, 가정과 직장간의 분리 모호, 둘째, 도시공간의 복잡화, 셋째, 도시재개발의 가속화, 넷째, 수평적 관계를 강조하는 사무실 공간조직 등으로 변환된다.

공간의 개념이 현실의 물리적 공간을 넘어 사이버 공간 까지 포섭하게 된다. 여기서 사이버 공간은 컴퓨터를 통해 전 세계적으로 긴밀하게 연결되는 새로운 공간으로 가상현실과 컴퓨터 네트워크로 구성된다. 사이버 공간은 다음과 같이 사이버 도시를 형성·발전시킨다.

- 가상 사무실·은행·도서관·쇼핑몰·카페 등으로 구성
- 홈 쇼핑 및 뱅킹, 전자 무역 및 증권거래, 사이버 잡지, 디지털 교육·의료·법률 서비스, 웹오락 등 기존의 도시기능을 빠르게 잠식 또는 증식
- 물리적 공간을 재현하는 가상현실시스템 구축
- 시·공간을 초월하는 사회적 관계 형성

경제·문화의 세계화 과정을 통해 상품·자본·노동이 지리적 장벽을 넘어 세계적으로 확산되면서 세계도시가 발달하고 도시체계가 네트워크 체계로 이행하게 된다. 도시공간구조는 이심화와 재집중화가 동시에 이루어지는 재구조화 과정을 거치게 된다.

1.1.2 농촌사회의 변화

농촌공간은 도시지역과 함께 국토공간을 구성하는 부분 공간이므로 국토공간이 사회경제적으로 변화하면 일정한 시차는 있을지라도 변화하지 않을 수 없다. 농업혁명에 의해 정착농업이 가능해짐에 따라 마을 공동체 사회가 형성되었고 산업혁명에 의해 인구의 도시집중이 가속화됨에 따라 마을공동체 사회는 급속히 붕괴되어 왔다. 제3의 물결인 정보혁명에 의해 인간의 정주선호성이 어떤 양상을 보일 것인가에 따라 농촌사회는 능동적이든 수동적이든 변화를 보일 수밖에 없을 것이 예상된다.

유사 이래 처음으로 국가계획에 의해 본격적인 경제개발이 추구되었던 1960년대 이전의 우리 농촌은 사실상 조상 대대로 물려받은 전통적인 모습을 그대로 유지하여 왔다고 해도 과언이 아니다. 1960년대 이후 급속한 경제성장에 의해 국가사회 전체적으로 도시산업사회화가 진행되고, 1980년대 이후 사회주의 체제의 붕괴와 WTO체제 출범에 의해 무한경쟁을 전제로 한 세계화, 그리고 1990년 이후 산업사회를 뛰어 넘는 지식·정보사회화가 추구되면서 우리 농촌은 구조적 변동을 강요받기에 이르렀다. 우리나라

에서 농촌발전과 관련된 시대적 변화를 개관해 보면 다음 그림 1.1과 같다.

년 대		'60	'70	'80	'90	'100
국가사회		산업화	도시화	개방화	정보화	개성화
농	업	요소강화	조직화	집중화	고급화	기능화
	민	국민		농민		시민
	촌	농업지원		농민거주		국민공유

그림 1.1 농촌발전의 시대적 개관

사람의 삶의 터전은 크게 일터, 살터, 쉼터로 구분해 볼 수 있다. 전체 농촌지역의 구조적 변동은 이러한 3가지 터전의 변동이 복합된 결과로 볼 수 있으며 각개 터전은 독립적인 것이 아니라 상호간에 밀접한 인과관계를 유지하면서 상승적인 동적 변화를 겪고 있다.

먼저 일터를 제공하는 산업 경제적 측면을 살펴보면 농촌의 전통산업인 농업부문의 구조적 현대화와 농촌산업구조의 다원화로 요약할 수 있다. 미맥 위주의 식량을 생존차원에서 생산하는 소농경제구조에서 다원화 · 고급화 · 대중화 된 식품소비 양태에 대응하여 전문적인 품목을 집단 생산하는 시장경제구조로 농업생산방식이 바뀌고 있다. 이러한 농업의 구조적 변동과정에서 기계화와 자동화에 의해 농업부문의 노동력 수요가 대폭 감소됨에 따라 잉여 노동인구는 이촌을 강요받게 되는 것이다. 또한, 도시의 외연적 규모 및 영향력이 확대됨에 따라 농촌지역에도 2, 3차 산업의 입지가 활발해지고 있다. 이에 따라 농업부문의 잉여노동력을 농촌지역 자체에서 흡수하는 것이 국토의 균형개발과 도시과밀 문제의 해결에 불가결하다는 사회적 공감대가 확산되어 농촌경제구조도 1, 2, 3차 산업이 함께 하는 복합산업화 하고 있다.

살터인 농촌마을은 생활양식(life style)의 도시화와 주민구성의 다양화(혼주화, mixed societies)에 의해 큰 영향을 받고 있다. 매스컴의 광범위한 영향력 확대와 함께, 이동능력(mobility)의 급속한 향상(자가용차의 보급 확대 및 고속 교통수단의 대중화)과 이에 따른 주민 활동범위의 광역화에 의해 주민의식 · 주거선호형태 · 행동양식도 도시화 또는 고급화 하고 있으며 탈 도시적 성향을 갖는 도시민들의 역유입과 취업구조의 다양화에 의해 주민구성이 복잡해져 가고 있다.

쉼터인 자연환경은 "녹"에 대한 사회적 관심이 증대되고 관광 · 위락의 형태가 깨끗하고 아름다운 자연환경을 기반으로 전개됨에 따라 농업 · 농촌만의 자원이 아닌 국민적 공유자원으로서의 역할이 크게 강조되고 있다. 자연환경과 함께 농촌이 보유하고 있는 전통문화자원, 조용하고 쾌적한 환경, 소박한 삶의 모습과 훈훈한 인심 등 유무형을 불문한(tangible or untangible) 농촌다움(rurality)이 경제적 가치를 갖는 어메니티자원으로 인식되고 있다. 이러한 농촌어메니티에 대한 도시민의 선호도 증가는 도 · 농간의 교류를 촉진하여 농촌의 활성화에 기여하는 측면에서는 바람직하고 어려운 농촌지역경제를 활성화 하는 새로운 방안의 하나로 현재 다양한 정부시책이 추진되고 있다.

20세기 중 · 후반 이후 농촌사회는 정체와 쇠퇴의 기본적 작용력이 강력하게 영향을 미치는 가운데서도 지역별 · 여건별로 매우 다양한 변화 형태를 보이고 있다. 특히 도시적 활동의 영향력이 전통적인 도시 영역을 벗어나 국토 공간 전체로 확산되고 활동공간의 입지특성에 따라 선택성이 다양 · 다변화함에 따라 여건이 양호한 농촌지역, 즉 핵심발전지역에 대한 접근성이 좋은 광역대도시권역은 쇠퇴 · 정체상태에서 성장 상태로 반전되고 있는 반면, 그렇지 못한 지역인 원격 농촌지역은 더욱 더 소외가 심화되는 양극화 현상을 보이고 있다.

정보화와 첨단기술의 일상적 적용에 의해 그간 농촌지역발전의 큰 걸림돌이었던 공간적 제약조건, 즉 지리적 원격성과 활동의 분산성에 따른 문제점은 크게 해소되어 농촌사회가 활력을 되찾을 수 있는 가능성이 커지고 있다. 그러나 국경없는 경쟁의 심화에 의해 균형(equity)보다는 효율성(efficiency)이 강조되고 있는 현실에서 정보화의 기반과 인적 운용능력이 경쟁력을 갖추지 못할 경우, 소외와 정체의 수준을 넘어서서 소멸의 위기까지 맞게 될지도 모를 위험성 또한 함께 하고 있다.

따라서 현대 또는 미래의 농촌사회는 가능성과 위험성이 함께 병존하고 있는 가운데 도시와의 차이가 절대적이 아닌 상대적 수준으로 축소되고 있으며 인간의 정주조건을 적극적 · 경쟁적으로 구축하여야 만이 사회적 발전잠재력을 유지할 수 있을 것이다. 다양한 주민구성, 다원화된 경제구조, 복합목적을 갖는 환경보전 · 이용 특성 등을 적극적으로 수용하면서도 전통적인 농촌사회가 갖는 강점을 극대화 하여 매력있는 지역사회를 재창출해 내는 지혜가 요구되고 있다.

1.1.3 미래농촌의 전망

토지에 기반한 생물생산 방식에 머물렀던 전통적 식량생산 농업에서 자본과 기술 ·

지식에 바탕한 다각화 농업(diversified farming)으로 전환되면서 최근 농업 부문에 대한 사회적 수요가 증가하고 있다. 기능성 식품과 안전 식품에 대한 새로운 수요 증대와 함께 생물공학기술을 이용한 첨단 신소재 · 의약품 및 산업적 원료개발, 새로운 기호품(화장품, 애완용 동물 및 관상용 식물 등)의 상업화 등이 이루어지고 있다. 이에 따라 농업은 보다 더 지식기반 및 네트워크화 하고 농기업 경영방식과 생산품이 다양화 할 것이다. 현대 농업이 맞이하고 있는 새로운 기회를 요약하면 다음 그림 1.2와 같다.

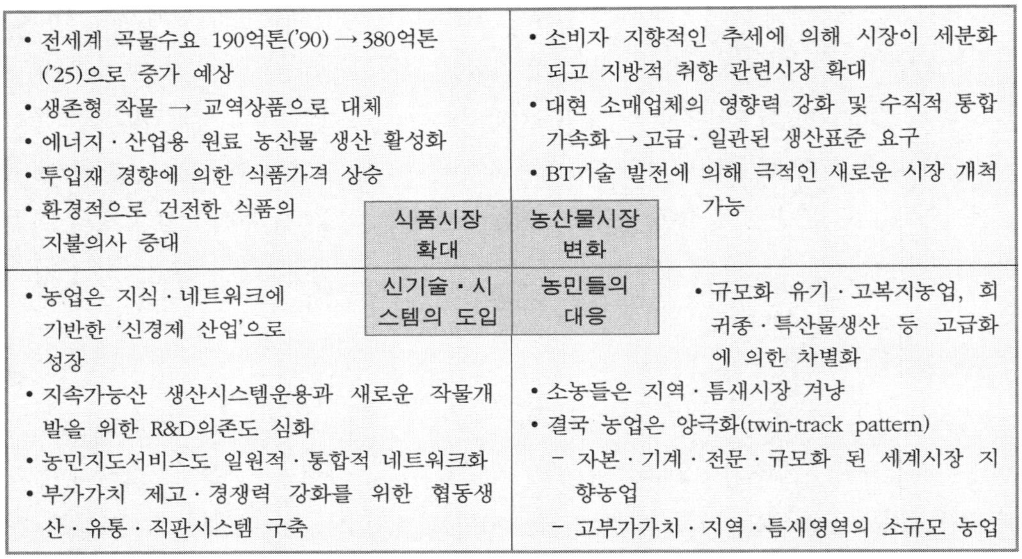

그림 1.2 농업의 새로운 기회

공간적으로는 접근성의 대폭적 확충과 정주공간의 외연적 확장에 의해 광역대도시권에 편입되는 농촌지역이 지속적으로 확대되면서 사회경제적 특성이 크게 변모할 것이다. 이에 따라 탈산업화 한 농촌지역은 교외 · 도시 · 순수 농촌으로 분화 · 발전하게 된다. 농촌지역 주민 대다수가 사회경제적으로는 중산층, 연령대로는 중년 이상으로 구성되며 소비자 지향적인 경제발전 추세에 의해 시장이 세분되고 지역적 여건에 따라 차별화가 심화될 것이 예상된다.

영국의 미래 농촌연구(the rural future project)에서는 6개 유형의 미래 농업인을 제시하고 있다.

- 대규모 생산자 : 글로벌 경쟁력을 갖춘 기업형 농업인
- 전문품 생산자 : 지역에 기반한 틈새시장 공급자
- 복합경영자 : 다각화 한 핵심영역을 갖는 농업인
- 취미농 : 대도시 통근권에 거주하며 가계 소득은 기본적으로 비 농업부문에 의존
- 다양성 및 경관관리자 : 정부 보조금에 주로 의존하며 숲, 소규모 호수, 야생생물 서식지 등을 관리하고 일부는 환경보전단체와 관련
- 휴·폐경 농가 : 상당 면적의 농경지를 관리하지 않고 방치

현재의 영국농촌 유형은 최소한 가까운 미래의 우리 농촌의 모습을 예상하는데 벤치마킹할 수 있다. 미래 연구에서는 농촌의 현재 진행형 모습을 다음과 같이 유형화 하고 있다.

- 변방 어메니티지역(periperal amenity) : 해안 휴양지역
- 순수농촌(deep rural) : 인구의 과소화, 평온한 환경 및 높은 농업부문 고용률
- 은퇴자촌(retirement retreats) : 인구밀도가 상대적으로 높고 관광부문의 취업자가 많으며 노령 인구율이 높은 경관 선호지역
- 점이지역(transient rural) : 도시 주변부이지만 통근이 주는 영향은 적은 순수 또는 활성화 농촌 인근
- 활성화 농촌(dynamic rural) : 낮은 인구밀도와 평온함과 농업부문 고용률이 평균 이상인 급속한 경제성장지역
- 통근 활성화지역(dynamic commuter) : 통근이 활성화 되어 있고 인구밀도가 높으며 젊은층 인구가 다수
- 정착 통근지역(settled commuter) : 활성화 농촌과 유사하나 인구밀도가 상대적으로 낮고 지역활성화가 지체

향후 20~30년 후에 대해서도 예측하고 있는데 농촌정책의 패러다임이 자유방임적이냐 아니면 보호주의적이냐의 정도에 따라 다음 그림 1.3과 같이 도시화 농촌, 소비적 농촌, 전원·목가적 농촌으로 미래 농촌을 유형화 하고 있다.

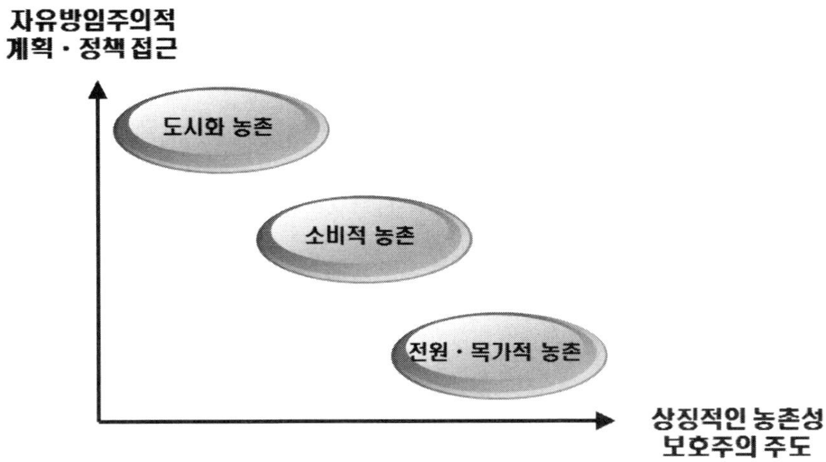

전원 · 목가적 농촌 (good life)	• 가능성이 가장 높은 중심 시나리오 • 농업지역에서 거주 · 레저 공간으로 변모 • 전원생활 스타일에 대한 강한 선호로 중산층 지배적 인구구조 • 고용은 주로 도시에서 발생 → 도시 → 농촌의 주요 연계는 통근형태 • 경제적 여력이 없는 농촌서비스 종사자의 역통근도 존재 • 도농간 생활스타일 차이 별무
소비적 농촌 (consumption countryside)	• 이주 도시민의 지역사회 권력주도로 엄격한 토지이용 규제 • 이주 도시민과 젊은층의 이촌이 균형되어 인구면에서 타당 • 지역서비스 및 소기업 경제는 침체 • 아웃소싱의 심화로 제조업 및 지원 서비스 기능 이탈 가속화 • 상위 부유층은 역외 소득에 의존
도시화 농촌 (rurbs)	• 환경보다는 경제성장에 치중 • 신규 교통하부시설 확충과 주택건설 활성화 • 지식기반의 창의적 부문 종사자 증가로 재택근무 및 통근이 일반화 → 주중 일부는 재택근무, 일부는 장거리 통근하는 '창조적 계층' 증가 • 농촌지역의 매력도 증가 → 지역적 허브화

그림 1.3 미래 농촌의 유형

우리나라에서도 농촌의 미래 모습에 대한 연구가 수행되었다(한국농촌경제연구원 "농촌공간 2020"). 먼저, 경제적인 측면에서는 대부분의 농촌지역에서 농업은 주산업의 지위를 잃게 되지만 지역에 따라서는 특정 품목을 중심으로 농업클러스터나 관광과 관련된 서비스업 등 새로운 성장산업이 등장할 수도 있다. 환경농업은 꾸준히 성장하고 광역화된 공간적 범위에서 경종·축산 연계체계가 형성되며 식품 안전성과 웰빙을 추구하는 소비자들의 수요에 힘입어 자발적인 품질규범들이 다양하게 출현하고 확립될 것이다.

농촌지역 공동체의 자치적 복지기능은 사실상 사라지고 공공부문이나 시장에서 이를 대체하게 된다. 도농간 교류 활성화, 혼주화, 외국인 유입 등에 의한 다민족 문화화, 농업경영주체들의 품목별 분화 등의 현상에 의해 농촌지역사회의 구성은 더욱 더 다원화·이질화 할 것이다.

농촌지역 내부에서도 읍지역은 도시적 성격이 강화되어 읍부와 면부 지역사이의 불균형이 심화될 것이다. 이와 함께 읍면 소재지의 기능은 지역에 따라 축소 또는 강화되는 다양한 양상을 보일 것이다. 유연 교통체계의 도입과 평생학습 기회의 다양한 확대가 이루어지고 원격진료체계의 상용화에 의해 보건의료 서비스의 의미있는 개선이 이루어질 수 있다.

과소화의 지속적 진행에 의해 농촌마을의 해체와 공동화(空洞化)가 일어난다. 적절한 공공정책의 개입이 없이는 빈집·빈터에 의한 마을경관의 훼손, 전원주택의 난립 등으로 농촌마을의 특색 있는 경관이 파괴되는 현상이 심화될 것이다. 지역에 따라서는 주민들과 지자체의 자발적인 노력에 바탕하여 경관관리 활동이 활발하게 진행될 것이다.

1.1.4 농촌의 재구성

1980년대 이래 서구에서는 농촌사회학자들을 중심으로 농촌 재구성 또는 재편성(rural recomposition or restructuring)이 주요한 화두가 되고 있다. 지구촌 사회의 패러다임 대전환(paradigm shift)에 의해 농촌지역도 개선이나 개량이 아닌 사회구조적 변환이 불가피하다는 시각에 바탕한 혁신적 사고방식이다. 여기서 농촌 재구성의 추동요인은 3가지 측면에서 파악할 수 있다.

(1) 농촌경제의 어려움 가중

WTO체제 출범에 따른 시장 개방으로 농산물의 가격이 하락하고 경쟁이 격화되어 농가의 수익구조가 악화되고 있다. 기후 변화에 의한 자연재해의 빈발과 구제역·광우병 등 산업화된 축산업의 심각한 위기, 그리고 농산물의 안전성과 친환경성에 대한 규제 강화로 관행적인 농업생산방식이 심각하게 도전받고 있다. 농촌지역경제 활성화의 대안으로 기대되었던 복합산업 구조화도 태생적 한계를 보이고 있다. 농촌지역은 지식정보화와 지역혁신 등의 측면에서 도시지역에 비해 열악한 상태를 면치 못하여 저부가가치 또는 관행산업과 같은 도시퇴출형 산업이 입지할 가능성이 크다. 근본적으로는 교육 · 훈련 인프라 미비로 인해 유능한 인적자원 확보에 한계를 보이고 있는 것이 지식기반사회에서 걸림돌이 되고 있다.

(2) 긴급한 사회적 모색이 필요

신자유시장경제의 허상이 들어나고 있다. 규제는 개입을 막아주는 규제(긍정적 규제)와 개입을 초래하는 규제(부정적 규제)가 있어 양자 사이의 구별이 필요하다. 자본의 논리에 의해 긍정적 규제마저 철폐되고 있는데 시장의 자유는 이러한 긍정적 규제 없이는 불가능하다. 세계화가 야기한 대의의 위기(crisis of representation)도 해결과제이다. 정부의 농촌정책은 수행과정에서 지역공동체의 함여 확대를 요구하고 있다. 그러나 경제구조의 세계화 속에서 지역공동체와 정부 사이의 통일성 가정은 파괴되고 있어 본원적으로 농촌정책이 성공할 수 없다. 농촌부문의 표준 및 등급 설정작업에의 참여 배제 또는 제약도 또 다른 문제이다. 현대사회에서 등급과 표준은 사람 · 사물 · 환경 모두를 표준화 하며 우리 삶을 교묘히 규정하고 있다. 이러한 표준 · 등급은 독립적인 설정기구, 산업리더 및 구매 대리인들이 처리하는 단순한 사안화함으로써 농촌소외가 심화되고 있다.

(3) 위기와 기회가 함께 하는 양면사회

세계화, 지식기반사회화 등 글로벌 트랜드는 한 측면에서는 위기이지만 다른 측면에서는 또 다른 가능성(기회)을 배태(embeddedness)하고 있다. 양적 측면에서 농업은 위기를 맞이하고 있지만 안전성 · 기능성 등 질적인 측면에서는 새로운 가능성이 도래하고 있다. 세계화의 거시적 재구조화 속에서도 틈새시장을 살리는 지방화의 미시적 가능성이 병존하고 있어 세방화(glocalization)라는 신조어가 회자되고 있다. 또한 지식기반시대 새로운 라이프스타일로 등장하고 있는 신유목민(digital nomad)이 풍미하는 가운데서도 소박하고 여유로운 삶을 즐기려는 꼬치족(cocoon)도 함께 하고 있다

재구성은 사회적 구성이 하나의 형태에서 전혀 다른 형태로 질적인 변화를 일으키는 것을 의미한다. fordism에서 post-fordism으로, 근대주의에서 후기 근대주의로, 케인지

언 국가에서 신자유주의 국가로의 변환과 관계된다. 사회 구조 및 관행에 있어 양 · 질적 변화가 구체화 되고 성격적으로 상호 관련되고 다차원적인 변환만을 의미한다. 본질적으로 변화의 재구조화(restructuring of change)와 다른 개념으로 사회가 지속적으로 변화하지만 정상적인 생활상의 진보와 사회적인 근본적 변환을 구별하는 것이다. 농촌 재구성은 다양한 관점에서 접근할 수 있는데 이를 요약하면 다음 표 1.1과 같다.

표 1.1 농촌 재구성의 다양한 의미

발표자	의 미
Oksa	재편성의 핵심측면 : 1차산업 생산시스템+공공서비스 공급+농가소득의 새로운 원천 및 기제+IT 기술의 채용+개인 이동능력의 향상
Thissen	관련 주제 : 개인주의+경제 · 기술적 변화+규모 확대
Cinneide	경제의 부문별 균형에서의 변환
Fuller.et. al.	글로벌 재편성의 특성 : 지정학적 변화+경제적 구조변동+사회적 변화+환경주의
Cloke	경제적 변화+사회-문화적 재구성+국가 역할의 재정립
Mardson	생산-소비관계+사회적 관계 · 행동+제도 · 권력의 사회적 형성

농촌 재구성의 구체적 전개 내용은 다음과 같은 3대 차원에서 파악 가능하다.

그림 1.4 농촌 재구성의 3대 차원

1) 자본주의적 시장관계

농업의 경제적 주도권 상실이 농촌 재구성을 추동하는데 농업부문의 고용 · 생산 · 소득에 대한 기여율이 크게 감소함에 따라 농업생산 보다 경제 다각화 및 복합화에 몰입하고 환경친화적 생산에 대한 수요증가에 직면하고 있다. 농촌의 전통적인 가공산업은 축소되고 2, 3차 산업부문에서도 열위를 보여 저임금 · 비숙련 및 노동 · 기술지향성 열위 기업이 주로 입지하는 대신, 어메니티를 선호하는 첨단산업은 도시근교지역을 선호한다. 어메니티 자원이 풍부한 환경은 위락과 관광을 확대시키고 있는데 관광은 속성상 상품 이미지 및 경험의 조작과 패키징에 깊은 역할을 수행하기 때문에 농촌지역은 소비적 공간으로 변모하게 된다.

2) 행정체계의 변화

국제 및 국가적 변화는 지역의 여건에 따라 다양하게 수정 · 변환되어 수용된다. 거의 같은 인구를 갖고 있는 영국과 프랑스는 각각 약 400개의 구(district)와 36,000개의 코뮨(commune)을 갖고 있어 대조되고 있다. 영국처럼 농촌 행정구역이 통합적으로 개편되면 다양한 변환을 야기하는데 도시 중심적인 행정구역의 통합에 의해 선거에 의한 정치적 대의 양상이 평균화함에 따라 가부장적인 정치형태에서 파당정치로 전환하게 된다. 그렇지만 중산층이 두꺼워짐에 따라 지역의 민주화가 도모되는 이점도 있다. 정치적 대의구조의 변화에 의해 신 · 구 가치 사이의 갈등이 커진다. 민관 파트너쉽과 지원통로 역할을 하는 비정부적 농촌제도의 창출 등에 의해 순수한 정부활동은 축소된다. 사유화 및 규제 축소 또는 변화와 새로운 정책적 접근라인의 개설 등에 의해 행정은 보다 복잡화 한다.

3) 시민사회의 변화

통근 확대 및 역도시화로 다수의 중산층이 유입됨에 따라 농촌지역도 새로운 정체성이 정립된다. 전통 · 보존 지향적인 사회질서가 형성되고 이상적인 전원생활을 추구하는 농촌 라이프스타일이 도입된다. 중산층이 유입되기 이전에 이미 농촌인구 구조가 급격히 취약화 하고 전통적 공동체 활동도 약화되었지만 이주민과 원주민 사이의 갈등이 발생하고 전반적으로 공동체적인 특성은 크게 약화된다. 직업구조면에서 보수성이 강화되고 있는데 국가 전체적으로 보면 보수주의화가 공유 가능한 요소를 가진 정치문화에 기반하는 것이 바람직하다.

1.2 현대 농촌공간의 특성

1.2.1 농촌의 정의

국토공간은 크게 보아 도시와 농촌지역으로 양 대별 할 수 있는데 이는 개념적인 구분일 뿐, 실제에는 명쾌한 구분이 불가능하거나 일정한 지역 내에서는 양 지역의 성격이 혼재 되어 있는 경우가 많다.

과거 전통적인 농촌은 풍요를 상징하는 하는 '농(農)'을 중심으로 경제적 기반인 농업과 이를 주요 생계수단으로 하는 농민, 그리고 농업활동과 농민들의 삶의 터전인 마을이 일체가 되어 형성되었기 때문에 정의하기가 매우 쉬었다. 산업화 이후 경제활동과 삶의 주도적 모습이 도시산업화 되고 그 영향력이 농촌지역에 넓고 깊게 자리하면서 단순한 의미의 농촌은 사라지고 있다.

경제적인 측면에서는 농림어업이 주된 산업구조인 지역이다. 그렇지만 주요 선진국은 물론이고 우리나라에서도 농가인구가 5% 내외에 머무르고 있는 현실에서 절대적 우위를 보이는 경우는 많지 않다. 그래서 OECD기준에서도 농림어업 종사자가 15%를 넘으면 농업지역으로 구분하고 있다. 정주구조면에서는 마을 또는 마을공동체가 주요 정주형태이고 농촌적인 생활형태(rural life style)를 보이는 지역이다.

농촌의 범역을 설정하는 방법에는 농촌공간이 갖고 있는 특성을 파악하여 농촌 특유의 속성을 갖는 지리적 영역을 도출해 내는 적극적 방법과 국토공간에서 도시지역을 제외하고 남은 나머지 지역을 농촌지역으로 정의하는 소극적 방법이 있다.

전자의 방법은 산업구조 · 정주구조 · 생활형태 · 토지이용구조 · 환경적 특성 · 사회학적 특성 등 농촌지역이 갖고 있는 고유한 특성을 농촌성이라 정의하고 이 농촌성에 관계되는 인자는 대단히 많으므로 가능한 한 많은 수의 인자를 다변량해석기법으로 포괄분석하고자 하는 복합지표법과 대표되는 하나의 요인에 의해 단순화시켜 나타내고자 하는 단순지표법으로 구분해 볼 수 있다. 그런데 복합지표법은 자료취득 가능성의 제약 때문에 실용적으로 사용되는 경우는 매우 적고 단순지표법이 많이 사용되고 있으며 인구, 인구밀도, 비농업인구율 등이 대표적으로 사용되고 있는 지표이다.

후자의 방법은 도시산업사회에서 총체적인 구조변동을 겪고 있는 농촌지역을 일의적(一義的)으로 정의할 수 있는 마땅한 척도가 없으므로 쉽게 정의가 가능한 도시지역을 먼저 규정한 다음 나머지 지역을 농촌지역으로 정의하는 방법으로서 우리나라에서는 2가지 방법이 혼용되어 사용되어 왔다. 첫째는 행정구역 단위를 기준으로 군 이하의 전체지역 또는 군에서 읍을 제외한 면단위 지역을 농촌지역으로 파악하는 경우이고, 둘째는 인구규모를 기준으로 인구 20,000명 이상의 집단취락지역을 도시지역으로 보고 이를 제외한 나머지 지역을 농촌지역으로 보는 경우이다. 그러나 이 방법은 도농 통합지역의 경우 적용에 어려움이 있다.

우리나라에서는 아직껏 공인된 농촌지역 구분지표가 제시되지 못하고 있는데 선진국에서 사용하고 있는 사례를 참고하여 합리적인 지표개발이 이루어져야 할 것이다.

1.2.2 농촌공간에 대한 수요변화와 농촌의 새로운 역할과 기능

농촌에 대한 사회적 수요가 크게 변하고 있다. 공간의 이용자 또는 수혜자라는 관점에서는 과거 농민의 전유공간에서 국민(또는 시민) 공유공간으로 확대되고 있다. 과거 농촌공간에 대한 사회적 합의가 보전주의(conservatism)이었다면 현대사회에서는 소비주의(consumerism)로 변화되고 있다.

농촌공간에 대한 소비주의적 관점이란 농촌공간의 구성요소가 되는 개별 자원과 함께 자원과 활동, 환경 그리고 주민 등으로 구성된 공간시스템은 물론이고 지역사회까지도 도시민의 입장에서는 소비의 대상으로 본다는 해석이다. 가장 두드러진 변화는 체험영역의 상품화이다. 농촌지역에서 자연스럽게 행해지고 있는 일상적인 생산 및 생활관련 활동들이 도시민들에게는 이색적인 즐거움과 배움을 주는 대상이 되어 이에 대한 대가가 지불되면 거래 관계가 성립한다. 농촌주민들의 입장에서 보면 자신들이 제공하는 편의에 대해 소비자가 대가를 지불하게 되면 그 편의가 상품화 된다는 의미이다.

이러한 소비주의적 관점에서 현대농촌이 수행해야 할 복합기능은 4P(production, place, protection, play)로 요약할 수 있다. 이렇게 확대된 개념에 의해 농촌이 수행해야 할 새로운 기능과 역할은 자원보전, 식품생산, 여가휴양기회 제공, 전통문화 계승발전 등이다.

자원보전기능은 국토가 갖고 있는 자연자원의 대부분을 보유하고 있는 농촌지역이 국가가 지속적 발전을 도모할 수 있도록 유용한 자원을 유지 · 보전하고 국민의 생존에 직결되어 있는 맑은 공기와 물을 함양하여 제공하는 기능을 말한다. 과거에는 공업부문의 원료가 되는 지하자원의 개발 이용만을 주로 고려하였으나 비순환자원이 점차 고갈

되고 화석 연료의 과다사용에 의한 환경오염이 심각해지면서 생물학적 생산방식에 의한 순환자원의 개발·이용에 대한 관심이 커지고 있다. 20세기 후반부터 급속도로 발전하기 시작한 생물공학의 기술진보에 의해 생물자원의 생산·이용부문은 양적으로 확대되고 있을 뿐만 아니라 질적으로 다양해지고 있는데 이를 뒷받침하기 위해서는 생물다양성의 확보가 필수적으로 요구되고 있어 토착 생물상의 보전은 국가적 과제가 되고 있다. 환경오염의 심화는 인간생존에 필수적인 맑은 공기와 물을 순화·정화하여 제공하고 홍수를 방지하는 공익적 기능에 대한 관심을 또한 높이고 있다. 이러한 기능은 자연환경이 정당하게 관리되지 않는 한 발휘될 수 없는 것이므로 환경관리자인 농촌주민을 적절하게 정주시키는 가운데 가능함을 잊지 말아야 한다.

식품생산기능은 농촌이 수행해 온 전통적이고 기본적인 기능이나 현대에 있어 그 내용과 질은 크게 변화하고 있다. 경제성장에 의해 소득수준이 높아짐에 따라 식품수요 역시 양적으로 커지고 있을 뿐만 아니라 질적으로 다양화·고급화 하고 있다. 또한 농용 화학제의 과다한 사용에 의해 식품의 안정성이 크게 위협받고 있기 때문에 건강한 식품을 생산해야 한다는 국민적 요구도 점차 강력해 지고 있다. 따라서 환경과 조화·친화되어 안전한 식품생산과 환경보전을 동시에 추구하는 환경보전형 농업, 그러면서도 농업의 생산성을 획기적으로 높이는 첨단기술·고부가가치 농업, 미래세대에도 안정적인 발전가능성을 연계해 주는 지속가능한 농업이 추구되어야 한다.

주5일 근무제의 확산에 의한 여유시간의 증가, 도로를 비롯한 교통 하부구조의 정비에 따른 접근·이동능력의 향상, 과밀 도시생활의 스트레스 해소를 위한 녹색 환경의 선호도 증가 등에 의해 농촌의 자연·반자연 환경 속에서 위락·휴양을 즐기려는 경향이 일반화 하고 있다. 특히 거대도시의 토지이용이 집약화를 넘어 과밀화됨에 따라 생활환경이 극도로 악화되고 회색의 콘크리트 건조환경(built enmvironment)으로 바뀌고 있다. 이러한 도시 환경의 비인간화는 도시민들로 하여금 자연 속에서 심성을 순화시키고자 하는 욕구를 유발시키고 있어 보고 즐기는 단순한 관광·위락 형태에서 벗어나 휴양·보양의 형태로 발전되고 있다. 과거 경제성장시대에 지역발전의 제약조건이었던 험준한 지형, 지리적 고립, 자연의존적인 지역구조 등이 오히려 휴양·보양 수요를 수용할 수 있는 잠재력으로 전환되는 큰 변혁이 농촌지역에 도래되고 있는 것이다.

농촌은 동질성을 바탕으로 장구한 세월에 걸쳐 민족 정체성의 뿌리가 되는 전통과 문화를 계승·발전시켜 온 요람이다. 이러한 전통과 문화는 지역적 특성에 따라 매우 다양하면서도 독특한 형태를 취하고 있으며 자연과 인간의 본질적인 조화, 삶의 여유와 활력 회복, 건강한 사회구조에 대한 재인식 등 현대 사회가 결여하고 있는 정신적 풍요를 보충해 줄 매우 중요한 토착자원이 되고 있다. 특히 다가올 세기는 문화의 시대로 풍미되고 있는데 빠른 변화와 대중적 소비를 지향하고 있는 도시적 문화가 발전되는 가운데서도 여유와 안정을 바탕으로 한 전통문화가 조화롭게 계승·발전되어야 건강하고 균형된 문화발전이 가능할 것이기 때문에도 농촌의 전통문화 보전기능은 존중되어야 할 것이다.

1.3 농촌정비 및 계획의 의의 및 필요성

1.3.1 농촌계획의 의의 및 필요성

농촌지역에서 계획이 필요함은 농촌에서 지역문제를 처리하는데 있어 계획적 접근이 필요하다는 의미로 이해할 수 있다. 계획의 최종목표가 인간의 "삶의 질"을 높이는 데 있다면 전통적 농촌지역사회에서 사용되었던 단순하거나 무계획적인 수단을 가지고는 현대의 농촌지역사회가 요구하고 있는 수준의 계획목표를 달성할 수 없어 계획적 접근 방식이 동원되지 않을 수밖에 없다는 의미로도 해석될 수 있다. 따라서 농촌지역의 총체적 삶의 질을 높이는 것과 관련된 제반 여건이 과거에 비해 훨씬 복잡 다양해지고 상호 관련성이 매우 높으며 지향하고 있는 목표 수준의 질과 내용이 과거와는 비교할 수 없을 정도로 달라졌다는 것이 농촌지역에서 계획이 필요한 근본적인 이유이다. 도시산업사회화와 정보화의 영향이 광범위하게 파급되면서 비교적 단순한 형태로 동질성을 유지하여 왔던 농촌지역도 지역분화(도시근교권, 도시통근권, 벽지권 등)를 일으키게 되었다. 이에 따라 산업, 고용, 사회조직 구조가 각기 상이하게 되고, 이러한 차별성을 바탕으로 한 지역 간의 경쟁과 갈등이 치열해져서 체계적인 대응 없이는 지역자체의 활력은 물론이고 존폐까지도 논의되고 있는 실정이다. 이러한 상황을 극복하고 지역발전을 도모하기 위해서는 지역을 살리고 발전시키기 위한 노력, 즉 계획의 필요성이 절실히 요구되는 것이다.

농촌계획은 일정한 지리적 범역으로서 농촌지역을 대상으로 하는 지역계획이다. 공적 계획(public plan)이기 때문에 계획주체는 공적 권능이 부여된 중앙 및 지방 정부,

주민합의체 또는 주민조직 등 기능적 주체는 다를 수 있지만 본질적 주체는 해당 지역 주민이다. 계획지역은 농촌공간이고 계획목표는 '지속가능한 삶의 터 가꾸기'로 일반화 할 수 있다. 과거의 물리적 정비 위주에서 벗어나서 물적 시설정비는 물론이고 경제사회개발(소득 및 일자리, 기초생활 서비스, 사회복지) 그리고 문화창달 및 여가 및 환경보전 등 '삶의 질' 향상과 관계되는 가시적 및 비가시적인 내용 모두가 계획 대상이 된다. 이러한 대상 또는 부문을 일정한 목표수준으로 끌어올리기 위한 구체적 수단의 강구가 계획내용이 된다. 결론적으로 농촌계획이란 '공적 기관 또는 조직이 농촌지역 주민들의 삶을 지속가능하게 가꾸어 가는데 필요한 방책을 구상하고 이의 실시규범을 작성하는 일'이라 정의할 수 있다.

1.3.2 국토계획체계상 농촌계획의 위상과 역할

우리나라의 국토계획체계는 1963년에 국토건설 종합계획법이 제정되면서 처음으로 제도화되어 국토계획(전국수준)-도계획-군계획의 위계를 갖는 법정계획수립체제가 정립되었고 이와는 별도로 도시지역에 대해서는 도시계획의 수립이 1962년 제정된 도시계획법에 의해 법제화되었다.

그러나 이러한 국토계획체계에 대한 입법조치에도 불구하고 국토개발에 대한 법정계획이 수립된 것은 1971년의 일로 10년을 계획기간으로 제1차 국토개발계획(1971~1980)이 수립되었고 제2차(1981~1990), 제3차(1991~2000)가 연이어 수립 · 집행되고 있으며 새로운 세기를 맞이하여 제4차 국토계획(2000~2020)이 수립되어 집행 중에 있다. 국토종합개발계획이 최초로 수립된 지 10년이 지난 1981년부터 대부분의 도에서 국토계획과 계획기간(10년)을 같이하여 도종합개발계획이 1~3차에 걸쳐 수립 · 집행되어 왔다. 법정계획의 최하위 위계를 점하고 있는 군건설종합계획은 거의 관심을 끌지 못하여 1980년대까지는 극히 일부 군에서, 그 것도 예산과 계획전문가의 지원을 제대로 받지 못한 채, 매우 형식적인 수준에서 계획이 수립되었고, 최근 지방자치제가 정착되면서 본격적인 계획수립이 추진되고 있는 실정이다.

국토를 구성하고 있는 지역은 도시와 농촌으로 구성되어 있어 공간계획체계상 지역계획은 그 하위계획으로 도시계획과 농촌계획을 가져야 함에도 불구하고 도시계획에 비해 농촌계획은 그간 관심과 제도 정비가 크게 뒤처져 있어 양 부문의 균형과 조화에 의한 지역계획의 발전을 크게 제약하여 왔다. 1962년에 제정된 도시계획법은 1971년,

1981년, 1991년 등 3차에 걸친 개정보완과정을 거치면서 광역도시계획-도시기본계획-도시계획-지구상세계획의 위계를 갖는 4원적 계획체계가 법제화 되었으며 용도지역지구제에 의해 계획집행의 구속력을 갖는 강력한 실행계획으로 발전되고 있다.

2003년부터는 종래의 국토건설종합계획법을 폐지하고 이를 보완 · 발전시킨 국토기본법을 제정하여 시행하고 있다. 국토기본법은 그간 도시지역에만 적용하였던 법정계획을 비도시지역 까지 확대하여 전국을 하나의 국토관리체계로 일원화 하였다. 다시 말하면 전 국토에 도시계획기법의 적용에 의한 법정계획을 도입한 것이다. 국토기본법에서 규정하고 있는 국토계획체계는 다음 그림 1.5와 같다

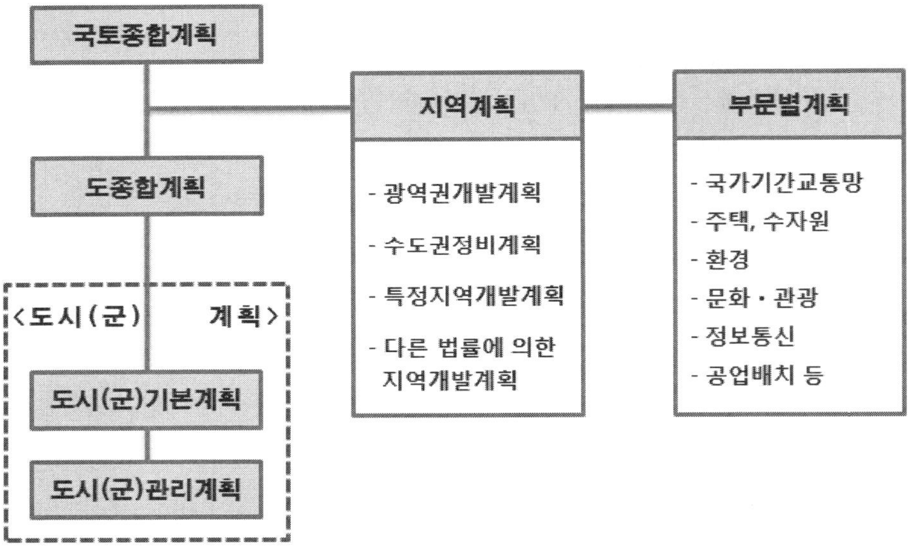

그림 1.5 국토계획체계

국토기본법에서는 시 · 군 종합계획의 수립을 규정하고 있다. 이 계획은 도시계획으로서 국토기본법의 하위법률인 '국토의 계획 및 이용에 관한 법률(약칭 국토계획법)'에 위임되어 있다. 실제적으로는 국토계획법상의 '도시(군)기본계획'과 '도시(군)관리계획'을 의미하는데 농촌지역인 시 · 군 단위의 최상위 계획으로서의 기능과 역할이 법적으로 부여되어 있다.

도시기본계획은 시 또는 군의 관할구역에 대하여 기본적인 공간구조와 장기발전방향을 제시하는 종합계획이다. 이와 함께 도시관리계획은 시 또는 군의 개발 · 정비 및 보전을 위하여 수립하는 토지이용 · 교통 · 환경 · 경관 · 안전 · 산업 · 정보통신 · 보건 · 후

생 · 안보 · 문화 등에 관한 계획으로 용도지역 및 지구, 기반시설의 설치 및 정비, 도시개발 및 재개발사업, 지구단위계획 등을 담고 있다.

국토계획법(제37조)에서는 녹지지역 · 관리지역 · 농림지역 · 자연환경보전지역 또는 개발제한구역내의 취락을 정비하기 위하여 취락지구 지정을 규정하고 있다. 취락지구에 대해서는 도시관리계획으로 지정 또는 변경할 수 있으며 제1종 지구단위계획을 수립할 수 있고, 계획관리지역에는 제2종 지구단위계획을 수립할 수 있다. 이와 함께 농어촌정비법에서는 관리지역내의 취락지구를 마을정비구역으로 지정할 수 있으며 농어촌주택개량촉진법에서는 농촌마을에 대해 주거환경개선지구를 지정할 수 있다. 국토공간 관련 법률에서의 시 · 군 및 취락단위의 계획제도를 요약하면 다음 표 1.2와 같다.

표 1.2 시 · 군 및 취락 단위의 계획제도

단위	법 률	계 획	비 고
시 · 군	국토기본법	시군종합계획	
	국토의 계획 및 이용에 관한 법률	도시(군)기본계획 도시(군)관리계획	
취락	국토의 계획 및 이용에 관한 법률	제 1종 지구단위계획 제 2종 지구단위계획	취락지구
	농어촌정비법	생활환경정비사업기본계획	마을정비대상지구
	농어촌주택개량촉진법	주거환경개선사업계획	주거환경개선지구

이렇게 국토를 구성하고 있는 양대 특성지역 중 도시계획에 대해서는 계획체계 및 제도가 정립 · 정비되어 있는 데 비하여 농촌지역에 대한 계획체계 및 제도의 정비는 물론 그 당위성조차 최근까지 인식되지 못하였다. 또한 국토기본법과 국토계획법 등 새로운 국토계획체계는 그 대상 영역을 농촌지역까지 확장하였지만 농촌성을 반영하는 계획체계가 도입된 것이 아니라 도시계획기법을 무차별적으로 강요하는 오류를 범하고 있다.

우리나라에서 농촌지역에 대한 계획체계가 정립되기 시작한 것은 1980년대 중반 군단위지역을 대상으로 한 농어촌지역 종합개발계획을 농림부 지침에 의해 수립되면서부터이다. 1990년대에 들어와서 농어촌발전 특별조치법과 농어촌정비법이 제정되면서 제도정비에도 노력을 기울이고 있으나 도시계획에 비해서는 전체적으로 크게 못 미치고 있다. 농촌지역과 관련된 계획을 정리해 보면 다음 표 1.3과 같다.

표 1.3 농촌지역에서의 관련계획

계획대상 구역		계획명칭	출현시기	근거법	담당부서	수립주체
종합계획	군	농어촌정비종합계획	1995	농어촌정비법	농림수산식품부	농림수산부장관
		삶의질향상및농산어촌 지역개발 기본계획	2004	농어업인 삶의 질 향상 및 농산어촌지역 개발 촉진에 관한 특별법	농림수산식품부	국가 및 지방자치단체
		지방소도읍지역에대한 종합적인 육성계획	2001	지방소도읍육성지원법	행정안전부	시장, 군수
		농어업 및 식품관련기술·연구 등의 진흥을 위한 종합계획	1999	농어업·농어촌및식품산업 기본법 시행령	농림수산식품부	지자체, 농림수산식품부장관
		농어촌주거개선종합계획	1995	농어촌주택개량촉진법	농림수산식품부, 행정안전부	농림수산식품부장관
	면	개발촉진지구개발사업계획	1994	지역균형개발 및 중소기업육성법	국토해양부	지자체, 사업시행자
		농어업·농어촌 및 식품산업발전계획	1999	농업·농촌및식품산업 기본법	농림수산식품부	지자체, 농림수산식품부장관
		어촌·어항발전기본계획	2005	어촌·어항법	농림수산식품부	농림수산식품부장관
		어촌종합개발계획	2005	어촌·어항법	농림수산식품부	시장, 군수, 구청장
		산촌진흥기본계획	1997	임업 및 산촌진흥 촉진에 관한 법률	산림청, 농림수산식품부	산림청장
		산촌개발사업계획	1997	임업 및 산촌진흥 촉진에 관한 법률	산림청, 농림수산식품부	산림청장
		임업진흥계획	1999	임업 및 산촌진흥 촉진에 관한 법률	산림청, 농림수산식품부	산림청장
사업계획	취락	생활환경정비시행계획	1994	농어촌정비법	농림수산식품부	농림수산식품부장관
		마을정비계획	1994	농어촌정비법	농림수산식품부	지자체(시·군)
		농어촌 뉴타운 조성사업	2002	농업농촌및식품산업 기본법	농림수산식품부	지자체(시·군)
		농어촌주거개선사업계획	1995	농어촌주택개량촉진법	농림수산식품부, 행정안전부	시장,군수,구청장
	농지	농지종합이용계획	1996	농지법	농림수산식품부	시장, 군수, 자치구청장
		농업생산기반정비계획	1996	농어촌정비법	농림수산식품부	농림부장관
	기타 사업 지구	지역산림계획	1990	산림법	산림청	시·도지사
		임업진흥단지계획	1990	산림법	산림청	시장·군수
		도로기본계획	1991	농어촌도로정비법	행정안전부	군수
		농공단지개발실시계획	1990	농어촌정비법	국토해양부	시도지사
		국립공원계획	예정	공원법	국토해양부	환경부장관
		관광단지개발계획	예정	관광진흥법	국토해양부	군수
		농어촌휴양지개발 및 한계농지 등의 정비	1997	농어촌정비법	농림부	시장, 군수, 구청장
		어항의 지정 및 어항개발계획	2005	어촌·어항법	농림부	지자체, 사업시행자
		산림경영계획	2005	산림자원의 조성 및 관리에 관한 법률	농림수산식품부	지자체, 산림지소유자
		농촌지도사업기본계획	2009	농촌진흥법	농촌진흥청, 농림수산식품부	농촌진흥청장
		농어촌산업 육성 시행계획	2009	농어촌정비법	농림수산식품부	시장, 군수, 구청장
		농어촌 용수 이용 합리화 계획	2009	농어촌정비법	농림수산식품부	농림수산식품부장관

군단위지역에서는 국토기본법에 의한 시군 종합계획(도시기본계획 및 관리계획), 농업 · 농촌 기본법에 의한 농업 · 농촌 발전계획과 '농림어업인의 삶의 질 향상 및 농산어촌 지역개발 촉진에 관한 특별법(약칭 삶의질법)'에 의한 삶의 질 향상계획이 있다. 읍면단위에서는 소도읍 육성법에 의한 소도읍 개발계획, 삶의질법에 의한 거점면개발계획, 농어촌정비법에 의한 정주권 개발계획, 오지 · 도서개발촉진법에 의한 오지 · 도서개발계획, 도시계획수립 대상지역에서는 도시계획이 있다. 마지막으로 마을수준에서는 삶의질법에 의한 농촌마을종합개발계획, 농어촌정비법에 의한 문화마을 및 전원마을 조성계획과 농업 · 농촌기본법에 의한 녹색농촌체험마을조성계획, 산림기본법에 의한 산촌종합개발계획 등 각종 개별법에 근거한 마을 또는 사업계획이 있다. 개별사업으로는 농어촌도로정비법에 의한 농어촌도로정비계획과 농어촌주택개량촉진법에 의한 농어촌주거환경개선사업계획 등 수 많은 계획이 수립되고 있다.

농촌계획은 공간을 대상으로 한 지역계획이므로 일관된 국토계획체계 속에 위상이 설정되어야 함에도 불구하고 법적 근거를 달리하고 있는 유사계획이 중복 수립되고 계획의 수직 · 수평적 관계 사이의 연계성 부족 등 여러 가지 문제점이 표출되고 있다. 더구나 도농통합지역의 경우 도시계획과 농촌계획의 기능 · 역할의 분담 · 조화 · 조정을 위한 합리적인 제도와 절차가 전혀 마련되어 있지 않고 있어 차후 농촌계획의 위상에 대한 세밀한 연구 · 검토가 있어야 할 것이다.

1.4 농촌정비 및 계획의 역사

1.4.1 근대화 이전의 농촌정비

정착농업은 황무지의 개척에 의해 시작되었기 때문에 마을 조성은 오랜 역사를 갖고 있다고 볼 수 있다. 신라시대 평야지역에 기반목상촌(碁盤目狀村)을 조성하였다는 기록이 있는 것을 보면 계획취락의 조성에도 관심을 가진 것으로 보인다. 특히 고려시대에 간척지를 대대적으로 조성하고 범람 시 피난 목적으로 돈대(敦臺)를 설치하였는데 이는 간척지 내부에 취락을 조성하였다는 증거이기도 하다.

우리나라에서 전통적인 취락의 입지는 복거론과 풍수지리설에 바탕하고 있다. 실학

사상에 기초하여 지역이론을 전개한 이중환(李重煥)은 그의 유명한 저서 '택리지(擇里誌)'의 거복총론(居卜總論)에서 '거복(居卜)'의 조건 또는 판단기준으로 지리 · 생리 · 인심 · 산수(地理 · 生利 · 人心 · 山水)를 제시하고 이 네 가지 조건의 충족상태를 낙토(樂土)라 규정하고 있다. 여기서 거복이란 거주지를 가려 정한다는 사전적 의미를 갖고 있다. 그러나 낙토의 개념과 함께 해석한다면 인간정주의 개념으로 외연할 수 있는데 택리지에서 지향하고 있는 낙토의 조건을 도식화 하면 다음 그림 1.6과 같다.

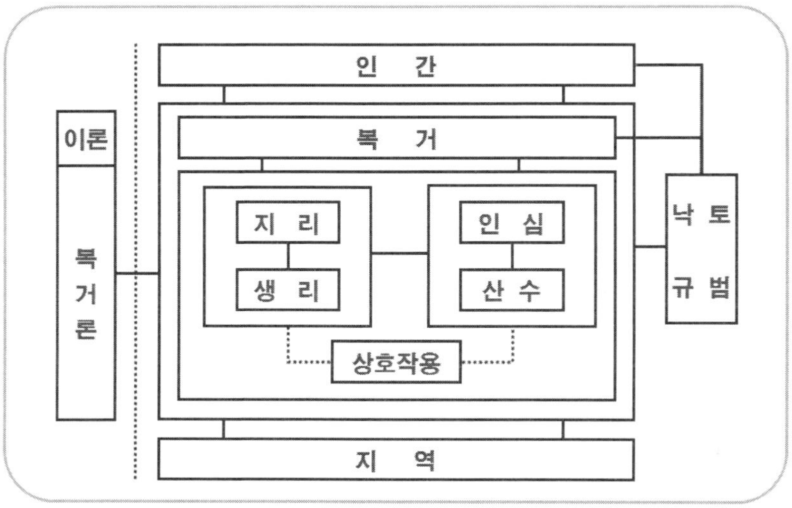

그림 1.6 낙토조건의 개념적 도식

택리지 이론에서는 지리 · 생리와 같은 물리적 측면은 물론이고 인심 · 산수와 같은 사회적 및 환경적 측면이 통합된 공간체계 내에서 함께 하여야 함을 강조하고 있다. 이는 공간 및 주거형태란 포괄적 범위의 사회문화 요소가 영향하는 산물임을 의미한다.

풍수지리설은 양호한 택지(宅地)와 택리(宅里)의 조건을 다음 그림 1.7, 1.8과 같이 제시하고 있다.

양택(陽宅)의 조건은 '좌 : 청룡, 우 : 백호, 남 : 현무, 북 : 주작'으로 자연환경에 의해 최대한 이 조건들을 만족시키는 택지를 찾고자 노력하였다. 실제 이러한 양택의 조건을 완비한 길지(吉地)는 드물어 결여된 부분은 해당 수종의 나무를 심어 보완하는 대안을 제시하고 있다.

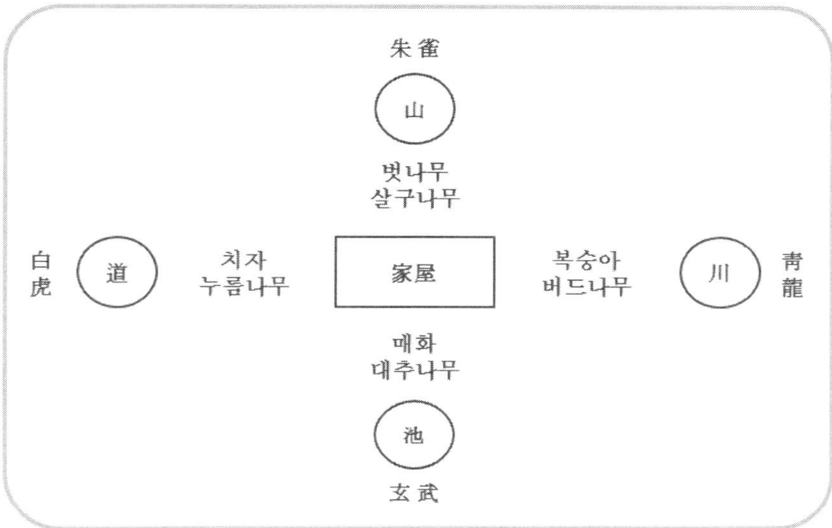

그림 1.7 전통적인 택지의 입지조건

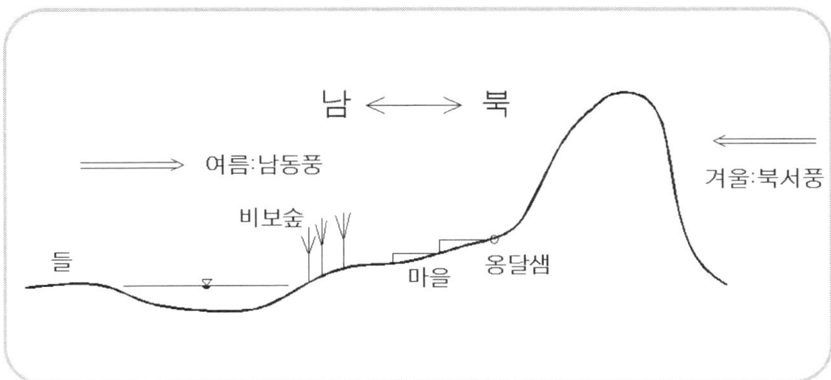

그림 1.8 전통적인 마을의 입지조건

택리의 조건은 背山臨水(배산임수)이다. 북쪽을 향한 뒷편에 높은 산이 있고 남쪽을 향한 앞 편에 넓은 뜰과 강을 두고 마을은 산기슭에 자리한다. 여름에는 남동풍이 불어 시원하고 겨울에는 찬 북서계절풍을 막아 주어 추위로부터 보호한다. 마을 상부에는 옹달샘이 있어 식수를 공급해 주고 마을 앞을 흐르는 개천에서는 각종 용수를 확보한다. 마을 앞에는 비보숲을 조성하여 외부로부터 마을을 보호한다. 또한 산록 경사부에 마을이 입지해 있기 때문에 배수, 일조, 통풍에 효과적이다.

우리나라에서 본격적으로 계획취락을 조성한 사례는 1920년대 조성된 미면 간척지와 광활 간척지의 신규 개척취락이다. 미면 간척지는 일본인에 의해 조성되었기 때문에 일본 본토에서 농민들을 입식하여 간선 배수로 제방을 따라 마주 보고 5호씩 배치하는 열상취락으로 조성되었다. 이에 비해 광활 간척지는 한국인이 조성하고 우리 농민들이 입식하였는데 25호 정도의 집촌 형태를 취하였다. 이후 1930년대 말에는 전남 보성군에 득량 간척지가 조성되어 안심촌 등 4개의 개척마을이 간척지내에 새로 조성되었다.

1.4.2 지역사회개발: 1950~60년대

8.15 광복 이후, 국내 정세의 혼란기를 거쳐 한국전쟁에 이은 전후 복구가 시급한 시기이었기 때문에 농촌정비에 대한 관심은 1950년대 후반에 가서야 가능하게 되었다. 1957년 유엔의 지원 하에 지역사회개발사업이 착수된 것이다. 지역사회개발사업은 1948년 영연방회의에서 주요 농촌개발방식으로 채택된 이후 세계 각국에 보급되었다. 여기서 지역사회개발이란 '지역사회 주민들이 능동적으로 참여하여 자신의 지역사회를 발전시키는 활동'으로 정의할 수 있다.

전후 복구를 책임지고 있는 부흥부가 주관하였으며 지역사회개발 중앙위원회 → 도위원회 → 군위원회 → 지역개발 부락계 순으로 된 사업추진체계를 갖고 있었다. 군에는 지역사회개발 지도반을 설치하여 농업 · 공공사업 · 사회교육 · 보건환경위생 등의 분야별로 전문지도원을 1명씩 배치하여 지도에 임하였다. 그렇지만 당시의 열악한 정부의 재정상태와 주민의 매우 낮은 개발능력 때문에 실질적 성과는 거의 없었다.

1962년 농사시험장이 농촌진흥청으로 개편됨에 따라 지역사회개발사업은 농촌진흥청으로 이관되어 농촌지도사업으로 전환되었다. 지리 · 사회 · 경제적 여건이 동일한 6~10개의 마을을 묶어 733개(나중에 730개로 조정) 농촌진흥시범지역을 선정하였다. 1965년에는 전국 33,100개의 리 · 동지역을 722개 자조지역으로 재편성하여 부락자조개발 5개년계획을 수립하고 농촌지도소의 지도사가 전담 또는 순회 지도하였다. 1969년에는 지리 · 경제적 조건이 동일한 2~3개 리 · 동을 단위로 지도사가 마을에 입주하여 지도하는 주재지역개발 지도사업이, 1971년에는 유엔개발기구(UNDP)의 지원하에 3강(안성천, 동진강, 상주천) 유역개발사업이 추진되었다. 경기 화성군, 충북 청원군, 전북 김제군을 대상으로 외국인 전문가 3인과 국내 대응요원 6인이 공동으로 사업을 담당하였다.

표 1.4 지역개발사업의 추진성과

분야 \ 년도	1962	1963	1964	1965	1966	1967	1968	1969	1970	1971
농 기 계	분야별사업건수별 분류불가능				88	17	31	39	29	14
공동이용시설					55	49	37	29	14	11
원 예					9	11	23	13	13	18
토 목					150	88	28	38	12	82
수 리					337	80	117	78	17	26
잠 업					20	4	-	7	7	4
축 산					44	22	30	8	9	16
생 활 개 선					53	26	5	12	13	13
수 산					5	1	-	-	-	2
문 화 시 설					4	-	4	-	-	8
기 타					23	8	4	-	-	3
계	442	393	104	104	788	306	279	224	114	197

지역사회개발사업의 추진실적은 3가지로 정리할 수 있다. 먼저, 매년 농촌지도 시범지역 발전경진회를 개최하여 우수권역을 표창하였다. 두 번째, 지역사회개발 부문사업은 농업 · 토목 · 수산업 · 축산 · 주택개량 · 보건위생 · 생활개선 등 물리적 정비는 물론이고 부녀 및 조직 지도 · 폐습 개선 · 사회교육 등 사회계몽 분야 까지 포함하고 있다. 세 번째, 사업방식은 외부로부터의 지원 · 협력 여부에 따라 정부보조사업(보조사업: 총 3,395건)과 지역자조사업(마을자체사업: 총 2,951건)으로 구분하여 추진하였다.

개별사업으로는 농촌시범주택 건립 · 전시사업과 메탄가스시설 보급사업이 있다. 시범주택 건립 · 전시사업은 충남 청원군 성거면 정촌마을에 20동의 시범주택을 건립하고 시범마을로서 일반에게 전시하는 사업이다. 메탄가스시설 보급사업은 소득증대 시범마을과 축산단지(마을당 5호 이상의 적격 농가가 있는 곳)를 우선으로 하여 1969~75년 사이에 총 29,064기의 메탄가스 발생조가 설치되었다.

1.4.3 새마을사업: 1970년대

1960년대 경제개발 5개년계획의 성공적 추진에 의해 우리나라는 농업국가에서 산업국가로 탈바꿈하는 역사적 전환이 급격히 이루어져 왔다. 그러나 도시 · 공업 위주의 불균형 성장정책이 지속적으로 추진됨에 따라 도농 간의 상대적 격차가 심화되고 1967~1968년에 걸친 삼남지방의 대한해로 인한 핍박한 농촌사정이 직접적인 도화선이 되어 대대적인 향도이촌(向都離村)이 촉발됨으로서 농촌인구의 절대적 감소가 시작되었다. 이와 함께 각종 대중매체를 통해 도시의 풍요로움이 전파됨에 따라 농민의 소외의식이 확산되어 농촌의 사회적, 정치적 불안이 증대되었다. 이는 여촌야도(與村野都) 현상을 바탕으로 하였던 당시의 집권여당으로서는 심각한 정치적 위기가 아닐 수 없어 무언가 피폐해진 농촌을 위무하는 획기적인 조치가 필요해 지게 되었다. 여기에 더하여 다수확 신품종의 보급과 이중곡가제에 의한 가격지지 등으로 농민소득이 대폭적으로 증대됨에 따라 농촌가계의 경제적 여력이 커져 생활환경개선에 대한 열망과 수용잠재력이 부양되어 새마을 운동이 추진되었다.

새마을 사업은 1970년 4월 마을 내부의 생활환경정비를 위한 새마을가꾸기 사업으로 시작하여 1972년까지는 점화 또는 실험사업의 성격으로 추진되었고, 1973년에는 개발대상마을을 전국 33,000여개의 행정리로 확대하였다. 1974년에는 새마을 공장설치, 농한기 부업장려, 농촌유통구조개선 등의 소득증대사업이 추가되었고, 1975년 인보운동을 통한 주민조직 강화운동을 거쳐 1979년에는 새마을 운동을 지속 · 가속시키기 위한 제반조치들이 취해졌다.

새마을 운동은 정부주도하에 주민참여의 바탕위에서 정부가 필요한 재정과 기술을 지원하는 것이 기본 틀인데 그 기본적인 추진방법을 요약하면 다음과 같다.

- 마을이 기본적인 사업 추진단위
- 경제적 자립도 수준에 따라 기초 · 자조 · 자립 마을로 구분
- 전 주민의 합의가 전제되고 모든 주민에게 혜택이 돌아갈 수 있는 사업을 택하여, 단계별 선별적으로 발전시킨다는 원칙에 의해 생활환경개선 → 생산기반조성 →

소득증대 순으로 사업추진

- 총 사업비의 반액 이상을 부담할 수 있는 마을에 한정하되 사업은 기본, 지원, 소득 사업으로 구분

새마을 사업의 성과는 실물면에서 생산기반조성, 소득증대, 복지환경조성 등이 있고, 가치관 형성 및 태도의 변화 측면에서는 발전적이고 생산적인 정신의 배양, 지도자층의 형성, 농촌의 전반적인 경제발전과 생산구조의 현대화에 대한 기여 등이 이루어 졌다. 반면에 기본적 목표 달성에 국한되어 주민의 자발성이 극히 저조할 뿐 아니라 자율성이 극히 좁은 범위에 한정되었으며 호소력 있는 이념이 없는 점 등의 기본적인 한계가 있었고 관주도에 의한 하향식 접근방식에 의해 각종 부작용이 양산되는 등의 문제점이 있었다.

표 1.5 새마을사업의 추진성과

사업명	실 적
농어촌 주택개량	1976~80 : 225,782호의 주택개량
취락구조개선	1976~80 : 2,747개 마을 1981~94 : 1,192개 마을
주민공동이용시설	공동구매장(3,954), 공동목욕탕(7,189), 공동빨래터(70,716), 어린이 놀이터(2,630)
하수도설치	1971~80 : 15.599km의 하수도
농어촌 전화개설	전화 보급률 : 24.1%(70) → 98.0%(79)
간이급수시설	28,130개 마을에 설치

1.4.4 농어촌지역종합개발: 1980년대

1980년대 초, 고도성장시대의 농업위주 · 마을단위 농촌개발방식이 가져온 한계점을 극복하기 위해서는 새로운 개발전략으로의 전환이 필요하다는 논의가 활발해 졌다. 농촌개발이 "삶의 질" 을 높이는데 그 기본 목표가 있다면 그 것을 가능케 하는 틀인 정주생활권 전체, 즉 배후지인 농촌마을은 물론 중심지까지를 포괄하는 정주권역을 대상으로 종합개발이 이루어져야 한다는 전략 -정주생활권 개발전략- 이 광범위한 공감대를

형성하게 된 것이다. 이에 따라 1981~1984년 사이에 제주도를 제외한 각 도에 1개 군씩 내무부 주관으로 지방 정주생활권개발 시범계획이 수립되었다. 1985년 이후 농림수산부가 주관부서가 되면서 계획명칭이 농어촌지역 종합개발계획으로 바뀌었으며, 1994년 말까지 전국 136개 군지역 중, 109개 군에 대한 계획수립을 완료하였다. 그러나 군단위 개발계획은 재원 마련이 되어 있지 않은 상태에서 계획수립만 추진되고 개발사업의 시행은 이루어지지 않아 농촌지역주민의 기대수요만 높아져 정부의 농촌개발전략에 대한 불만이 팽배해 졌다.

1.4.5 농촌정비사업의 제도적 정착: 1990년대

1957년 지역사회개발사업이 착수된 이래 정부가 추진한 모든 농촌정비 또는 농촌지역개발사업은 정규적인 법적 근거를 갖지 못한 채 대통령의 지시나 중앙부처(주로 농림부)의 지침에 따라 시행되었다. 이는 추진사업의 안정성이나 지속가능성, 발전성의 측면에서 본질적인 제약과 문제점을 안고 있다고 볼 수 있다.

이에 따라 1990년 농어촌발전특별조치법(일명 농발법)과 1994년 농어촌 정비법이 제정되었다. 농발법은 '농어촌의 소득원을 확충하며 생활환경을 개선하여 농어촌을 쾌적한 생활공간으로 조성함으로써 농어민의 복지향상에 이바지함'을 목적으로 하고 있었으며 농공단지조성사업과 농어촌정주생활권개발사업의 추진, 시군 농어촌발전계획 수립 등에 법적 근거를 제공하고 있었는데 2009년 폐지되었다.

농어촌정비법은 '농업생산기반, 농어촌 생활환경, 농어촌 관광휴양자원 및 한계농지 등을 종합적 · 체계적으로 정비 · 개발하여 농수산업의 경쟁력을 높이고 농어촌 생활환경 개선을 촉진함으로써 현대적인 농어촌 건설과 국가의 균형발전에 이바지하는 것'을 목적으로 제정되었다. 이러한 목적을 달성하기 위해 농업생산기반 정비사업, 농어촌생활환경 정비사업, 농어촌산업 육성사업, 농어촌 관광휴양자원 개발사업, 한계농지등의 정비사업 등의 추진 근거를 제시하고 있다. 또한 농어촌정비를 위한 자원조사, 농어촌정비계획 및 생활환경정비계획의 수립, 농어촌경관의 보전관리 등에 대한 규정도 두고 있어 현재 추진되고 있는 농림수산식품부 소관 농촌지역개발사업의 법적 근거를 대부분 마련하고 있다고 볼 수 있다.

사업 대상범역도 매우 다양화 되었다. 읍면지역을 대상으로는 소도읍육성사업(읍), 정주권개발사업(일반면), 오지 · 도서종합개발사업(오지 · 도서면) 등이, 2~3개 마을을 묶는 마을권역사업으로는 어촌종합개발사업이 추진되었다. 산촌종합개발사업은 법정리를 대상으로, 문화마을조성사업 · 녹색농촌체험마을조성사업 · 전통테마마을조성사업 등은 자연마을을 대상으로 하였다. 농가를 단위로 한 농가주거환경개선사업도 함께 실시되었다. 사업메뉴면에서는 권역 · 마을 종합개발사업, 마을가꾸기사업, 주거환경정비사업 등으로 다원화 하였다.

1.4.6 도농통합적 농촌개발: 2000년대

농업 · 농촌개발에 대한 법적 · 제도적 기반을 보완하기 위한 노력은 새로운 세기를 맞이하고서도 계속되어 2001년 농업 · 농촌기본법이 제정되었고 2009년 농어업 · 농어촌 및 식품산업기본법으로 개편되었다. 이 법은 '농어업, 농어촌 및 식품산업이 나아갈 방향과 국가의 정책 방향에 관한 기본적인 사항을 규정함'을 목적으로 우리나라 농어촌의 기본이념을 '고유한 전통과 문화를 보존하고 국민에게 쾌적한 환경을 제공하는 산업 및 생활공간으로 발전시켜 이를 미래 세대에 물려주도록 한다' 라고 천명하고 있다. 농어촌지역의 발전 및 삶의 질 향상을 위해 농어촌발전시책의 수립, 지역간의 소득균형, 농어촌 지역산업의 진홍 및 개발, 도농 간의 교류 활성화, 정보화 촉진, 교육여건 개선 및 복지증진 등을 규정하고 있다.

2004년에는 '농림어업인의 삶의 질 향상 및 농산어촌지역 개발촉진에 관한 특별법(이하 삶의 질법)'이 제정되었다. 이 법은 '농림어업인등의 삶의 질을 향상시키고 지역 간 균형발전을 도모함'을 목적으로 정부는 '농림어업인의 삶의 질 향상 및 농산어촌 지역개발' 기본계획을, 중앙부처-시도-시군 위계순으로 시행계획 수립을 규정하고 있다. 이 법의 규정에 따라 매년 시행성과를 평가하고 있다.

2004년부터는 1개 법정리 이상의 마을권역을 대상으로 하는 농어촌마을종합개발사업, 도시 이주민의 주거전용단지를 조성하기 위한 전원마을조성사업, 도시민 농촌유치지원사업, 도농교류활성화 지원사업, 농어촌테마공원 조성사업, 도시 귀농자를 위한 농어촌 뉴타운조성사업 등 다양한 사업이 추진되고 있다.

1.5 선진국의 농촌정비 · 계획

1.5.1 유럽연합의 농촌개발정책 · 제도

유럽연합의 농촌구조개선정책은 공동농업정책(common agricultural policy)에 포함되어 추진되어 왔다. 로마조약 39조 2항에서는 '공동농업정책을 추진함에 있어 농업의 사회적 구조와 다양한 농업지역간의 구조적 및 자연적 차이에 따른 농업활동의 특수성이 고려되어야 한다.'라고 규정하고 있다. 1968년 'Mansholt Plan'으로 부르는 각서에서는 농업정책의 양대 측면인 시장과 구조 사이의 상호관계를 강조하며 구조개선정책의 재출범을 제안하고 있다. 이 정책의 목적으로 농업구조의 적응과정 가속화 및 과소화지역 지원조치를 포함한 지역적 차별화 시책의 도입 등을 천명하고 있다.

농촌정책이 유럽전체의 특정과제로 모멘텀을 얻은 것은 1988년 '농촌사회의 미래(the future of rural society)'에 대한 메시지 전달이다. 이 메시지에서 유럽농촌이 겪고 있는 구조적 변화를 지지할 필요성을 규정하고 성취방법을 제안하였다. 또한 구조기금의 전반적 개혁안이 각료회의에서 승인됨에 따라 농업구조정책과 광범위한 영역적 접근이 연계되는 통합적 접근방법(integrated approach)이 새로운 공동농업정책으로 모든 지역에 적용되었다.

최근 유럽연합의 농촌정책은 2005년에 발표한 2007~13년 기간 동안의 농업기금에 의한 농촌개발 지원시책에서 3개의 주요 목적과 1개의 접근방법이 제시되고 있다.

- Axis 1 : 인적 및 물적 자본과 질적 측면에 대한 쇄신 · 재구축 전략 집중에 의한 농림업 부문의 경쟁력 강화
  - 지식기반 강화 및 인적 잠재력 개선조치
  - 물적 잠재력 재구축 및 혁신증대 조치
  - 농업생산과정 및 생산물의 질적 개선조치
- Axis 2 : 환경 및 전원지역 보전
  - 보다 적정한 형태의 토지관리 및 자연자원 보전
  - 농지 및 임야의 지속가능이용 조치
- Axis 3 : 농민 및 농가 구성원, 농촌주민의 안전 · 안정된 사회경제적 여건 마련에 의한 농촌지역주민의 삶의 질 개선 및 농촌경제 다각화

- Axis 4 : leader approach(link between actions for the development of the rural economy)

또한 'Rural Development and Agenda 2000'에서는 공동농업정책 개혁에 의한 농촌개발의 목표를 첫째, 농산물 시장 부문의 개혁보완, 둘째, 경쟁력 있는 다기능 농업분야의 발전, 셋째, 대체 소득원개발 및 농업 생태적 조치 강화 등으로 제시하고 회원국이 국가 사정에 따라 선택 가능한 22개의 사업메뉴를 제공하고 있다.

- 농기업부문 투자
- 인적자원 개발 : 청년농업인, 조기은퇴자, 재취업훈련
- 과소화지역 및 환경적 제약지역 지원
- 농업환경조치
- 농산물 가공 및 유통
- 산림보전 및 개발
- 농촌지역개발 및 적응 강화조치

1.5.2 영국의 농촌계획제도 및 농촌개발사업

산업혁명에 의한 인구의 도시집중으로 도시지역의 주거환경이 극도로 열악하여지자 19세기에 영국은 공중보건 및 주택관련법(public health and housing acts)을 제정하여 도시문제를 해결하고자 시도한 것이 계획입법의 뿌리였다.

1932년 도시 및 농촌계획법(town and country planning act)을 제정함으로써 지방정부로 하여금 농촌지역에 대해서도 도시지역과 같이 계획을 수립할 수 있는 법적 근거를 마련하였는데, 농촌계획에 관한 입법사례로는 세계 최초의 일이다. 그러나 농촌계획에 관한 실질적인 법적 제도는 1947년 개정된 도시 및 농촌계획법(town and country planning act of 1947)에서 제 모습을 갖추기 시작하였다. 동법에서 지방정부(county)는 관할구역내의 토지이용 20년 계획을 담은 개발계획(development plan)을 작성한 다음 중앙정부의 승인을 받아 시행하도록 규정하고 있다.

1968~1971년에는 행정구역의 대대적인 개편과 함께 개발계획체제에 대해 고조된 비판여론을 수렴하여 새로운 계획체계로 전환하는 법개정(town and country planning act of 1968, 1971)이 이루어 졌다. 동법에서는 이원적 계획체계(dual-scale system of statutory planning)를 채택하여 광역지방정부(county council)는 지역개발과 관련된 제안과 정책들을 일정한 골격구조로 요약시키는 구조계획(structure plan)을 작성한 다음, 환경성장관(secretary of state for environment)의 승인을 받아 시행하며, 하위지방정부(district council)에서는 구조계획의 골격구조를 수용하면서 지역개발과 토지이용에 관한 계획을 구체화시키는 지방계획(local plan)을 작성하도록 규정하고 있다.

영국의 농촌정책은 영국인들이 자부하고 있는 '아름다운 영국농촌(english Countryside)'을 관리하는데 중점을 두어 왔다. '환경적으로 민감한 지역(environmentally sensitive areas)'과 '특별한 과학적 관심지구(sites of special scientific Interest)' 등을 지역주민들과 환경보전 관리협정을 체결한 후 지정하고 있으며 농업, 환경, 농촌개발 등의 업무를 통합적으로 추진하기 위하여 통합부서인 환경식품농촌성(DEFRA: department of environment, food and rural affairs)을 두고 있다. 2000년에는 영국의 농촌정책방향을 천명하는 백서인 '우리농촌의 미래(our countryside: the future)'를 발간하여 다음과 같은 4대 정책방향을 제시하고 있다.

- 살기 좋은 농촌(a living countryside)
  - 기본적 마을서비스 지원
  - 농촌서비스 공급의 현대화
  - 적정 가격의 주택공급
  - 지역교통문제 해결
- 일하는 농촌(a working countryside)
  - 시장도읍 활성화
  - 지역경제 활성화
  - 새로운 농업발전 지향
- 보호받는 농촌(a protected countryside)
  - 영국농촌의 특성을 보존
  - 모든 국민이 가까운 곳에서 전원지역을 즐길 수 있도록 보장
- 활력 있는 농촌(a vibrant countryside)
  - 농촌도읍 및 마을에 자치권능 부여
  - 정부 정책 · 시책에 농촌영향 평가 시행

1.5.3 독일의 농촌공간정비사업

독일에서 공간정비의 기본발상은 '공동사회와 경제, 그리고 공간사이의 관계는 저절로 최적인 관계가 이루어지는 것은 아니므로 인간의 생존공간은 계획적으로 형성하지 않으면 안 된다'는 확신에 기저하고 있다. 이러한 이념을 바탕으로 공간정비에 관한 계획체계가 정립되어 있다. 최상위에는 연방공간정비법(Raumordnungsgesetz)에 근거한 공간정비 원칙과 프로그램이 있고 각 주에서는 주별 국토계획법(Landesplanungsgesetz)에 근거한 국토계획과 지역계획이 있다. 최하위의 수준에서는 연방건설법전(Baugesetzbuch)에 근거한 건설관리계획(Bauleitplan)이 있는데, 이는 종합적 공간정비계획의 최하위 계획이라는 설과 부문별 계획의 하나일 뿐이라는 설이 있다. 왜냐하면, 독일의 건설법전은 국토전역에 대하여 건물이 세워져 시가지가 형성된 부분의 포락선 내측을 "내부영역", 외측을 "외부영역"이라 칭하고 원칙적으로 외부영역에서는 농가건물 등을 제외하고는 건축이 금지되어 있어 건설관리계획은 지방자치단체의 관할구역 중 내부영역만을 계획 대상범역으로 하고 있기 때문이다.

따라서 지방자치단체의 지역계획도 내부영역을 다루는 건설관리계획과 외부영역을 다루는 농촌공간계획(Planung im Landlichen Raum)으로 구성되어 있으며, 다시 건설관리계획은 토지이용계획(Flachenutznugsplan: 약칭 F-Plan)과 지구상세계획(Bebauungsplan : B-Plan)으로, 농촌공간계획은 농지정비계획(도로 및 수계획 포함)과 취락재정비계획으로 나누어진다. 여기서 농지정비계획은 주 정부의 별도기관인 농지정비청이, 취락재정비계획은 농지정비청과 지방자치단체가 공동으로 계획을 수립한다.

독일의 농촌정비사업에서 모법은 농지정비법(Flurbereinigungsgesetz)인데 환지수법을 기초로 하여 계획결정과 사업실시, 토지권리의 결정이 동일 법률 하에서 일관된 시행을 보장하는 독특한 법체계이다. 동법은 19세기 초 경지정리법 체계의 정립(10월 훈령)이 시도된 이래, 각 주에서 산발적으로 입법해 온 경지정리 관련법을 1937년 제국경지정리령으로 통일시킨 다음, 1953년에 지금의 농지정비법으로 발전적 입법을 추진한 결과이다.

이러한 법체계의 발전과 함께 농업과 농촌의 여건변화를 능동적으로 수용하여 독일의 농촌개발정책은 식량증산 : 토지생산성 향상(1950년대 초까지) → 농업구조개선 : 노동생산성 향상(1960년대 초까지) → 생활환경정비 : 농촌구조개선(1970년대 중반까지) → 자연환경정비 : 농촌경역보전(1970년대 중반이후)으로 중점이 이행되고 있다.

1976년에는 연방건설법전을 포함한 토지이용 관련법 전반에 걸친 개정과 함께 연방자연보호법이 제정되었고 농지정비법도 대대적으로 개정되었다. 농림업만이 아닌 국토의 종합적인 보전과 정비를 위한 기반정비로 농지정비법의 목적이 확대되었다. 이에 따라 농지정비사업은 환지수법에 의해 학교, 공원, 주택단지, 도로 등 공공용지의 신규 수요에의 대응과 함께 자연보호구역의 창설 등 농촌지역의 다면적 발전을 위한 기초적인 토지정비를 추진하는 사업으로 발전하였다.

2차 세계대전 후 독일 농촌마을정비정책의 특징 중 하나는 정주집중점 접근법이다. 전후 원격지역이어서 급격히 쇠퇴한 순수 농업지역을 제외한 대부분의 농업지역에서 농촌 특유의 낭만적인 모습이 빠르게 소멸되고 현대적인 주택의 건설로 도시근교 농촌지역은 큰 변화를 겪게 되었다. 50년대 중반~60년대 초반 자동차가 널리 보급되지 아니한 상태에서 버스와 철도노선을 중심으로 소규모 베드타운이 형성되었고 이후 자가용승용차 보급률의 급속한 증가와 택지가격의 공간적 차등화에 따라 마을주변부로 거주지역이 분산되었다. 주택유형도 단독주택과 공동주택으로 다양화 되면서 자연환경이 양호한 농촌지역에 대한 선호도가 크게 증가하였다.

이러한 주거지역의 확장으로 다수의 도시인들이 도농경계지역에 유입됨에 따라 '환경에 대한 위협'과 '하부구조 및 서비스 확충수준 미흡' 등의 문제가 발생하여 도시 및 농촌계획체계가 심각한 시험대에 봉착하게 되었다. 이를 타개하기 위해 연방정부는 지자체 지역의 새로운 공간패턴 창설 결정에 의한 집단거주지역 지정과 행정구역 조정을 시행하였다. 이를 통해 농촌마을당 하나씩이던 지자체를 평균 3개 마을당 하나로 통합하면서 지역사회계획정책 적용에 있어 선택의 폭이 넓어져 대다수의 지자체에서 토지이용계획시 '정주집중점 접근법'을 채택하게 되었다.

정주집중점 접근법은 농업관련 부분을 제외한 모든 유형의 구조물 투자를 지자체내의 최적 마을에 집중하고 나머지 마을은 전통적인 보존 상태를 유지하는 방식인데, 주거지 확산 속도가 완화되는 최근의 추세에도 불구하고 그 선호도가 지속적으로 증가하여 왔다. 지역사회는 서로 경쟁하기보다 지자체 관할구역 내에서 인구가 가장 많으면서도 다른 마을을 서비스하기에 가장 적합한 위치에 있는 마을들에 대해서 공공/민간 투자를 의도적으로 집중한다. 이러한 정책은 많은 지자체에서 기능 및 인구학적 의미에서 '초기단계 소도읍(embryo towns)' 탄생을 촉진한다는 비판을 받기도 하지만 현재의 농촌여건에서 현대적 삶의 질을 확보하기 위한 물적 필수시설을 끌어들이는데 유효한 수단임은 분명하다.

1.5.4 프랑스의 농촌개발제도 및 관련사업

제2차 세계대전 후 전후 복구, 출산율 증가(baby boom), 경제성장에 의한 인구의 도시집중, 북아프리카 식민지로부터 다수 자국민의 귀환 등 사회적 수요 증대에 의해 1950년대부터 주택건설이 대대적으로 이루어져 왔다. 이러한 주택건설은 기존 시가지의 복구사업으로 시작되어 점차 도시주변부 지역으로 확대되었다. 주택을 대량으로 공급하여야 했기 때문에 5층짜리 상자형 집합주택이 건설되고 1975년을 피크로 단지 특유의 획일적인 건물이 늘어서 있는 경관이 연출되었는데 이러한 주택군은 '거주공장'이라는 혹평을 받았다.

도시주변지역의 이러한 주택단지 풍경에 대한 혐오감과 원래 프랑스인들이 갖고 있었던 개인주의적 성향에 의해 단독주택에 대한 관심이 새로워지기 시작하였다. 1970년대에는 도시주변지역을 뛰어 넘어 교외지역에서 단독주택 분양택지 개발이 성행하였다. 이와 함께 자가용 승용차 소유가 보편화함에 따라 새로운 단독주택 건설이 촉진되어 파리로 부터 50㎞권역 내에서는 주요도로를 따라 모델주택이 난립하여 도시화의 영향을 받지 않는 농촌지역이 거의 없게 되었다. 이러한 모습은 '농촌의 도시화'로 표현되고 있으나 결코 좋은 의미는 아니고 소위 스프롤에 의한 난개발이 낳은 결과이다.

1967년 토지기본법이 제정되어 토지점유계획(POS) 제도가 탄생되었다. 이는 토지이용계획에 용도지역제(zoning)가 도입되어 개인에 대한 토지이용 구속력이 법적으로 담보됨으로써 농지전용에 대한 강력한 억제제도가 정립하게 된 것이다. 1983년 지방분권화법이 제정된 이래 인구 2000명 이상의 도시 지자체(commune)에서는 주변 농촌지역을 포함하는 '기본구상(SD)'을, 인구 2000명 미만의 농촌지자체에서는 '지자체 헌장(CIDA)'이 수립되었다. 2001년 지속가능한 발전을 추구하는 사회적 추세를 반영하여 기본구상은 국토일체화계획(SCOT)으로, 토지점유계획은 도시지방계획(POS)으로 각각 명칭이 변경되었다.

프랑스의 농촌지역개발은 1967년 4개의 '농촌재건권역(rural renovation zone)'을 지정하면서 본격적으로 추진되었다. 이 권역은 프랑스 전체 농가의 약 1/3을 포괄하고 있으며 별도의 재정지원으로 도로신설, 자동전화 보급, 농촌산업화, 농촌관광 등을 추진하였다. 7개의 혼합경제공사를 설립과 함께 특정 농촌지역개발을 촉진하여 관개 개선, 농업현대화, 식품가공산업 육성, 용수공급 확대 등의 성과를 거두었다.

자연보전은 지역활성화와 조화되는 가운데 추진하여 왔다. 국립공원은 자연자원 및 경관보전이 주요 목적이나 주변부 지역에서는 관광 · 서비스 · 숙박 시설설치가 권장되고 있다. 지방자연공원은 지방 자체자금으로 조성되기 때문에 풀뿌리 민주주의 의사결정이 존중되고 과학적 보전 보다는 농촌위락 개발에 치중되는데 이에는 수공예품 공방, 생태박물관(ecomuseum), 환경친화형 상품유통시설 설치사업 등이 포함된다.

프랑스의 농촌지자체(commune)는 인구규모가 매우 작기 때문에(인구 700명 이하가 상당수) 인근 지자체 합동의 'plans d'amĕnagement rural' 수립이 권장되고 있다. 이는 통상 인근의 15~20개의 지자체가 지역문제 진단, 잠재력 평가, 혁신제안 등을 합동으로 시행하는 것으로서 1987년 기준 7,358개 지자체가 참여하여 284개 Charters를 형성하였다. 1975년에는 DATAR의 local contract plan 제도가 도입되어 지역의 문제점 검토와 잠재력 평가는 물론이고 계획실행을 위한 재정적 조치도 시행되고 있으며 환경보전, 일자리 창출, 하부구조 및 공공서비스 확충 등의 사업이 포괄되고 있다. 1987년에는 원격지역의 개발을 촉진하는 'mountain law'가 제정되었다. 이에 따라 프랑스 알프스지역 7곳에 'renovaition committee'가 설치되고 지자체장은 지역 자체의 일자리 창출, 관광서비스, 빈집 재활용 등과 관련된 사업을 실시하였다.

1.5.5 네덜란드의 농촌공간정비사업과 간척지 신농촌건설

제2차 세계대전 이후 네덜란드에서는 4차례에 걸쳐 국토계획이 수립 · 집행되었다. 국토계획을 체계적으로 수립한 것으로 평가받고 있는 3차 계획에서 3개의 분책(分册)중 하나가 '농촌지역'편으로 거주조건의 개선과 함께 농업 · 자연환경 · 레크리에이션 · 도시개발 등 상반된 이해관계의 조정에 의한 농촌자원 이용을 지향하고 있다. 또한 거주조건, 경제활동 조건, 경관 가치, 생태학적 가치, 시가지 주변의 오픈스페이스 등 농촌의 주요 공간기능을 바탕으로 농촌지역을 4개 유형으로 구분하고 있다. 4개 유형지역은 각각 자연환경 지배적인 지역이어서 이의 보전을 강화하는 지역(생태기능 강화), 레크리에이션 기능을 강화하면서 농업과 함께 지역경제 진흥을 도모하는 지역(레크리에이션 기능 등의 강화), 주된 기능은 주로 토지이용형의 농업기능인데 자연환경요소를 함께 부가하는 지역(농업과 다른 기능과의 모자이크화), 주된 기능인 집약적 농업(시설원

예와 축산 등)의 단지화를 도모하면서 농업폐기물의 집중 처리를 추진하는 지역(농업 집약화) 등이다.

네덜란드는 간척개발에 있어 세계적인 선진국가이다. 1600년대 말 Friesland와 본토를 연결하는 계획이 제안된 이래, 1891년 토목기술자인 Cornellius Lely가 타당성있는 계획을 성안하였다. 공공사업성 장관이 된 Lely의 주도하에 Zuyderzee 간척계획이 완성되고 1920년 네덜란드 북부와 Wieringen 섬을 연결하는 방조제가 완성됨으로써 최초의 간척지 Wieringermeer가 개발되었다. 1932년에는 Wieringen 섬과 Friesland를 연결하는 약 32㎞의 방조제(barrier dam, 네덜란드어로는 Afsluilt Dijk)에 의해 내해인 Ijsselmeer를 담수화 하고 총면적 225,000ha의 Zuyderzee 간척사업의 방수제 공사와 내부개발이 시작되었다. Northeast Polder는 1942년, East Flevoland 1957년, South Flevoland는 1968년 내부개발에 착수하였고 마지막 간척지인 Markewart는 방수제는 완성되었으나 내부개발에 대한 환경단체와의 조율이 제대로 되지 않아 현재 개발이 유보되어 있는 상태에 있다. 기 개발된 4개 간척지의 개발내용은 다음 표 1.6과 같다.

표 1.6 Zuyderzee 간척개발의 개요

	간척지 구분	내부개발 착수년도	간척규모 (ha)	토지이용(%)			
				농경지	숲+자연 보전지	주거 용지	궤멸지
토지이용	Wieringermeer	1930년	20,000	87	3	1	9
	North-East Polder	1942년	48,000	87	5	1	7
	East Flevoland	1957년	54,000	75	11	8	6
	South Flevoland	1968년	43,000	50	25	18	7

	간척지 구분	표준농지구획	평균영농 규모	영농상 특징	농지 분양
농업	Wieringermeer	800×250m (20ha)	35ha (10~60)	농장 노동자용 1ha급 자가채원	국가가 수년간 숙지화 후 개인농가에 임대
	N-E Polder	800×300m (24ha)	25ha (최소 3ha)	토양별 작부체계 상이	92개의 국영농장 운영
	E. Flevoland	1,000×300m (30ha)	40ha (12~58)	중질토양지대 일수록 조방적	농지집단화사업 피해자 우선분양(50%)
	S. Flevoland	1,200×500m 1,800×500m (60, 90ha)	30~50ha	환경친화적 시범농장 운영	-자연 보존지 창설사업 피해농가 최우선 임대 -단기 : 장기임대 : 분양의 비율 각각 1/3씩

	간척지 구분	마을 배치원칙	배치마을(인구)	지자체 출범
정주계획	Wieringermeer	도보접근 가능 한계인 3~5km	중앙부 4개 마을+외곽부 8개 소촌 = 12,000	- 1938 authoriyu - 1941 지자체
	N-E Polder	주도읍 중심으로 자전거로 도달할 수 있는 환상배치	주도읍 Emmeloord (10,000)+5개마을(20,000)+마을 밖(10,000) = 40,000	- 1937 authority - 1962 지자체
	E. Flevoland	중앙농업지역 주위에 환상으로 도시·마을 배치	Dronten(10,000)+2개 마을(4,000)+Lelystad (65,000) = 80,000	- 1955 authority - 1972 지자체 - 1980 Lelystad 지자체
	S. Flevoland	단일 정주중심지 창설+신도시	Zeewolde(8,000)+Almere (130,000) = 140,000	- 1962 authority - 1984 Zeewolde, Almere 지자체

1.5.6 일본의 농촌계획제도와 농촌정비사업

일본이 개화를 시작한 명치기(明治期)에 추진되었던 "정촌시운동(町村市運動)"과 "적산조(敵産調)"가 근대적인 농촌개발의 시작이었다고 볼 수 있다. 정촌시운동은 정촌진흥 기본방침이라고 칭할 수도 있는 것으로서 상위계획인 국시, 산업시(國是, 産業是)를 책정하기 위한 기초계획을 정촌단위에서 수립하는 것으로 볼 수도 있다. 또 적산조는 부채반환을 위한 취락재건계획(경제신법)을 지역사회건설로 확장시킨 것이다.

1930년대, 세계적인 경제 대공항을 맞이하여 농촌의 피폐가 극심해지자 "경제갱생계획"에 관한 각종 방책을 실시하였다. 경제갱생사업은 농촌경제갱생 정촌을 대상으로 추진되었는데 1932년부터 1940년까지 9년간에 9,153개 정촌이 이의 지정을 받아 계획수립이 이루어졌다. 1943년부터 자작농 창설사업 확충, 수련농장조직 정비, 표준농촌 설정 등을 주요시책으로 하는 "표준농촌 확립운동"이 일어났다.

전후 경제부흥을 꾀하기 위하여 1946년에 "긴급개척계획"이 세워졌는데 식량증산과 자작농 창설, 구직자의 수용 등을 목적으로 추진되었다. 1949년에는 "농촌건설계획"이라는 사업제도가 설정되어 개척적지의 취득, 분배, 탈농민의 농지합병 등에 의해 경영규모 확대를 도모하고 경지개량·경지정리·교환분합 등에 의해 영농기반을 조성하여 건전농가 육성을 시도하였다.

1956년에는 "신농산어촌건설종합대책"이 등장하였다. 농산어촌 주민의 자주적 총의를 바탕으로 적지적산을 기조로 하는 농산어촌 진흥계획(마을가꾸기 계획)을 수립하고 토지정비, 농산어촌 진흥 공동시설, 적지적산 장려시설, 생활문화 연수시설 등의 정비를 추진하는 사업이 시행되었다.

일본에서 농촌계획이 본격적으로 연구 · 시행된 것은 하치로가다(八郎潟)간척 신농촌 건설에 따른 계획수립이 착수되면서 부터이다. 1957년에 착공하여 1977년에 완성된 총 면적 15,640ha의 간척지에 계획적으로 새로운 농촌마을을 창설하였다. 마을의 위치 및 규모, 지구구분, 간선도로, 간선 용배수로, 농지정비, 상수도, 녹지경관 등을 종합적으로 검토하여 계획이 수립되고 이 계획에 따라 공공시설, 농가주택, 농업용 시설 등이 배치 되었으며 이에 따라 1976년에는 인구 3,375명의 신 취락(大潟村)이 탄생하였다.

1960년대 이후 고도경제 성장기에 들어서면서 도농 간의 소득격차가 확대되고 이에 따른 대량이촌, 농가의 겸업화가 현저하게 진행되어 농업노동 생산성의 향상, 농업경영의 근대화에 대한 필요성이 절실하여 졌다. 1961년에 제정된 "농업기본법"을 바탕으로 하여 1962년에 토지기반정비 및 경영근대화 시설정비를 도모하는 "농업구조개선사업", 1963년에는 농업기계화에 의한 노동생산성 향상의 기반을 마련하기 위한 "포장정비사업"이 착수되었으며, 1972년에는 개정된 토지개량법에 의거 생활환경정비에 필요한 비농용지의 창출과 합리적인 토지이용질서 형성이 가능케 되었다.

1969년에 제정된 "농업진흥지역의 정비에 관한 법률"에 의해 도도부현(都道府縣)지사는 농촌근대화에 필요한 조건을 구비한 농촌지역을 보전하기 위해 농업진흥지역을 지정하고 시정촌(市町村)은 농업진흥지역 정비계획을 책정하게 되어 상기 법은 농촌계획 · 농촌정비의 중요한 법률이 되고 있다.

1970년에는 도시에 비해 낙후된 농촌의 생활환경을 본격적으로 정비하기 위한 사전 작업으로 "농촌기반종합정비 파이롯트사업조사"가 시작되었고 이에 근거하여 1972년 "농촌기반종합정비 파이롯트사업", 1973년 "농촌종합정비 모델사업", 1976년 "농촌기반종합정비사업"이 창설되었다. 이는 농업생산기반 및 농업 근대화시설 정비와 생활환경 정비를 종합적으로 추진하는 농촌종합 정비시대의 도래를 의미한다. 특히 농촌기반 종합정비사업은 농촌종합정비 모델사업과 내용은 같으나 대상지역이 기반정비가 부진한 중산간지역인 점에 차이가 있다. 1983년에는 수요가 많은 배수처리사업을 상기 사업으로부터 독립시켜 농업집락배수사업으로 추진하고 있다.

1987년에는 택지개발에 의해 농업용 토지이용과 경합되는 도시근교지역에서 계획적인 정비를 추진하여 영농 및 거주환경의 양호한 확보를 도모하는 '집락지역정비법'이 제정되었다. 이 법에 의해 집락지역정비사업은 시가화조정구역 또는 선긋지 않은(未線引) 도시계획구역과 농업진흥지역이 중복 지정되어 있는 구역 소재마을의 농진백지농지(農振白地農地)의 정비, 택지 등 비농업용지의 창출 및 정비를 시행한다.

최근에는 농촌의 자연환경과 경관을 정비 보전하여 쾌적성(amenity)을 높이는 일에 대한 관심이 커져서 농가는 물론이고 지역주민 전체의 삶의 터로서 쾌적한 농촌공간을 지향하는 농촌정비가 새롭게 전개되고 있다. 이에 따라 농촌정비사업은 농촌지역의 다면적 환경정비를 중심으로 점차 다양하게 전개되어 기존 사업의 개폐와 통합이 이루어지고 있다. 독특한 사업으로는 농촌지역의 역사나 문화적 측면의 정비와 보존을 도모하는 전원공간정비사업이 있다. 사업의 다양화는 오늘의 농촌정비에서 큰 특징인데 농업농촌정비사업을 사업내용과 대상지역을 지표로 상호관계를 모식화 해 보면 다음 그림 1.9와 같다.

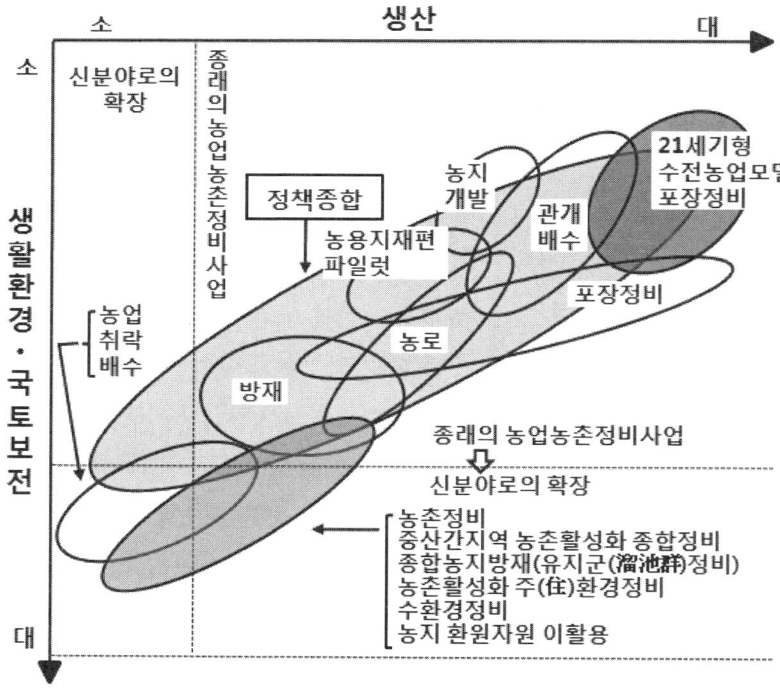

그림 1.9 농촌정비사업의 역할과 구성

주 : 신분야로의 확장에 즈음하여, 종래와 같은 농업생산기반의 중점을 사회자본 정비부터 농촌주민, 도시주민, 자연환경보전을 배려한 방향으로 전환되고 있다

참고문헌

권오혁, 2005, IT의 발달과 국토공간 및 도시체계의 발달, 21세기 한국 메가트렌드 시리즈 III-05-26, 정보통신정책연구원

김문조 등, 2005, IT와 새로운 사회질서의 형성, 21세기 한국 메가트렌드 시리즈 II-05-1, 정보통신정책연구원

김영표 등, 2004, 시공자재의 세상을 위한 사이버국토 창조방안(I), 국토연구원

농림부, 1999, 농촌개발계획지침

농업기반공사, 2002, 새만금 간척지의 친환경 토지이용방안 연구(I)

도원학, 1993, 택리지 연구, 신양사

박시현 등, 2007, 농촌의 미래 모습-농촌공간 2020, 한국농촌공사 · 한국농촌경제연구원

이선 등, 2000, 지식기반경제의 이론과 실제, 산업연구원

최양부 등, 2007, 지식기반사회의 농촌발전전략과 농촌계획에 관한 연구, 농림부

農業土木學會, 1992, 農村計劃學 -農業土木から農村整備への展開-

農業土木學會, 2003, 改訂農村計劃學

農政調査委員會, 1983, 世界の農地 · 農村整備, 國際農政シリズ1

Clout, Hugh, 1993, European Experience of Rural Developement, Rural Development Commission

DETR(Department of the Environment, Transport and the Regions), 2000, Our Countryside: the future -A fair deal for rural England

Future Foundation, 2004, Rural Futures Project: Scenario building for twenty year and fifty year futures, Report for Defra

Hoggart, Keith and Angel Paniagua, 2001, What Rural Restructuring?, Journal of Rural Studies 17(1), pp.41-62

Wild Trevor, 1983, The Residential Demension to Urban and Rural Change in West Germany, Croom Helm

Chapter 02

농촌계획의 체계와 계획수립방법

2.1 계획의 이론적 고찰

2.1.1 계획의 의미

(1) 계획행위

계획행위는 일상적으로 다양한 측면에서 행해지고 있다. 여행에서의 행선지 및 경비의 배분, 교통수단의 선택, 대학축제의 기획 및 연출 등 계획행위는 일상생활에서 쉽게 접할 수 있는 부분이다. 오늘날 우리는 스스로 의식하든지 못하든지 일상생활에서 계획을 만들고 이에 따라 행동하고 있다. 의도적으로 계획하는 것은 선택의 폭이 다양하거나 조건이 복잡한 경우인데, 이러한 경우 우리의 목적에 부합하도록 합리적 선택을 하고 효율성 및 경제성, 만족도 등을 높이는 것이 계획활동의 중요한 목표이다.

계획과 일상적 행동에는 일정한 공통점이 있다. 그러나 일상의 계획행위와 여기서 대상으로 하는 계획과는 차이가 있다. 즉, 일상의 계획행위는 사적인 것이지만, 여기서 취급하는 계획은 행정 등을 포함한 사회적인 행위를 말한다.

(2) 계획의 필요성

우리나라에서 도시계획이 도입된 시기는 1920년대로 거슬러 올라갈 수 있으나 본격적으로 적용된 것은 도시산업사회화가 본격적으로 시작된 1960년대 이다. 이에 비해 농촌계획의 필요성이 인식된 것은 농촌정주생활권 개념의 도입에 의해 농어촌지역종합개발사업이 시작된 1980년대 부터이다.

자본주의 사회에서 개인 · 기업의 사적인 활동을 무한대로 허용하게 되면 도시는 빈

곤 및 질병, 범죄 등의 발생을 피할 수 없고 생존을 위협 당하게 될 것이라는 자각에서 공적인 계획의 필요성이 인식되었다. 영국의 하워드가 전원도시를 "도시와 농촌의 결혼"으로 표현하고, 전원도시가 도시의 활력과 농촌의 안락함을 일체화한 생활터전 형성을 목적으로 하는 것과 같은 의미이다. 오늘날에 있어서도 이러한 기본적인 독표는 변함이 없으며 도시계획 및 농촌계획의 주요한 과제는 인간이 풍요롭고 행복하며 만족스러운 삶을 즐길 수 있는 생활 및 생산의 터전을 형성하는 것이다.

최근 사회구성이나 기능이 다양화 · 복잡화하고 있다. 이러한 사회에서는 각 구성요소의 기능분화가 진행하고 상호 의존관계가 형성된다. 이러한 사회적 변화는 높은 효율성을 동반하지만, 각 구성요소의 독립성 · 자율성을 저하시키기 때문에 기능을 충분히 발현시키기 위해서는 요소를 효과적으로 배치할 필요가 있다. 또한, 개인 · 기업의 무원칙적인 효율 추구가 공해 문제나 과소 · 과밀, 녹지 파괴, 커뮤니티 붕괴 등 생활의 질을 광범위하게 저하시키는 것으로 알려져 있다. 이에 따라 사회적 합의를 근거로 의도적으로 제어 · 조정하지 않으면 양호한 조건을 유지할 수 없다. 이러한 제어 · 조정기능의 기초적인 부분을 담당하는 것이 현대사회에서는 계획이고, 주민 · 기업 등이 독자적으로 작성 · 관리하는 경우에도 있으나, 대부분의 경우 행정이 관여한다.

2.1.2 입지론과 불균형 발전론

(1) 입지론

입지이론이란 입지결정과 관련되는 요인 또는 변수를 찾아 입지현상을 기술, 설명, 예측할 수 있는 논리적 기반을 마련하는 것으로, 각종 활동의 공간적 입지 또는 토지이용을 결정하는 요인은 무엇이며 서로 어떤 관계를 가지는지를 규명하는데 중점이 주어졌다. 이에 따라 입지이론은 크게 주거입지, 공공서비스입지, 고용입지 등으로 나누어서 정립되어 왔다(대한국토 · 도시계획학회, 2007).

주거입지이론은 재화의 소비과정에서 개개인의 효용을 최대화하는 형태로 주거입지가 선택될 것이라는 점을 전제로 하고 있다. 주어진 소득수준에서 주거비, 교통비, 기타 다른 재화에 대한 구입비용, 학교, 공원, 자연환경 등 공공재의 질이나 이용가능성 여부를 고려하여 효용이 최대가 되는 지점에 주거입지를 결정한다는 것이다.

공공서비스입지이론은 인간의 의식 및 소득 수준이 향상됨에 따라 보다 양질의 다양한 공공서비스가 요구되는데 바탕하고 있다. 따라서 공공서비스 시설의 입지기준은 여러 가지가 있을 수 있으나 Morrill, Bach 등은 서비스 이용자와 시설간의 총 통행거리의 합을 최소로 하는 지점을 최적 입지로 보는 공간적 효율성, 서비스 이용자와 시설간의 최대 통행거리를 최소화하는 지점을 최적입지로 보는 공간적 형평성을 강조하였다. Thisse는 공공서비스 시설은 그 성질을 고려하여 이용자의 편익이 최대가 되는 지점에 입지해야 하며, 통행거리, 비용, 서비스질이 입지결정의 중요한 요인이라고 보았다.

고용입지 이론은 백화점, 소매업 등의 상업시설이나 업무시설, 공장 등 경제활동의 입지를 다룬다. Townroe는 기업을 외부의 압력에 대응하고 시간에 따라 진화하는 개방체계로 인식하고, 대부분의 입지결정을 포괄하는 공통적인 틀이 있다는 전제하에 입지결정을 3단계로 구분하였다. 1단계는 개인 및 조직의 동기 변화, 과거의 역사, 이용가능한 자원의 분포 등의 상호작용으로 입지결정 문제가 발생되는 단계이고, 2단계는 탐색 및 대안들에 대한 비교 · 평가의 단계로서 평가를 통해서 대안들의 범위를 축소시키는 단계이다. 3단계는 축소된 몇 개의 대안들 중에서 가장 타당하다고 판단되는 후보지를 선택하는 최종 입지선정단계이다. North는 입지변동의 전 과정을 기업과 환경 사이 상호의존성의 맥락에서 자극-반응의 과정으로 보고 4단계의 입지결정모형을 제시하였다. 1단계는 생산정책단계로 품목, 방식, 양이 결정되고, 2단계는 생산정책수행을 위한 생산요소의 양과 결합비율, 기업의 조직구조 등이 결정되는 단계이다. 3단계는 입지결정유형을 평가 · 결정하고, 4단계는 구체적인 공장부지 선정을 위한 공간탐색 범위를 결정한 후, 공장후보지의 선정 및 비교 · 평가가 이루어지는 최종적인 입지선정 결정 단계이다. Weber는 원료산지와 시장의 공간분포를 알고 있을 때 상품과 원료 수송비가 최소화되는 지점에 공장입지를 결정하는 것이 기업의 이윤을 최대화 할 수 있는 입지결정이라고 정의하였다. 즉, 총 수송비가 최소화되는 지점이 공장의 최적입지라는 공간적 효율성을 추구하였다. 과거에는 일시에 대량의 중량원료와 제품을 수송하여야 했기 때문에 제조업의 입지결정에서는 총 수송비가 중요한 요인이었지만 최근 기술혁신에 따라 산업구조가 바뀌면서 공업입지에서 수송비의 중요성은 감소하는 추세이다. 이 때문에 최근의 공업입지이론은 수송비보다는 집적의 이익, 규모의 경제, 산업간의 연관관계, 기반시설, 노동력의 질, 기업의 창의력 등이 중요한 요인으로 취급되고 있다(대한국토 · 도시계획학회, 2007).

(2) 불균형발전이론과 균형발전이론

불균형 발전 이론은 하향식 개발방식에 근거하여 국가경제발전은 국가산업의 현대화를 통해서 이룩할 수 있다고 본다. 이 경우에 국가경제가 우선적으로 발전하게 되면, 그 후에 지방경제는 스스로 발전하게 된다는 것이다. 정부는 국가경제를 위하여 국가산업의 현대화에 투자를 집중하게 되고, 이 때 지방경제의 발전을 위한 투자는 소홀히 하게 된다. 즉, 어느 지역의 전체 발전은 그 지역 중심지의 발전전략을 기본으로 지역중심지의 발전을 통해 주변지역의 발전을 도모한다는 것이다. 이러한 국가발전이나 지역발전을 추구하는 것을 하향식 발전이라고 하며 불균형 발전이라고도 한다(김영모, 2004). 이러한 하향식 발전은 지방의 특성 및 주민의식을 고려하지 않고 계획수립이 이루어짐으로서 계획수립이 용이하고 관리와 통제가 편리하다.

이와 반대로 균형발전이론은 상향식 발전이론으로, 지방경제가 먼저 발전하게 되면, 그 후에 국가경제는 스스로 발전하게 된다는 이론이다. 이는 농촌개발, 노동집약적 산업, 지역산업정책 등에서 효율적으로 이용 가능하다. 또한, 균형발전이론은 지역발전의 형평성 원리를 중요시하고 사회정의의 이념을 강조하는 것이다. 그러나 상향식 지역발전은 효율성이 낮고 성장속도도 느리기 때문에 지역개발에서는 형평성과 효율성을 함께 고려하여 적절한 조화를 이루도록 노력하여야 한다.

2.2 주민참여 방법론

2.2.1 주민참여의 의의

사회가 발전하여 다양화 · 다원화 되고 문화 · 기술적으로도 복잡화 되면서 의사결정의 적절한 세련 · 전문화가 강조되고 있다. 그러나 과도한 전문화는 대중의 사회적 소외를 심화시키고, 소외계층의 증대는 잠재적 사회불안으로 이어지기 때문에 의사결정의 민주화에 의한 균형감 회복이 중요하다. 특히 주민참여는 공공계획기관들의 관행적 의사결정과정에 대한 대안이 아니라 협력을 실행하는 의사형성 파트너쉽으로 접근해야 한다. 즉, 교류 · 설득 · 공감 · 다양성 규준에 의해 현대성과 전통성을 조화시킨 시민문화(Civic Culture)가 형성되어야 한다.

참여는 기본적으로 수단으로서의 참여하는 방법과 목적으로서 참여하는 방법이 있다. 첫째, 수단으로서의 참여는 사업에의 주민참여라는 실적을 중시하는 입장과 현실적인 실태인 경우가 해당한다. 둘째, 목적으로서의 참여는 주민이 개발한 학습과정에 주체적으로 참여하는 자체가 목적으로, 구체적으로는 자치권능 부여로서의 참여, 개발의 주체는 주민자신이라는 발상에서의 참여, 어떤 범위까지 주민이 할 수 있는가를 명확히 하고 금전이나 노동력 부담 등에 상응한 책임을 지는 형태의 참여 등이 있다.

기본적으로 주민참여는 주민은 자신의 이해관계에 대한 최선의 판단자라는 주민자치 원칙과 주민은 현재보다 더 낳은 정치 · 사회적 결정능력을 보유하고 있다는 주민자신 개량원칙에 근거하고 있다. 이러한 참여를 위한 환경요건으로는 합당한 책무감 및 능력 수준 고양, 교육 · 훈련 등이 요구된다.

실질적인 참여가 이루어지는 조직 · 제도만들기 학습에는 해당사업 관계자 전원이 참여하는 것이 바람직하다. 예를 들어, 주민, 지자체, 외부전문가 · 컨설턴트(기업) 등이 참여하는 것이다. 또한, 행위자는 제각기 결코 동질적이 아니고 행위자 사이 또는 집단 내부에도 다양한 인식의 차이가 존재한다. 이에 따라 주민들도 지역의 정치적 상황을 반영하여 부유층 및 빈곤층, 소외계층, 여성 등 입장과 이해관계가 다른 다양한 성향의 주민들이 포함되어야 한다.

한편, 주민참여에 의해 편익과 비용이 발생하는 점을 분명히 인식하여야 한다. 개발 · 발전의 목적이 주민 스스로 개발 · 발전과정을 학습하는 것이므로 학습경험 자체의 편익 및 주민의 의식개혁, 잠재적 능력개발, 자치권능 부여 등의 편익이 발생한다. 반대로 참여는 비용이 동반되는데 막대한 노력과 시간 · 비용 소요, 최종적인 발전틀의 방향성이 수정될 경우 외부 지원기관과의 갈등, 참여(주도)형 개발이 정치적 구실이나 구호로 악용될 가능성, 주민의 권리 요구에 상응한 책임에 대한 회피로 주민-외부기관사이의 불신 등이 초래될 수 있다.

2.2.2 주민참여형 개발의 중요성

개발의 본질은 인간이 향유하고자 하는 다양한 본질적 자유를 증대시키는 데 있다. 즉, 농어촌 지역개발에서 본래의 수익자이어야 할 주민이 개발 · 계획과정에 관여하는 일은 개발 · 계획이 지향하고 있는 사회경제적 지속가능성을 좌우할 수 있는 사활적 요소로 인식되고 있다. 개발과정을 경험하고 스스로 학습하는 것은 진정한 개발주체이어야 할 지역주민 자신이라는 것이다.

개발의 본질적 주체 및 담당자는 개발의 혜택을 수혜하여야 할 지역주민으로 즉, 지역에서 살면서 생산 · 노동하는 주민자신이다. 따라서 행정서비스, 기술원조 · 지도, 보조사업 등은 주민의 개발활동을 지원하는 것이지 개발행위 그 자체는 아니다.

한편, 개발에 대한 역전적 발상의 필요성을 명확화 하는 개념이 필요하다. 국가 및 지역내부, 국제관계에 있어서 개인이 처하는 입장이 갖는 현실 인식(Reality)의 차이가 생기는 것은 대부분 불가피한데, 이러한 인식 차이로 부터 유래되는 문제 파악 및 해결에 대한 사고 공유의 곤란성 문제이다. 예로서 농촌계획에 대한 내부자와 외부자 사이의 인식 공유가 매우 중요하지만, 실제상황에서 실현되기는 매우 어려운 것이 현실이다.

외부인은 편견에 의해 농촌의 참된 현실에 대한 인식공유가 곤란하고 참된 개발수요는 외부자가 발견하기 어렵기 때문에 주민참여 없이 외부자만으로 개발 사업을 수행하는 것은 매우 부당하다. 지역의 문제는 지역주민이 가장 잘 알고 있으며, 지역주민이 과학적 지식이 결여되어 있어도 오랜 경험에서 지역환경에 대해서는 외부자보다도 정통하다. 즉, 지역내부에 있어서도 성별, 사회적 지위, 기술 · 자본에의 접근도 차이 등에 의해 다양한 인식의 차이가 존재한다. 그럼에도 불구하고 지역을 하나의 동질적 집단으로 간주하여 외부자가 계획 · 개발을 주도하는 것은 참된 의미에서 지역개발을 도모한다고 볼 수 없다. 특히, 계획이 주민들에게 직접적 및 가시적으로 영향을 미치는 농촌계획에서는 주민의 참여가 선택이 아닌 필수사항이 되고 있다.

2.3 시스템계획 기법

2.3.1 시스템계획의 의미 및 절차

(1) 시스템계획의 의미 및 구조

문제해결을 위한 합리적인 구조는 의사결정자인 주체계와 의사결정의 대상영역인 객체계로 구성된다. 주체계는 정보 · 가치 · 행동시스템에 의해 객체계인 현재의 시스템을 인식 · 분석하며 새로운 시스템을 모색 · 평가 · 선택한다. 현대사회에서 파생되고 있는 실타래처럼 얽히고 설킨 복잡한 문제를 해결하기 위해서는 시스템 기술을 응용하는 것이 유용한 수단이 될 수 있다. 시스템 기술이란 사회적 편익의 최대화 또는 사회적 비용의 최소화를 실현하기 위해 복잡한 시스템을 정의 · 계획하며, 또 최적의 시스템으로 정비 · 개발 · 운영하기 위한 모든 문제해결기법을 말한다.

시스템기술에서는 합리적으로 문제를 해결하기 위해 객관적 체계(객체계)는 물론이고 주관적 체계(주체계)도 효과적으로 조합되어야 한다고 보고 있다. 의사결정의 대상영역으로서 객체계는 현재의 시스템에 대한 실태론적 현상파악과 동시에 이를 변경 · 개선하는데 작용되는 여러 환경법칙을 제공하여 객관적이고 필연적인 문제해결방향을 결정지어 준다. 반면 주체계는 이들 정보를 수집 · 가공하는 과정에서 가치판단이라는 여과장치를 통해 주관적으로 문제를 파악 · 해결하는데 이 과정에서는 3개의 하위시스템이 작동된다.

① 가치계 : 문제해결을 위해 목표를 설정하고 이로 부터 선호되는 가치에 의해 정보를 선택하며 정보계를 주관적으로 평가한다.

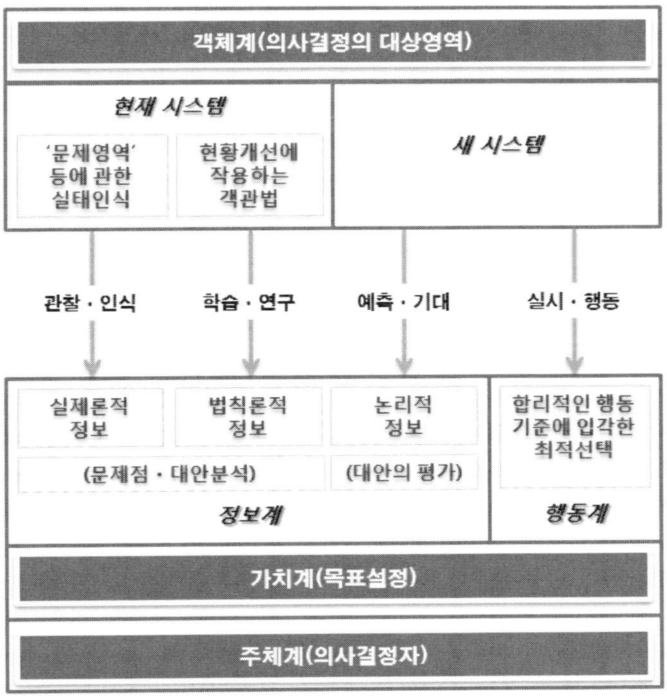

그림 2.1 문제해결 구조

② 정보계 : 대상시스템에 관련된 정보 수집을 통해 문제를 규정하고 문제해결의 시나리오를 디자인하며, 이들 시나리오에 대해 평가한다.

③ 행동계 : 합리성에 바탕을 두고 시나리오들의 주관적인 가치서열에 대해 최적선택을 하여 계획을 책정 · 실시한다.

(2) 시스템계획의 절차

일반적인 계획수립 절차는 실태분석 → 목표분석 → 계획안의 작성 → 계획안의 평가와 확정 순으로 구성된다. 계획과정 또는 계획수립절차는 관점에 따라 다소 차이가 있을 수 있으나 계획과정의 표준화된 범주는 대동소이하다. 계획목표의 형성 → 문제의 인식과 분석 → 대안의 탐구 → 대안의 결과예측 → 종합적 평가와 선택의 5단계로 구분하는 경우가 일반적이다. 6단계 구분방식은 문제의 정리 → 목적설정 → 해결책 탐색 → 성안 → 평가 → 실행의 단계로 구분되며, 문제의 정의 → 가치계 설계 → 체계합성 → 체계분석 → 각개 대안의 최적화 → 의사결정 → 행동계획 수립의 7단계로 구분하는 경우도 있다. 이렇게 계획수립 절차는 구분방식에 따라 다양하지만 본질적인 구성내용은 큰 차이가 없어 본 지침에서는 문제해결구조에서 제시되고 있는 4단계 계획과정을 채택한다.

2.3.2 실태분석

(1) 실태분석의 목적

실태분석은 계획대상영역에 대한 문제상황을 파악하고 문제의 정의를 내릴 수 있도록 이를 구조화하며 문제해결의 가능성을 예측하는 것을 목표로 한다.

계획책정은 계획지역에 대해 지금까지의 동향과 현상의 문제점을 파악하고 이를 바탕으로 앞으로의 전개 내용을 예측하는 것으로부터 시작된다. 일반적으로 계획의 대상이 되는 지역의 제반 여건을 직감적으로 분석하는 것은 어렵다. 실태분석은 이러한 복잡한 상황을 해석하고 요인 상호간의 관련성과 인과관계를 밝혀 문제해결수단을 효과적으로 준비하기 위한 정보수집이 주된 목적이다. 따라서 실태분석의 결과에 의해 계획목표의 설정이 가능하므로, 가능한 문제 해결법이 준비되어야 함을 염두에 두어야 한다.

(2) 실태분석의 절차

실태분석은 자료 및 정보 수집 → 문제의 소재 한정 → 관련 요인 및 상호관련성분석 → 진단 및 예측 순으로 진행된다. 자료 및 정보 수집단계에서는 자료 · 정보 수집의 목적을 명확히 정의하고 이에 따라 어떠한 자료를, 어떠한 방법으로 수집할 것인가를 결정한다. 정보수집이 끝나면 계획대상을 시스템, 하위시스템, 환경으로 구분하고 시스템과 환경사이의 관련성을 밝혀 문제의 소재를 한정하게 된다.

다음으로 관련 요인 및 상호관련성 분석 작업으로 지역, 부문, 기존의 투입사업, 단위경영체 등의 관련영역에 대한 시스템 자체의 영향요인, 상호관련 기제의 실태, 시계열적 동태 등의 사실 관계를 분석한다. 마지막으로 진단작업에서는 실제 증상의 사실 확인과 함께 인과관계를 규명하고, 앞으로의 동향을 예측한다.

(3) 실태분석의 내용

실태분석은 구조분석, 효과분석, 영향력분석, 대책분석으로 구성된다. 구조분석은 대상 시스템의 정태적 · 동태적 국면에 대한 구조를 분석하는 것으로서, 정태적 분석은 계획대상 시스템의 내부구성을, 동태적 분석은 시계열상의 경과와 시스템구조에 대한 기능을 분석한다. 효과분석은 내부 구조는 무시하고 전체로서의 시스템에 대해 투입/산출 효과를 파악하며, 영향력분석은 시스템에 미치는 외부적 영향의 종류와 크기를 확정 · 분석한다. 마지막으로 대책분석에서는 문제해결을 위해 투입해야 할 차후 대책의 수립 가능성을 모색하는 단계이다.

(4) 정보수집 방법

실태분석을 위한 정보는 종류 및 수준, 자료출처 및 입수법, 비용을 염두에 두고 수집되어야 한다.

정보 수집은 계획이 추구하고 있는 제한적인 합리성에 지배될 수 밖에 없기 때문에 가용자원의 양과 질, 시간, 경비의 제약 하에서 최적화를 도모하여야 하며 이를 달성하기 위해서는 정보에 대한 접근을 체계화 해야 한다. 어떠한 분야에서 어떠한 내용의 정보를 구할 것인가(정보의 종류)를 먼저 파악한 다음, 어느 수준의 정보가 필요/가능하고, 어느 정도의 기간을 대상으로 할 것인가(정보의 수준)를 결정한다. 자료의 입수원 및 구체적인 입수 수단은 있는가(자료출처), 어떠한 방법으로 자료를 입수할 것인가(자료의 입수법), 그리고 정보의 가치와 수집비용은 상호균형을 이루고 있는가(정보수집비용) 등도 함께 고려되어야 한다.

2.3.3 목표분석

(1) 목표의 설정

올바른 계획안을 선택하기 위해서는 기대되는 미래상에 대해 의사결정자의 의지와 희망을 구체적 · 체계적이며 완전한 형태로 표현한 목적 · 목표체계로 명확히 표현하여야 한다.

현상 · 추세에 관한 실태분석에 의해 목표상의 일부는 명확해질 수 있으나 올바른 해결책을 선택하기 위해서는 의사결정자의 의향을 구체적인 목적 · 목표체계로 설정해 두어야 좋은 계획을 수립할 수 있다. 왜냐하면 목적 · 목표는 현상 · 추세에 기초하는 객체계의 정보에 의해 규정됨과 동시에 계획주체(의사결정자)의 주관적인 가치관에 의해 설정되기도 하는데 "무엇이 달성되고 무엇이 회피되어야 하는가?"라고 하는 주체적 희망에 기초할 때 비로소 명확해지기 때문이다.

목표설정 방식은 상향적 방식과 하향적 방식으로 구분할 수 있다. 상향적 방식은 현상의 결함을 시정하거나 변화도의 순응을 통해 개별문제를 해결해 나가는 방식으로 단기적 · 한정적인 대증요법을 벗어날 수 없다는 비판을 받고 있다. 반대로 하향적 방식은 계획주체가 갖는 규범적인 가치관에 기초하여 당위적으로 목표를 설정하는 방식인데 현지실태와 주민의견이 소홀히 다루어져 실현가능성이 결여될 수 있는 위험성이 있다. 따라서 실제작업에서는 양 방식의 적절한 조화에 의해 접근되고 있다.

일반적으로 목적 · 목표는 당위목표와 희망목표로 구분할 수 있다. 당위목표는 "달성해야 할" 목표로서 실태분석에 의해 명확히 밝혀진 실제의 문제증상을 시정하기 위한 성격을 갖고 있기 때문에 목표상호간의 중요도도 객체사이의 기술적 관련성에 근거한다. 희망목표는 "달성되었으면 좋을" 목표로서 주관적으로 보아 달성하는 것이 바람직하다고 생각되는 것이기 때문에 중요도도 주체의 선호도에 의해 평가된다.

(2) 목표분석의 목적

목표분석은 문제해결을 위한 지침이 되는 목적목록을 만들어 이를 논리적이고 정합성이 있게 구조화하며, 각각의 중요성과 의사결정자의 선호가치에 따른 비중부여에 의해 체계화함으로서 목적체계를 완성하는 것을 목표로 한다.

목적 · 목표란 한 시스템이 갖추어야 할 바람직한 상태, 즉 가능하다고 여겨지는 미래의 바람직한 상태이다. 따라서 계획대상의 발전가능성 중에서 의도적으로 어떤 영역을 선택하고(정성화), 이를 정의하며(정량화), 실현가능한 것으로 체계화하는(운용가능화) 과정을 통해 설정된다. 또한 문제해결과정에 있어서는 해결책 작성을 위한 지침, 해결대안에 대한 평가척도, 성과에 대한 평가기준 등의 다면적 기능을 가진다.

목표발견의 방법에는 귀납적인 방법과 연역적인 방법이 있다. 귀납적인 방법은 전문가 집단의 조언 또는 사회적 통념이 되고 있는 가치체계를 바탕으로 하여 직관적으로 목표상을 발견하는 방법이다. 반대로 연역적인 방법은 모든 가능성을 망라한 다음, 실태분석의 틀에 따라 규명된 인과관계에 의해 문제점과 그 긴요도를 결정하여 체계적 · 구체적으로 목적 · 목표를 유도해 가는 방법이다. 여기서는 후자의 방법을 중심으로 설명한다.

계획목표를 유도해 내는데 있어 기본적인 원칙은 수평적인 것과 수직적인 것으로 나누어 볼 수 있다. 수평적인 원칙은 모든 목적 · 목표가 중복됨이 없이 망라되어 있는 완벽한 목록이 작성되어야 한다는 것이고, 수직적인 원칙은 추상적인 것으로부터 구체적인 것으로, 일반적인 것으로부터 개별적인 것으로 전개되어 하위수준의 목적에 있어서는 보다 운용가능한 형태, 즉 지표화 되어야 한다는 원칙이다. 여기서 운용가능한 목적이란 누구나 명쾌하게 이해할 수 있고 정량적이어서 하나의 의미로 확정할 수 있는 것을 의미한다. 목표치의 정량화 방법은 다음과 같은 형태가 있을 수 있다.

① 극대치 또는 극소치(가능한 최대의 생산 또는 가능한 최소의 비용)
② 일정치(도로포장율 100%)
③ 조건부 상 · 하한치(가능한 최고소득, 단 2000만원/인 이상. 또는 가능한 최소비용, 단 100만원/개소 이하 등)
④ 일정한 폭(50~70%)

(3) 목적체계 시안 작성과정

목적체계시안 작성은 목표설정을 위한 검토조직의 구성 → 목표발견방법의 결정 → 목적목록의 작성 → 계층화된 목적체계시안 작성의 단계를 거친다. 목적체계를 설정하기 위해서는 우선 필요하다고 인정되는 목적체계를 정의하는 주체가 누구인가를 결정해야 하는데 그 주체가 검토조직이다. 계획목표를 발견하는 방법에는 실태조사, 전문가 집단의 의향조사, 일반설문조사 및 의견청취 등이 있다. 실태조사에 의한 목표발견방법은 과거의 경과와 현재의 실태에 입각하여 지금까지의 각종 법 · 제도 · 정책 · 요강 · 규칙이나 계획 또는 프로그램 중에 설정되어 있는 목적 · 목표를 찾아내는 사후적 · 귀납적 방법이므로 계획책정에 있어서는 진단작업에 지나지 않는다.

계획의 목표 · 목적설정은 의사결정자에 의한 주관적인 가치판단적인 과정, 또는 창조적인 작업이지만 이 목표 · 목적이 합리성을 갖기 위해서는 전문가 집단의 의향이 반영되어야 한다. 전문가 집단의 의향조사방법은 다시 체계적 사고에 의한 조사기법과 직관적 사고에 의한 조사기법으로 나눌 수 있다.

1) 체계적 사고에 의한 조사기법

직관이 아닌 분석적인 방법에 의해 의향을 조사하는 방법으로 유추법과 형태학적 또는 분류학적 시스템기법이 있다.

■ 유추법

- 유추란 두 현상사이의 형태나 기능상의 동일성이 인정되는 경우 이미 알려져 있는 한편의 현상에서 미지의 다른 현상에 관한 유사성을 추량하여 목표를 설정하는 기법이다. 구체적인 절차는 얻고자 하는 기능의 결정 → 유사한 기능의 확정 → 확정된 기능을 산출하는 시스템 연구 → 얻어지는 해결법의 적용가능성 여부조사 순으로 이루어진다.

■ 형태학적 시스템기법

- 본 기법은 문제 해결을 위한 대안적 시스템을 개발함에 있어 형태 · 구조분석에는 형태학적 접근방법을, 대안의 평가에는 분류학적 접근방법을 적용한 것이다. 문제의 선택 → 형태학적 단계 → 분류학적 단계 → 평가단계 → 최적시스템의 선택단계로 진행된다. 해결을 위한 문제의 정확한 정의, 대상영역 · 체계의 한정, 주변여건의 확정, 목적과 접근방법의 결정 등이 개략조사를 통해 우선 얻어진다(문제의 선택). 다음으로 선입관 없이 생각할 수 있는 모든 요소와 이미 알려져 있는 부분해결법 등을 확정 · 열거하고 체계적으로 분류정리한다(형태학적 단계). 이를 새로운 방식으로 짜 맞추고 다각적으로 조합하여 유형화 한 다음(분류학적 단계),

이용할 수 있다고 여겨지는 대안에 대해 우선순위를 정하여(평가단계), 최종적으로 대안을 선택한다(최적선택).

2) 직관적 사고에 의한 조사기법

인간의 심층의식, 특히 연상능력에 의존하여 전문가 집단의 회의형식으로 의향을 조사하는 방식이다. 이 방식에서는 참여자가 자유롭게 발상할 수 있는 분위기 조성이 중요하므로 자유로운 연상을 서로 자극하는 것이 필요하다. 여러 가지 방법이 있을 수 있으나 여기서는 브레인 스토밍법, 델파이법, 시나리오 기술법 등에 대해서만 설명하고자 한다.

■ 브레인 스토밍법(brain storming)

- 집단회의 형식의 일종으로 새로운 아이디어나 문제점을 파악하기 위해 참가자는 일정 시간 내에 일정 주제에 대해 누구로부터도 불평을 듣지 않고 있는 그대로의 생각을 서로 제시하여 예단없이 문제해결의 가능성을 찾아가는 방식이다.
- 진행방법은 주제의 결정 → 참가자의 선정 → 문제의 개략적 설명 → 참가자의 소집 → 질문 → 브레인 스토밍 → 정리 순으로 이루어진다. 주제가 결정되면 기본적인 문제에 관해서 충분히 알고 있는 사람을 선정하는데 직접 이해관계가 있는 사람은 선정하지 않아야 한다. 문제영역에 대한 안내는 회의가 시작되기 이전에 전화 · 문서 또는 기타의 방법으로 미리 배포하여야 하며 소집통지시 같이 하는 것이 일반적이다. 회의가 시작되면 문제의 핵심부분을 거침없이 내놓아 질문하고 참가자는 이 질문에 적극적으로 대답하여 아이디어를 낸다. 참가자의 연상작용을 도모하기 위하여 기록하는데 회의중 비판은 허용되지 아니한다. 브레인 스토밍이 끝난 후 회의에 참가하지 않은 전문가를 추가하여 제안된 아이디어를 일정한 기준에 의해 한정 · 비판 · 정리하게 된다.

■ 델파이법(delphi method)

- 불확실성이 있는 영역에서 전문가 집단의 직관적 판단에 의한 의견집약 방법이다. 먼저 전문가 집단의 의견을 질문서에 의한 회답형식으로 끌어낸 후, 그 회답과 이유를 통계적으로 처리 · 집계하여 이를 다시 응답자에게 제시한다. 응답자는 자신

의 응답내용을 다른 응답내용과 비교하여 새로 수정된 회답을 내게 되는데 이러한 과정의 반복을 통해 많은 전문가의 의견을 가능한 한 요약정리 된 상태로 수렴시킬 수 있다.

- 본 방법의 실제 진행방법은 문제의 설정 → 평가기준의 설정 → 전문가의 선정 → 질문 및 집계(2~4회 반복) → 컨센서스의 집약 순으로 이루어진다. 평가기준은 설문에 대한 회답의 판단기준으로 실현가능성의 높고 낮음에 대한 회답은 점수로, 바람직함의 정도의 경우는 평어(評語), 시간의 길이에 대해서는 간격, 상대적 중요도의 경우는 서수로, 확율의 높고 낮음에 대해서는 백분율을 평가기준으로 한다. 전문가의 선정대상은 좁은 의미의 전문가 뿐만 아니라 관련단체의 대표자, 당사자 등과 같이 관련영역에서의 참여자도 포함할 수 있다. 전문지식, 경험, 폭 넓은 인간관계를 갖는 사람을 선정하여야 하고, 질문내용은 구체적이고 명확하여야 한다. 제1회 질문에서 질문서를 배포한 후 회답서를 받아 통계처리한 다음, 제2회 질문에서는 각 회답치의 중위수, 4분위수를 제시하여 같은 질문서에 관해 재고를 요구한다. 그래도 평가자가 이 범위를 넘는 주장을 하는 경우에는 근거를 제시하여야 한다. 이러한 과정을 반복하여 충분한 공감이 얻어졌다고 판단되는 경우에는 최종판정(컨센서스의 집합)을 하게 되는데 집계과정에서 기각된 주장이지만 나름대로 근거가 있다고 여겨지는 것은 충분히 검토한다.

■ 시나리오 기술법

- 현 시점이나 주어진 상황에서 출발하여 장래 일어날 수 있는 상황을 이론적으로 사항의 당연한 귀결로서 한걸음 한걸음 밝혀 나가는 기법이다. 즉 현시점에서 가능하다고 여겨지는 의사결정이 어떤 결과를 낳을 것인가가 대안적 선택사항으로 제시된다. 진행은 대상영역의 현황 · 문제점에 대한 정보수집, 문제해결을 위한 시스템 · 환경의 한정, 관련 사회집단의 역학분석 등의 예비조치단계 → 대상영역의 현황정보를 시나리오 작성틀에 입력하는 단계 → 장래의 모습에 관한 시나리오가 출력되는 단계 → 최종평가의 단계를 거친다.

(4) 목적체계의 결정과정

목적체계는 목적 · 목표의 정합성 검토 → 목적 · 목표의 평가 → 최종결정 순의 과정을 거쳐 설정된다.

계층화된 목적목록에 대해 상 · 중 · 하위 각각의 수준에 있어서의 목적 · 목표 상호간의 의존관계를 음미하여 정합성있는 체계로 만드는 작업이 우선 필요하다. 여기서 정합성이 의미하는 것은 동일 성격의 목표를 중복 설정하거나 양립할 수 없는 상반적인 목표를 설정해서는 안된다는 것이다. 목표사이의 상호 의존관계는 동일성 내지 보합관계, 보완관계, 중립적 관계, 경합관계로 구분할 수 있다. 동일성내지 보합관계와 보완관계에 있는 목표에서는 이해집단간에 경합 · 충돌은 발생하지 않으나 중복 설정되고 평가단계에서 이중으로 계산되어 오류를 범할 가능성이 있으므로 회피되어야 한다. 중립적관계에 있는 목표는 상호 의존성이 전혀 없으므로 문제가 없으나 경합하고 있는 목표가 문제이다. 경합하고 있는 목표는 다른 목표의 설정과 양립할 수 없거나 다른 목표의 실현을 방해하게 되고 이해집단의 경합 · 충돌을 유발시키므로 이러한 갈등 · 충돌 · 모순을 합리적으로 해결하는 목표체계가 구해져야 한다. 이를 위해서는 기본적으로 모순되는 목표설정을 중지하고 모순없는 목표체계를 만들어 내든지, 아니면 목표사이에 일정한 타협점을 찾아내어 그에 알맞게 적절한 해결책을 구하여야 한다.

자원과 예산의 제약 하에서 다면적인 목적 · 목표를 일정기간 내에 실현하고자 한다면 각 목적 · 목표에 중요도라는 비중을 부여하는 평가작업이 필요하게 된다. 목적 · 목표의 상대적인 우선도, 즉 비중은 평가시점, 평가자의 가치선호, 문제에 대한 이해도, 현황치의 고저 등을 고려하여야 하고, 실제 사용되고 있는 방법은 여러 가지가 있으나 여기서는 3가지만 소개 하고자 한다.

1) 목표주체의 의향에 대한 사회학적 조정법

다면적인 목적구조에서 목표간의 상호 의존관계는 이해관계가 서로 다른 사회집단인 목표주체의 선호도가 얽히고 설킴으로서 한층 증폭되게 된다. 그러나 여기서 목표간의 타협은 불가능한 것이 아니므로 마찰을 해결하는 방법을 찾으면 된다. 이러한 방법에는 최종 의사결정자의 가치선호에 따라 하향적으로 결정하는 방식과 이해당사자간에 민주적으로 조정을 꾀하는 상향식 방식이 있다.

2) 요요법에 의한 달관적 비중부여

본 방법은 의사결정자의 달관적인 가치판단에 근거하여 100점 또는 1000점을 만점으로 각 목적요소에 배점을 주는 방식이다. 먼저 상위의 목적에서 하위의 목적수준으로 옮아 가면서 비중을 부여한다. 하위목적일수록 구체성을 띄게 되어 목적 상호간의 기술적인 관련성에 의한 중요도의 비중부여가 이루어지므로 가치선호도와 조정할 필요가 생기며 하위수준에서 상위수준을 향해 각각의 수준에서 목적사이의 우선도를 변경시켜야 하는 경우가 많아진다. 이러한 과정을 여러번 반복하므로서 정합성 있는 배점을 결정하는 방법이다.

3) 쌍체비교법에 의한 목표상호간의 중요도 비중부여

사전에 평가에 대한 상대적인 중요도의 척도를 결정하여 이를 기준으로 다면적인 목표군 중 2개씩을 짝지워 각각 비교하고 그 평가치를 각 목표에 대해 합산하여 전체 목표에서의 중요도를 체계적으로 나타내는 방법이다. 예를 들면 A목표가 B목표보다

매우 중요한 경우 : +3점
중요한 경우 : +2점
약간 중요한 경우 : +1점
동일한 경우 : 0점
약간 덜 중요한 경우 : -1점
덜 중요한 경우 : -2점
매우 중요한 경우 : -3점

으로 중요도 척도를 만든 다음, 목표체계의 요소를 서로 대응시킨 매트릭스를 만들어 1:1 비교한 결과를 매트릭스에 기입하여 중요도를 계산하는 방법이다.

2.3.4 계획안 작성 및 평가

(1) 대안의 설정

계획이 의도하는 목표를 효율적으로 달성하기 위해서는 문제해결을 위해 다면적으로 고려되는 대안이 합리적으로 망라되어야 한다.

문제해결에 있어서 바른 해답이 하나 밖에 없다는 수학적 절대척도는 현실적으로 존재하지 않는다. 어떤 계획에서 효과를 측정하는 경우, 모든 중요한 목표가 동시에 똑같이 충족될 수 없기 때문에 목표실현의 중점도가 다른 복수의 안이 책정될 수밖에 없고,

어느 안이 채택될 것인가는 결국 계획입안자나 의사결정자의 가치관에 크게 좌우되지 않을 수 없다. 그러나 문제해결의 가능성을 나타내는 대안이 모두 망라되어 있다면 그들로 부터의 선택은 최적일 가능성이 있다.

그러나, 실제에 있어 생각할 수 있는 대안이 모두 망라되어 있다고 해도 시간 · 예산의 제약 때문에 모두가 평가의 대상이 될 수는 없으므로 분석결과 설정된 목표가 명백히 충족되지 않거나 불충분하게 충족되고 있는 안은 제거하여 가능성이 높은 대안군으로 압축하게 된다.

(2) 계획안의 내용

계획안은 목표와 실태 사이에서 야기되고 있는 문제상황을 해결하기 위해 필요한 기능과 구조를 개선하거나 창설하는 구체적 내용을 담아야 한다.

계획이란 문제해결을 위한 이념상의 미래지향적 행위 또는 당위적 목적의 실현을 위한 수단을 강구하는 행위라 볼 수 있으므로 가장 중요한 출발점은 목적 · 목표의 확정과 실태분석에 의한 현황파악에 있다. 그 구체적 과정은 다음 그림 2.2와 같다.

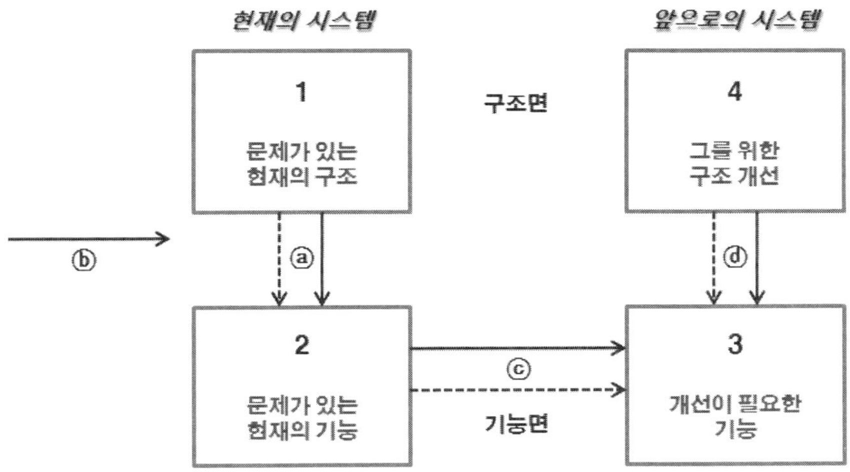

ⓐ 지금의 기능, ⓑ 개선요구의 발생, ⓒ 기능의 개선, ⓓ 그를 위한 구조의 개선

그림 2.2 문제해결책 작성의 개념도

따라서 계획안에는 문제가 있는 현재의 구조와 기능, 바람직한 미래의 구조와 기능이 서술되어야 하고 구조 · 기능의 개선 필요성에 대한 합리적인 근거를 바탕으로 개선 ·

창설이 필요한 구체적인 구조 · 기능의 내용을 상술해야 한다. 이러한 계획의 내용을 전문적인 용어를 사용하여 구분해 보면 문맥 · 수행 · 설계인자로 파악할 수 있다.

① 문맥인자(context variable) : 실태나 전후정황으로부터 "불가능하다"든지 "바람직하다" 등의 판단이 나오는 내용으로 실태분석에 의해 도출

② 수행인자(performance variable) : "해야 할(당연)" 내지는 "했으면 좋겠다(희망)"는 목표로서 미리 설정된 목표에 대해 달성해야 할 기능이나 요구 수준이 담겨진 내용으로 목표분석에 의해 제시

③ 설계인자(design variable) : 계획입안자의 자유재량에 맡겨져 있는 창조적 내용으로 대부분의 계획안 작성영역에서 이루어지고 있는 본원적인 부문

조사의 단계 및 상세도에 따라 계획안의 내용도 상응하여 달라지게 된다. 문제상황에 대한 해결의 큰 틀인 방침(안)이 구상되면, 개략조사 단계에서는 기대되는 장래상에 대한 대체적이고 추상적인 해결안이 주요 체계요소에 대해 작성된다. 정밀조사단계에서는 개략조사단계의 해결대안을 단계적 · 구체적으로 구조와 기능면에서 구상화하며 체계의 세부요소가 어떠한 효과 · 작용을 불러일으키는가를 파악하여 어떤 요소로 구조화할 것인가를 결정하여야 한다.

(3) 계획안의 입안절차

계획안을 입안하는 표준적인 절차는 계획목적의 명확화 → 계획범주의 설정 → 계획초안의 열거 및 대안작성 → 계획대안의 선정 → 계획대안의 평가 → 계획안의 최종결정 순으로 이루어진다.

미래상을 구현하기 위해 계획안을 입안하는 것은 매우 창조적인 작업이므로 일률적인 절차를 강요할 수는 없다. 실제의 입안작업에서는 목표실현에 이르는데 통상적으로 공통되는 기본적인 작업절차가 있을 수 있으므로 이를 순서있게 제시하면 다음과 같다.

1) 계획목적의 명확화

일반적으로 계획의 목적체계는 복잡다양하기 때문에 무의식적 또는 자의적으로 일부만을 골라 그들 목표에만 집중하는 경우가 많다. 여기서 중요한 것은 집중대상 목표의 선택이 일정한 우선도(중요도)하에서 투명한 형태로 이루어져야 한다는 점이다. 처음에

는 중요도가 높은 목표에 집중하여 문제해결의 아이디어나 단서를 발견하고 이에 따라 어느 정도의 해결책이 강구되면 중요도는 비교적 낮지만 실현되는 것이 바람직한 목표로 이행하는 과정을 거치게 된다.

2) 계획범주의 설정

계획안의 초안을 작성하기 위해서는 전제적으로 계획의 개요를 정하여야 한다. 먼저 계획의 범위를 규정하고 계획의 규모와 기능에 대한 대강을 정한 다음, 요구되는 기능과 역할을 충족시켜 주기 위해 어떠한 요소가 필요하고 그 요소들은 어떠한 상호관련성을 맺어줄 것인가에 관한 내용, 즉 계획안 구조의 개요를 결정하게 된다.

3) 계획초안의 열거 및 대안작성

모든 문제에 대한 해결책을 목표화한 다음, 문제해결을 위한 기본방침 또는 기본사고라는 시점에서 체계적으로 정리할 필요가 있다. 통상은 유형론적 또는 발전단계론적 시점에서 초안들을 그루핑하여 계획대안을 작성한다.

4) 계획대안의 선정

작성된 계획대안을 대상으로 모의실험과 감도분석 등의 과정을 거쳐 평가의 대상이 될 만한 몇 개 정도의 대안을 정선한다. 모의실험은 기능면에서 작동의 합리성을 예측할 뿐만 아니라 계획을 둘러싼 외적 환경에 대한 관련성에 대해서도 검증함으로서 문제와 문제해결에 대한 이해를 증진시킬 수 있다. 감도분석은 계획구조가 안정적이고 정상적으로 기능하고 있는가를 검증하는 것으로서 입력변수의 변화에 따른 출력결과의 변화양상을 파악하는 작업이다. 이러한 감도분석과정을 통해 계획결과에 영향을 미치는 변수에 대한 상대적인 우선도를 부여하여 주요한 것과 부차적인 것, 일차적인 것과 이차적인 것, 그리고 한계적인 것과 비한계적인 것을 구별해 볼 수 있다.

5) 계획대안의 평가 및 계획안 결정

다음 (4) 계획안의 평가 및 계획안 결정에서 상술한다.

(4) 계획안의 평가 및 계획안 결정

1) 의사결정방법

계획의 의사결정은 사회적 합리성 추구에 근본적인 바탕을 두며 설정된 목적 · 목표의 성격에 따라 합리성의 판단기준은 달라질 수 있다.

의사결정 행위에 대한 합리성 기준은 다양할 수 있다. 전통적으로는 경제적인 측면의 시장합리성이라는 단일 기준이 지배해 왔으나 갖가지 시장실패에 의한 폐해가 나타나고 있는 현실 속에서 사회적인 합리성이 새로운 기준으로 제시되고 있다. 특히 공공계획에서는 경제적 편익의 최대화만 추구할 수는 없다는 관점에서 사회 또는 지역전체 개방체계에서의 사회적 편익 최대화 실현에 의사결정의 기준이 놓여야 한다고 주장되고 있다.

계획의 사회적인 합리성은 경제목적 뿐만 아니라 다면적인 경제외적 목적을 함께 추구하고 있는 것으로서 다차원의 목적체계 실현에 걸쳐 있는 목적합리성에 의한 선택의 문제로 귀결된다. 여기서 의사결정이 합리적이라고 하는 것은 오로지 계획에 따라 설정된 목표 · 목적에 관해서만 판단될 수 있는 것으로서 최적의 달성도가 얻어지는 경우에 비로소 합리적이라고 말할 수 있다. 따라서 목적 · 목표가 바뀌면 합리성의 판단기준도 달라질 수 있게 된다.

2) 계획안의 평가절차

계획대안의 합리적 평가는 일반적으로 평가방법의 결정→정보의 수집 및 가공 → 최종안의 채택기준 결정 → 대안의 평가 및 최종안 채택의 절차를 거친다.

작성될 계획대안들은 설정된 목표규준에 따라 분석이 이루어진 다음, 평가를 통해 최종계획안을 채택하게 된다. 계획대안들 중에서 합리적인 최적대안을 결정하기 위해서는 각 대안에 대해 설정된 목적 · 목표의 달성가능도를 바르게 계측하고 이와 관련된 의사결정자의 선호도를 매개로 하여 각 대안의 가치를 구한다. 그 결과 대안별로 가치의 대소가 결정되면 이 값을 기준으로 우선순위를 결정함으로서 평가는 완료된다. 평가방법은 계획의 중요도 · 종류 · 의사결정조직의 특성 · 책정기간에 따라 결정되며 기 개발된 일련의 평가법 모형을 참고로 한다. 평가법이 결정되면 평가에 필요한 객관적 자료가 수집되는데 각 자료의 다양한 측정단위는 공통척도로 변환되어야 하며 수집된 자료는 의사결정자의 주관적인 선호도라는 여과장치를 거쳐 가공된 다음 가치의 크기로 집계된다. 대안의 가치가 판명되면 각 대안 중에서 최적 선택을 하기 위한 기준이 결정되어야 하고 이 기준에 의해 대안을 평가하여 최종안을 채택하게 된다.

3) 계획안의 평가방법

계획, 특히 공공계획에서는 그 계획의 집행에 의해 초래되는 모든 사회적 이점과 결점을 열거·비교하여 전체로서 사회적 후생의 최대화를 도모하는 다차원 평가방법을 채택하여야 한다.

계획의 집행과정에서 이용가능한 자원이 한정되어 있는 경우 사기업은 물론이고 공공기관도 경제성 원칙에 입각하여 계획안을 평가할 수밖에 없다. 여기서 경제성 원칙이란 가능한 최소의 경비를 투입하여 최대의 성과(수익)를 올리는 것을 말한다. 그러나 공공계획의 경우, 효과파악은 경제가치 뿐만 아니라 경제외적인 사회적 후생가치도 포함된 다차원 평가에 기초하여야 한다. 따라서 공공계획의 평가는 모든 투입과 산출, 즉 사회 전체적 비용과 편익을 비교할 수 있는 방법에 의거하는 것이 바람직하다.

계획에 의한 현상변경효과로서 나타나는 비용, 편익은 시장기구를 통한 직접효과 뿐만 아니라 간접적으로 규모 확대에 의해 생기는 내부효과, 시장기구 외부에 나타나는 간접효과(외부효과), 그리고 이들은 다시 유형효과와 무형의 비물질적인 효과로 구분할 수 있다.

직접효과, 즉 경영경제적 효과는 투자채산성 계산법에 의해 평가된다. 기술적 외부효과는 어떤 주체의 산출이 자체의 요소투입 뿐만 아니라 다른 별개의 주체에 의한 투입·산출에 의존하고 있는 경우로서 시장기구를 통하지 않고 기술적으로 직접영향을 미친 효과이다. 단지조성에 의한 집적의 이익(외부경제, 플러스효과)과 환경오염에 의한 소비자의 피해(외부불경제, 마이너스효과)가 그 사례인데 비용/편익분석법에 의해 파악이 가능하다. 다음으로 금전적 및 무형의 외부효과는 비기술적이고 간접적인 분배면에서의 효과로서 일정한 부문에 대한 계획에 의해 지역전체가 금전적 이익 또는 불이익을 받는 것이 전자의, 비물질적인 영향을 받는 것이 후자의 사례이다.

(5) 계획의 관리

현재 집행되고 있는 계획의 효율성을 높이고 앞으로 계획의 선택과 작성작업을 개선하기 위해 모니터링과 평가과정을 통해 추가적인 집행과 계획수정이 이루어져야 한다.

1) 모니터링의 의의

모니터링은 계획자원(투입요소)이 의도한 대로 관리 또는 사용되었는가, 또는 의도한 결과가 산출되었는가를 평가하는 내부 활동으로 주기성(周期性)을 띈다. 구체적으로 설명하면 최초의 계획에서 기술되었던 목표를 어떻게 달성해 가고 있는가를 나타내기 위해 관련정보를 주기적으로 수집 · 분석하는 것으로서 중점방향의 의도내용에 따라 성과 모니터링과 과정 모니터링으로 구별할 수 있다. 성과 모니터링은 계획투입 요소가 승인된 예산과 시간계획에 따라 사용되었으며 의도된 결과가 적시에 비용 · 효과적 방법으로 산출되었는가를 평가하고, 과정 모니터링은 계획집행 시 사용된 방법의 효율성을 평가한다.

2) 모니터링의 기능

모니터링이 수행하는 기능은 다음과 같이 4가지로 요약할 수 있다.

- 순응 : 계획가의 행동이 정해진 기준이나 규칙에 맞는가를 결정하는데 도움
- 감사 : 특정집단이나 지역에 의도한 자원과 서비스가 공급되고 있는가를 평가
- 회계 : 계획의 집행결과를 나타내는 사회적 · 경제적 변화에 대한 평가를 하는데 도움을 주는 정보 제공
- 설명 : 왜 계획과 집행결과에 차이가 있는가를 설명할 수 있는 정보 제공

3) 평가의 내용

계획에 대한 사후평가는 영향평가와 비용 · 효과 분석으로 구분할 수 있다. 영향평가는 계획집행에 따른 영향을 계획집행 지역과 집행되지 않은 지역을 비교하여 순영향을 파악 · 수정하는 것이고, 비용 · 효과 분석은 대안적 사업계획들을 비교하여 계획대안의 효율성을 파악해 보는 것이다. 사후평가에 있어 주안점은 다음과 같이 4가지로 정리할 수 있다.

- 계획은 제대로 집행되었는가? 원래의 계획의도나 내용이 실제의 집행에서 왜곡될 수 있기 때문에 집행된 내용과 계획된 내용사이의 일관성 또는 상위성을 먼저 따져 보는 것이 필요하다. 여기서 사용되는 기법은 프로그램 모니터링, 투입평가, 과정평가, 계획 대 성과비교 등의 다양한 기법이 있다.
- 목표는 성취되었는가? 목표는 어느 정도 성취되고 원하는 결과가 도출되었는가를 평가하는 단계로서 결과 평가 또는 전후비교기법이 사용된다.
- 프로그램은 효과적이었나? 계획집행 후 관찰된 상황의 변화에 사용된 프로그램이

미친 효과를 평가하는 단계이며 실험 · 준실험설계기법이 사용된다.

- 프로그램은 효율적이었나? 발생된 효과와 비용의 비율을 파악하는 것으로서 비용 · 편익 또는 비용 · 효과 분석법이 사용된다.

4) 영향평가 방법

- 전후비교법(Fore and After Comparisons) : 계획이나 사업이 집행되기 전의 상황과 계획이 집행된 후의 여건을 비교하는 방법으로 가장 많이 쓰는 평가방법이나 계획에 의하지 않는 자연스러운 변화도 계획의 영향으로 간주하게 되는 단점이 있다.
- 유무비교법(With & Without Comparisons) : 계획이 집행된 지역(또는 집단)과 사업이 집행되지 않는 지역을 비교대상 지역으로 대비시켜 사업의 영향을 확인하려는 기법으로 자연스런 변화를 제거할 수 있는 장점은 있으나 비교대상을 선정하는데 어려움이 있다.
- 실제 대 계획성과 비교법(Actual vs Planned Performance Comparisons) : 일정기간에 대해 사전평가 기준으로 목표를 설정하고 실제 발생된 성과에 대한 자료를 획득한 후 목표성과와 실제성과를 비교하여 양자의 차이가 사업계획 자체에서 발생된 것인가 또는 사업 외 요인에 의해 발생된 것인가를 분석하는 과정을 통해 사업 후 성과를 사업집행 전에 설정한 목표와 비교하는 방법이다.
- 실험모형법(Experimental Models) : 영향평가대상 집단(실험집단)과 비교대상 집단(통제집단)을 집행된 계획 이외의 요인들이 동일하도록 통제하고 양 집단사이의 어떠한 차이도 집행된 계획의 결과로 간주하여 영향의 정도를 파악하는 방법인데 계획이외의 모든 요인을 통제한다는 것이 현실적으로 불가능하다는 어려움이 있다.
- 비용지향 평가접근(Cost Oriented Evaluation Approaches) : 계획안 선택 시 사용되었던 비용 · 편익 분석과 비용 · 효과분석과 같은 방법을 사후 평가에도 사용한 것이다.

2.4 농촌계획의 수립

2.4.1 농촌계획의 영역 및 계획수립

농촌계획에서 최하위의 공간 단위계획은 마을계획이며 복수의 마을 또는 그 이상의 공간을 대상으로 하는 계획은 농촌지역계획으로 구분할 수 있다. 농촌지역에서 정주생활의 최소단위는 농가 또는 가구이나 이는 기본적으로 사적 영역이며 개인이 배타적으로 영향력을 행사하는 부분이기 때문에 계획의 요소일 따름이다. 우리나라와 같이 집촌이 일반화된 경우에서는 마을이 최소생활권 또는 정주단위를 형성하고 있으므로 공간적으로 최하위의 단위계획은 마을 또는 취락계획이 된다.

농촌지역은 이러한 마을들을 단위지역요소로 하여 전체적으로 지역체계를 형성하고 있다. 따라서 공간적 범위가 마을 수준을 넘어서면 지역의 성격을 띠게 되어 지역계획의 영역으로 이행하게 된다. 공간의 포괄범위가 점차 커지면 소지역에서 중간지역, 그리고 광역지역으로 확대되므로 농촌지역계획은 소지역계획, (중)지역계획, 광역계획의 위계를 갖게 된다.

농촌계획은 기본적으로 포괄계획·통합계획의 성격이므로 물적·비물적 계획이 모두 포함된다. 다시 말하면, 일정한 계획범역을 대상으로 생산과 생활, 그리고 환경보전에 이르기까지 인간활동에 관련된 총체적인 내용을 다루고 있기 때문에 포괄성을 갖는다. 또한, 전체계획내의 부문 또는 구성계획들이 일관된 목표체계 하에 체계적으로 구조화되어야 한다는 측면에서 통합계획(Integrated Rural Planning)의 성격도 갖고 있다.

따라서 농촌계획은 미래상 실현을 위한 모든 물적·비물적 계획내용을 포함하여야 한다. 구체적으로 말하면 산업진흥계획, 생활환경정비계획, 토지이용계획, 자연환경보전계획(이상 물적계획)은 물론이고 관광위락계획, 전통문화보전계획, 지역사회조직계획, 지역사회활성화계획(이상 비물적계획) 등도 포함된다. 또한 계획의 범역이 크든 작든 농촌계획은 포괄적·통합적 계획이므로 기본구상, 부문별 계획, 추진계획으로 구성되는 정규적인 계획체계를 기본으로 하여 필요한 경우 내용을 현실에 맞게 가감·조정하게 된다.

2.4.2 기본구상

(1) 지역의 성격과 기능

1) 지역의 성격분석

지역의 성격은 단순한 물리적 공간단위로서 뿐만 아니라 살아있는 활동주체인 유기체로서의 지역활동에 대한 경향성까지를 포괄적으로 파악하여야 한다. 지역의 성격과 기능의 파악은 계획을 지역화 하는 가장 중요하면서도 기초적인 과정인데, 일반적으로 지역의 성격은 구조적, 흐름적, 행태적 특성으로 파악할 수 있다. 구조적 특성은 공간적 구조와 기능적 구조의 양 측면에서 파악이 가능하고, 흐름의 특성은 재화, 용역 및 인구의 흐름과 같은 물리적 측면뿐만 아니라 정보, 금융, 에너지의 흐름까지 포괄하고 있다. 마지막으로 행태적 특성은 입지 및 이동의 양 측면에서 파악하는 것인데 각 특성의 성격변수를 정리해 보면 다음 표 2.1과 같다.

표 2.1 지역의 특성별 성격변수

특 성		성 격 변 수
구조	공간	지역의 범위, 정주체계, 토지이용 유형, 교통통신 네트워크, 자연 및 인위적 환경(하부구조 포함)
	기능	경제구조, 지역계정(地域計定), 인구구조, 사회구조, 정부구조, 공공서비스구조
흐름	재화	수입/수출구조
	주민	이촌자(離村者)의 정착지, 지역내 이민, 통근자의 흐름, 서비스 공급 및 이용, 위락목적여행
	기타	자본(투자)의 흐름, 정보의 배분, 차량의 흐름
행태	입지	기업·가계의 입지 행태
	이동	통근행태, 비 직업적인 생활상의 이동

이러한 변수들이 다수의 지역에 걸쳐 정량적으로 측정이 가능한 경우에는 다변량 해석법에 의해 지역성격을 결정하는 지배요인을 추출할 수 있으며 군집분석(Cluster Analysis)에 의해 전체지역을 일정한 유형으로 구분함으로써 구성지역들을 비교할 수 있다.

2) 지역의 기능설정

지역의 기능은 살아있는 유기체로서 지역의 부분적 또는 총체적 활동이라 말할 수 있다. 유기체로서 지역활동은 지역자체는 물론이고 타 지역으로부터 재화와 용역을 끊임없이 공급하고 소비하는데 지역의 공급기능은 원심력, 수요(소비)기능은 구심력이라고 한다. 또한 지역의 기능은 지역자체에 재화와 용역을 공급하기 위한 일반적 기능과 다른 지역에 공급하기 위한 특수기능으로 구분할 수 있으며 전자는 비 기본(기반)기능, 후자는 기본(기반)기능이라고도 한다.

지역기능을 분석하기 위해서는 기능을 측정해야 되는데 이의 구체적 방법으로는 입지상법과 요인분석법이 있다. 입지상법(locational quotient, LQ)은 지역의 기능을 산업별 관련성에 따라 횡적관계로 파악하는 기능측정법으로 입지계수(또는 입지상)는 전국 또는 비교가능한 지역과 구성비를 비교한 값이다. 예로서 j지역 i산업의 입지계수 LQ_{ij}는

$$LQ_{ij} = \frac{E_{ij}}{\sum E_{ij}} / \frac{E_i}{\sum E_i}$$

여기서 E_{ij} : j지역에서 i산업의 고용인구

$\sum E_{ij}$: j지역의 산업별 고용인구의 총계

E_i : 전국 또는 비교가능한 지역의 i산업 고용인구

$\sum E_i$: 전국 또는 비교가능한 지역의 총고용인구

로 표시할 수 있다. 입지계수 LQ값이 1보다 크면 j지역의 i산업은 전문화되어 있어 기본(기반)기능을 수행하고 있다고 분석할 수 있다. 요인분석법은 지역의 복합적인 제 기능들을 다변량 해석기법을 이용하여 비교적 적은 수의 요인으로 묶어 지역기능을 종합적으로 확인할 수 있는 방법이다.

지역이 장래 수행해야 할 기능을 설정하는 과정은 지역의 성격분석결과를 바탕으로 하여 기존기능을 분석한 다음, 장래의 여건 변화가능성을 지역발전에 대한 제약 및 성장잠재력의 측면에서 파악하고 상위 및 관련계획이 제시하고 있는 기능설정 내용을 함께 고려하여 최종적으로 지역의 장래기능을 설정하는 단계를 거친다.

(2) 계획수립의 기본전제 설정

1) 계획수립의 전제조건 설정

계획의 기본성격, 기본적 지향방향, 계획의 범역, 한계 등 계획수립에 앞서 전제적으로 명시해야 할 사항을 간단명료하게 기술하여야 한다.

계획안의 본격적인 작성에 앞서 계획수립작업의 전체 과정에 걸쳐 영향을 미칠 전제적 조건들을 간단명료하게 정리하여 기술한다. 해당 계획을 대상지역에 대해 수립하게 된 배경을 총론적인 입장에서 먼저 기술하고, 계획이 갖고 있는 법적 · 제도적 성격, 계획체계상의 위계 등 계획의 성격을 명쾌하게 정리한다. 계획대상지역의 공간적 범위와 해당 계획에서 다루고 있는 개괄적 계획내용, 그리고 계획에서 다루지 못하거나 여러 가지 여건상의 제약으로 충분히 다루어지지 못하고 있는 부문에 대해서도 분명하게 기술한다.

2) 계획의 시간적 범위설정

계획의 목표년도, 단계별 년도 구분, 계획기준년도, 계획수립기간, 계획의 수정 또는 보완 시기 등 시간적 요소를 명쾌히 정하여야 한다. 계획은 미래에 대한 대비의 구체적 표현이므로 계획이 지향하고 있는 목표가 실현되는 시기, 즉 목표년도가 명쾌하게 결정되어야 구체적 목표추구가 가능해 진다. 통상적으로 장기계획에서는 10년 이상, 중기계획에서는 5~10년, 단기계획에서는 5년 이하의 기간에 걸쳐 계획하고 있다. 계획기간이 길 경우 단계별로 계획을 추진하는 경우가 많으므로 추진 단계별 계획내용과 기간을 적시해 둘 필요가 있으며 중간에 모니터링을 통해 계획을 수정 · 보완함으로서 계획과 현실의 괴리를 극복하여야 할 경우에는 그 시기도 정해 놓아야 한다. 또, 현황판단의 시기, 즉 계획기준년도를 전체계획에서 일관되게 통일시킴으로서 자료의 정합성을 확보하며, 자료의 성격상 계획기준년도에 자료수집 시기를 맞출 수 없는 경우는 그 사유와 해당년도를 명시하여야 한다.

(3) 지역발전의 제약조건과 잠재력 분석

지역발전의 제약조건과 잠재력을 합리적으로 분석하기 위해서는 국토 또는 광역공간상의 위상분석 → 지역의 개발수준평가 → 지역내외 발전환경의 변화전망 → 제약조건 및 잠재력 평가의 표준적 절차가 제시될 수 있다.

1) 국토 또는 광역공간상의 지역위상 분석

국토(광역)공간상에서 지역이 차지하고 있는 위상은 국토(광역)발전축, 산업개발권역, 환경보전권역, 정주체계 등 다양한 측면에서 합리적으로 파악되어야 한다.

지역은 다양하고 다원적인 인간활동을 담는 그릇이므로 지역발전과 관련된 모든 측면에서 그 위상이 검토되어야 한다. 전체적으로 보면 국토(광역)공간의 발전방향을 일목요연하게 제시하고 있는 발전축상에서 검토하고, 구체적으로는 산업 · 환경 · 정주 체계적 측면에서 그 위상을 파악하는 것이 일반적이다.

국토광역발전축상에서의 위상은 국토(광역)전체의 지형, 통합 및 역내교류망, 대외지향 발전축 구조 등의 측면에서 파악되어야 하고, 산업개발권역상에서는 기 수립된 농업 · 임업 · 축산업 · 광공업 · 관광 등의 개발권역과 기본방향의 측면에서 위상이 파악되어야 한다. 농촌지역은 자연 및 반자연적 공간이 지배적이므로 환경보전 · 관리 측면에서의 위상이 광역적 또는 유역통합적 측면에서 검토되어야 하므로 광역환경보전계획, 농어촌 용배수 관리계통도 등의 광역적 판단자료를 사용하여야 한다. 정주체계상의 위상은 광역대도시 이용권, 농촌중심도시 이용권, 농촌정주 생활권 등으로 이어지는 수직적 계층구조하의 위상은 물론이고 각 이용유형별 수평적 생활권(구매권, 통학권, 진료권 등)내에서의 위상도 필요하면 검토하여야 한다.

2) 지역의 개발 수준평가

지역개발의 현황적 수준은 전국 또는 광역적으로 비교가 가능하도록 평가되어야 하며 평가부문은 사회적 · 경제적 · 물리적 · 제도적 구조 등 다양한 부문이 포괄되어야 한다. 지역의 개발수준은 보다 광역적인 범역에서 비교분석하여야 정당한 의미가 있음은 두말할 나위가 없다. 따라서 자료취득이 가능한 한 평가의 의미를 살릴 수 있는 범역으로 비교대상지역이 확대되어야 하며 평가부문도 가능한 많은 부문이 포함되도록 노력하여야 한다.

일반적으로 평가부문은 크게 사회적 · 경제적 · 물리적 · 제도적 구조 등으로 구분할 수 있다. 사회적 구조는 인구의 질 · 양적 구조, 교육 및 보건개발 수준 등에 대해, 경제적 구조는 지역총생산(GRP), 1인당 지역총생산, 산업별 총생산 및 구조, 지역의 특화부문 등에 대해서 평가한다. 물리적 구조는 교통 · 통신(도로정비율, 도로밀도, 도로포장률, 자동차보급률, 전화보급률, 초고속통신망 수혜율 등의 지표사용)과 생활환경 정비

(상하수도보급률, 1인당급수량, 하수처리율, 주택보급률, 취락정비율, 주택정비율 등의 지표사용) 수준에 대해, 마지막으로 제도적 구조는 지방행정구조(관할면적, 인구, 하위지방자치단체 수, 단위지역당 평균인구, 인구 1000명당 공무원 수 등의 지표사용)와 지방재정(세입 · 세출규모, 재정자립도, 인구 1인당 세입 · 세출규모, 투자가용재원 등의 지표사용) 등에 대해 평가한다.

3) 지역내외 발전환경의 변화전망

지역을 둘러싼 발전여건은 세계사적 조류, 국가사회의 정책, 광역적인 여건, 지역내부의 여건 변화가능성, 상위 및 관련계획에서의 제시여건 등을 순서있고 합리적으로 정리하여 통합적으로 분석하여야 한다.

세계화 · 정보화 · 개방화 시대에서는 농촌의 소지역도 세계사적인 큰 흐름, 이를 수용하여 국가가 지향하고 있는 발전방향과 정책, 그리고 광역적인 수준에서 결정되고 있는 지역정책 등 외생적인 여건변화에 직 · 간접으로 영향을 받을 수밖에 없다. 또한 농촌지역 내부적으로도 지역적 특성에 따라 차이가 있긴 하지만 과거에 비해 변화의 폭과 내용이 크고 빠르기 때문에 정교한 예측이 요구되고 있다. 따라서 이렇게 복잡다기한 영향요인들을 통합적으로 고려하기 위해서는 질서있고 합리적으로 정리할 필요가 있다. 현실적 측면에서 지역발전 여건에 가장 큰 영향을 주는 것은 기 수립된 상위 및 관련계획인데 농촌지역에서 주로 영향을 미치고 있는 계획은 국토계획, 경제사회발전계획(국가수준), 권역종합개발계획, 도계획, 특정지역개발계획(광역수준), 군계획, 도시계획, 농어촌 용수계획, 농지이용계획(지역수준) 등이다.

4) 제약조건 및 잠재력 평가

지역발전의 장애요인은 통제가능요인, 통제불능 요인, 제약조건으로, 잠재력은 미활용, 활용불충분, 오용, 활용가능 한 것 등으로 세분하여 분석하고 최종적으로는 통합하여 종합 평가한다. 통제가능요인이란 개발주체의 자원동원, 기술능력 및 권한을 가지고 조작 가능한 요인을 말하며, 통제불능 요인 또는 제약조건은 개발주체가 조작 불가능한 요인으로 차상위 개발주체가 통제 가능한 요인과 차상위 주체도 통제가 불가능한 요인으로 나눌 수 있다. 제약조건을 도출하는 부문은 지역발전수준평가에서 사용하였던 부문과 대응시켜 자연환경, 경제사회적, 물리적, 제도적 및 기타 등의 조건으로 대구분한 후 해당되는 세부부문으로 상세화 한다.

잠재력이란 제약조건과는 달리 미래지향적인 것으로서 대상이 갖고 있는 총체적인 능력으로 정의할 수 있다. 여기서는 지역발전의 3대 요소가 개발주체, 대상지역, 발전환경인데 3자가 각각 또는 상호관계 구조하에서 최적의 능력발휘나 여건조성이 미흡하여 지역이 갖고 있는 포장능력이 제대로 발휘되지 못하고 있는 부분을 의미한다. 지역발전과 관련된 잠재력은 현상태에서 활용되지 않는 것(미활용, non-utilized), 활용은 되고 있으나 충분히 활용되지 못하고 있는 것(활용불충분, under-utilized), 잘못 활용되고 있으나 활용방안에 대한 세밀한 분석을 거친다면 최대한 활용될 수 있는 가능성이 있는 것(오용, mal-utilized), 그리고 현재로서는 활용도가 없으나 장래의 여건변화에 따라 새로운 발전가능성이 발견될 수 있는 것(활용가능, newly-utilized) 등으로 세분해 볼 수 있다. 잠재력의 평가는 주로 자원에 집중되고 있으므로 자연환경, 인적 · 농림수산 · 문화관광자원, 2 · 3차 산업의 입지여건 등 가시적인(tangible) 부문에 중점이 주어지지만 지역의 정주성과 같은 비가시적인(untangible) 부문도 소홀히 해서는 안 된다.

(4) 지역의 미래상 설정과 지역발전전략의 수립

1) 지역의 미래상 설정

지역의 미래상은 계획에 의해 장래의 농촌이 발전하게 될 모습을 명쾌하게 제시함으로써 계획의 구체적 내용이 지향하여야 할 기본적 방향성을 명확화하고 지역주민들에게 계획의 구체적 발현모습을 간결하게 제시하여 능동적이고 자발적인 참여를 유도하기 위한 목적을 가지고 있다. 광역수준의 계획에서는 일반적이고 추상적인 표현이 불가피할 것이나 소규모 지역 또는 마을수준에서는 지역의 특성과 주민의식 조사결과를 바탕으로 살기 좋은 지역가꾸기의 이미지를 표현하는 것이 중요하다. 또, 장래상이 실현되기 위해서는 민관이 일체가 되어 시책추진을 도모하는 것이 중요하며, 특히 주민에게 미래상을 부각시키기 위해서는 지역의 특색을 반영한 슬로건(slogan)을 제시하는 것도 유효한 방법 중의 하나이다. 미래상의 모습을 구체적인 이미지로 표현하기 위해서는 "미래의 발전된 모습"과 같이 시각적 자료 형태로 제시하는 경우도 생각할 수 있다.

2) 지역발전략의 수립

지역의 미래상을 구체적으로 실현하기 위해서는 각 부문에서의 기본적 접근방법론을 제시하는 발전전략이 수립되어야 하는데 미래상으로부터 합리적 · 체계적으로 발전전략이 도출될 수 있는 기법이 사용되어야 한다.

지역의 미래상은 장래 일정시점 또는 그 이후의 지역의 총체적인 발전모습이므로 상징적 · 선언적 표현이 사용되고 있다. 이러한 미래상을 구체화하기 위해서는 몇 개의 기본방향을 설정하고 현황과 대비하여 추진해야할 과제를 도출하며 과제를 달성하기 위한 계획의 세부전략을 수립한 다음 이에 대응하여 구체적인 발전구상이 설정된다.

기본방향은 미래상을 실현하기 위해 실시하고 있는 시책을 지역특색에 맞게 유형화하여 이를 축약적으로 표현한 것으로서 추진과제와는 1대1 대응이 되어야 한다. 추진과제는 기본방향과 현황적 여건을 대비하여 시책으로서 시행해야 할 내용을 함축적으로 표현한 것이며, 발전전략은 추진과제를 가시화하기 위한 시책의 방향성을 제시하는 것이다. 발전전략은 계획의 기본방향과 구체적 구상을 관련시켜 체계화하는 가운데 물리적, 비물리적 측면을 염두에 두고 표현의 맥락에 주의하면서 지역특성을 살려 구체적으로 기술하여야 한다. 마지막으로 발전구상에서는 전략을 구체화하기 위한 수단과 대책을 망라하는 것으로서 부문별 계획에서 세부계획 수립을 위한 골격의 성격을 갖고 있다.

(5) 계획지표의 설정

1) 계획목표인구

계획목표인구는 충분한 신뢰성이 있는 과거 일정기간의 자료를 사용하여 합리적인 방법을 써서 추계한 후 필요한 경우 계획목표에 의한 수정을 거쳐 결정한다. 일정한 지역에 대한 계획수립에 있어 가장 중요한 출발점은 목표년도에서의 인구목표치이다. 산업활동 · 정주생활 · 주민조직 등의 규모를 결정하는 가장 핵심적 변수이므로 인구의 질 · 양적 구조는 인간활동 구조에 직접 영향을 미침과 동시에 반대로 인간활동의 구조변화는 인구의 질 · 양적 구조에 영향을 미치는 상호관계를 갖고 있어 인구를 정밀하게 예측하는 일은 매우 복잡하고 어려운 일이다. 따라서 일반적으로는 과거의 신뢰성 있는 자료를 사용하여 추세치를 파악해 보고 계획에 의한 조정가능성을 분석한 다음 양자를 종합하여 계획의 목표인구를 결정하는 수순을 밟게 된다.

농촌지역의 인구관련자료는 매년 파악되는 상주인구 조사자료와 1960년 이래 5년마다 실시되는 "인구 및 주택 총조사"에 의한 센서스 자료가 있으나 공신력이 있는 것은 후자이므로 추정시점을 기준으로 적어도 20년 이상에 걸친 연속 센서스를 자료로 사용하는 것이 바람직하다. 인구의 추정방법은

- 경향예측에 의한 추정(Trend Projection) : 최근의 지역인구 변화경향을 파악하여 이 경향이 장래에도 지속된다고 보고 추정
- 비율적용법(Ratio Method) : 하위지역의 인구성장은 그 지역을 포함한 상위지역의 인구성장과 밀접한 상관관계를 갖는다는 가정하에 상위지역의 인구추계방식에 준하여 하위지역의 인구를 추계
- 지역비교분석에 의한 추정방법(Comparative Forcasting) : 계획지역과 인구성장유형이 비슷한 지역을 기준지역(Pattern Area)으로 설정하여 계획지역의 장래인구 추계
- 주택공급상태에 의한 추정방법(Land Use Based Projection) : 과거의 인구변화추세뿐만 아니라 주택 사정에 의한 인구 수용능력까지 고려하여 추계
- 코호트 요인법(Age Cohort Component Method) : 어느 연령집단(Cohort)의 인구는 일정한 시간이 지나면 반드시 다음 연령집단으로 이행한다고 하는 명확한 사실에 기초한 방법으로 코호트 · 센서스 간 변동율법과 코호트 이동생잔율법이 있다. 전자는 코호트 · 센서스 간 변동비율을 사망과 사회적 이동을 구분하지 않고 잔존율만을 고려하는 방법이고 후자는 생잔율, 이동률을 구분하여 추정하는 방법

등이 있다. 이상의 방법 중 가장 합리적인 것이 코호트 이동생잔율법이라 할 수 있다. 이의 추계절차를 예시하면 다음과 같다.

- 기준년도가 1980년이고 목표년도가 1990년인 경우 1980년, 1985년의 인구센서스 자료를 남 · 녀, 계급별(5세 간격)로 수집한다.
- 기준년도(1980년)의 여성계급별인구(가임 연령층 대상)에 80~85년 사이의 출산율을 곱하여 출생인구를 추정하고 이의 합계를 1985년의 0~4세 기대인구로 한다.
- 기준년도의 연령계급별 인구에 각각의 생잔율을 곱하여 1985년의 5세 이상 기대인구를 추정한다.
- 1985년의 기대인구에서 1985년의 실제인구를 빼면 순전출(입)자수가 되고 이를 1985년 기대인구로 나누면 순전출(입)율이 된다.
- 1980~85년의 순전출(입)율에 변화율을 적용하여 1985~90년의 추정순전출(입)율로 한다.

- 1985년의 실제인구에 대해 85~90년 사이의 추정출산율 · 생잔율을 적용하여 자연적 변화에 의한 1990년의 기대인구를 구한다.
- 1990년 기대인구에 1985~90년 사이의 추정순이동률을 곱하여 추정순이동자수(사회적 이동인구)를 구한다.
- 자연적 변화에 의한 1990년 기대인구에서 추정 순이동자수를 차감하여 목표년도의 추정인구를 구한다.

인구추정방법에 의해 추계된 인구구조는 과거의 경향이 지속된다고 보고 산정한 것이므로 계획에 의해 새로운 성장요인이 발생하면 지금까지의 경향과는 다른 성향을 보일 것이므로 지역경제의 성장전망, 정주선호성의 변화전망 등을 종합적으로 고려 · 반영시켜 최종적으로 목표인구를 결정하여야 한다.

2) 지역경제지표

지역경제지표는 산업의 균형발전, 인구 및 자원의 합리적인 배분, 소득의 향상을 목표로 하는 경제구조를 계량적으로 나타내야 하며 신뢰성 있는 자료와 합리적인 추정방법을 사용하여야 한다.

경제계획은 인구 · 산업 · 소득에 관련되는 계획으로서 해당계획의 목표가 바로 경제목표가 되며 경제지표는 경제목표를 수치로 표현한 것이므로 인구 및 자원의 합리적인 배분, 산업의 균형발전, 소득의 향상 등 개별계획의 목표가 계량화되어 표현되어야 한다. 이러한 관점에서 지역경제지표 설정을 위한 개념을 정리해 보면 다음과 같다.

- 과거 인구자료로부터 추정한 목표년도의 추정인구로부터 생산가능인구를 추계하고 이에 경제활동 참가율을 곱하여 경제활동인구를 추계한다.
- 과거 수년간의 주민소득자료, 고용구조조사 자료, 사업체 조사자료, 경제지표자료 등을 통해 산업별 지역총생산액을 계산하고 이를 바탕으로 산업별 연관관계, 중간투입구조, 부가가치율 및 수요구조를 파악한다.
- 추정된 3가지 인구와 ②에서 파악한 지역경제관련 항목들을 입력변수로 하여 지역경제 예측모형을 가동한다.
- 목표년도에서 자원을 최적으로 배분시키는 소비, 투자, 역내상품의 역외유출, 역외상품의 역내유입, 부문별 부가가치 등을 추정하는데 이 단계에서 지역의 경제성장

률이 내생적으로 결정된다.

- 상기 과정에서 추정된 수치를 이용하여 지역총생산액(GRP, Gross Regional Product)를 산출하고 설정된 산업구조별 생산구조를 적용하여 산업별 GRP, 1인당 GRP를 추정한다.
- 추정된 1인당 GRP가 목표수준에 미달할 때나 외부적, 정책적 영향이 있을 때는 목표년도의 인구를 재조정하여 상기과정을 반복한다.

3) 주요발전지표

주요발전지표는 계획에 의해 달성하고자 하는 미래상을 각 세부부문별 대표항목을 설정하여 수치로서 나타내어야 하며 규범적 · 추세적 접근이 조화되는 합리적인 도출방법을 사용하여야 한다.

발전지표는 농촌지역 주민들의 삶의 질을 향상시키고 농촌지역의 삶에서 그들의 욕구를 충족시킬 수 있는 환경을 조성하기 위해 앞으로 어떻게 나가야 할지를 구체적으로 제시하는 것이다. 따라서 규범성, 합목적성, 포괄성 그리고 구조적 성격을 가져야 한다. 규범성은 가치와 목표를 지향하는 것이고, 합목적성은 삶의 질 그 자체를 나타내어야 한다는 것이며, 포괄성은 일반적인 복리와 사회적 관심을 포괄하고, 구조적 성격은 어떤 구조 속에 포함되어 설명의 틀 또는 예측모형 속에서 추출되어야 한다는 의미이다.

일반적으로 농촌지역의 주요발전지표는 인구, 지역경제, 산업기반, 생활환경, 지역하부구조, 복지후생 등의 부문으로 구분이 가능하고 각 부문별로 발전의 구체적인 모습을 표현할 수 있는 대표항목을 설정하여 수치로서 나타낸다. 대부분의 경우 상위계획상의 기설정된 지표 및 지표치를 기본으로 하여 이 지표의 달성이 지역수준에서 가능한가를 합리적으로 검토한 후, 최종 결정하게 된다.

2.4.3 추진계획

(1) 재정계획

계획의 집행을 위한 사업비의 재원조달계획은 합리적인 재정 및 지방세 부담현황 분석과 추이 예측을 바탕으로 한 일반 재원의 가용재원과 지정재원의 지원규모에 근거하여야 한다.

독자적인 예산수립 · 집행권이 있는 지방자치단체가 수립하는 농촌개발계획의 경우, 계획의 집행에 소요되는 사업비의 재원은 상위 지방자치단체 또는 중앙정부가 보조금 · 교부금 형태로 지원하는 지정재원과 자치단체 자체 세입으로 마련하는 일반재원(또는 재정)이 있는데 일반재정은 다양한 세출항목으로 구성되어 있으므로 재정분석을 통해 해당계획에서의 사업에서 사용할 수 있는 여유재원, 즉 가용재원을 파악하여야 한다. 가용재원의 규모를 실제 추산하기 위해서는 재정현황에 대한 분석뿐만 아니라 계획년도의 재정추이를 예측하여야 하는데 그 과정을 정리하면 다음과 같다.

- 재정현황 및 변화추이 분석 : 계획수립대상 지방자치단체의 재정규모를 년도별(과거 5~10년간), 세입 · 세출 항목별로 작성하고 자체수입규모와 재정자립도를 계산하여 다른 지방자치단체와 비교한다. 여기서 세입항목은 지방세, 세외수입(경상적, 임시적), 지방교부세, 보조금(국고, 도비)등을, 세출항목은 인건비, 경상비, 자본적 지출, 기타 등으로 구성된다.
- 지방세 수입의 부담현황 및 추이 분석 : 연도별로 1인당 GRP과 1인당 지방세 부담액 사이의 상관관계를 다른 지방자치단체의 경우와 비교하여 파악하고 1인당 총세입, 1인당 세외수입 및 1인당 의존수입 등 각각의 추이 관계를 그래프로 분석한다.
- 가용재원의 추산 : 연도별 세입 · 세출 항목별 변화추이를 바탕으로 계획기간중의 변화가능성, 증감율을 고려하여 계획년도의 세입 · 세출 규모를 추산하고 양자의 차이에 의해 가용재원 규모를 결정한다.
- 투자가능 재원규모의 판단 : 계획기간 중 지정재원의 지원예정규모와 일반재정의 가용재원규모를 합산하여 투자가능 재원 규모를 결정한다.

(2) 투자계획

농촌개발 · 정비를 위한 사업의 투자계획은 부문별, 사업별, 지역(또는 지구)별, 재원별로 작성되어야 하고 합리적인 기준에 의해 투자 우선순위를 결정한 후 단계별 · 연차별 추진계획이 수립되어야 한다.

부문별 계획내용을 구체적으로 실현하기 위해서는 각 세부항목별로 단위사업이 추진되어야 하며 이의 추진에는 투자가 수반되는 것이 일반적이다. 계획안이 작성되면 소요사업물량에 단가를 곱하여 단위사업에 대한 사업비를 산출하게 된다. 이 자료를 바탕으로 전체 투자사업비를 파악하기 위해 부문별 · 년도별 사업량과 사업비가 총괄적으로 집약된 투자계획총괄서를 작성한다. 각 부문 · 사업 · 지역별로 보다 세부적인 항목에 대해 세부투자계획서가 년도별 사업량과 사업비에 대해 작성한다.

사업이 다년간에 걸쳐 시행되는 경우, 그리고 투자가능재원이 소요투자액에 미치지 못하는 경우 투자우선순위에 의해 순차적으로 투자가 이루어져야 한다. 예로서, 권역단위 마을종합정비사업의 경우 정주체계 확립에 우선을 두고 소득향상 유발효과와 주민의사 및 개발수요를 기초로 하여 투자우선순위를 결정하고 있다. 이렇게 해서 결정된 투자우선순위에 의해 단계별 또는 연도별 투자계획, 추진계획이 수립된다.

(3) 추진조직 계획

농촌개발계획의 수립과 집행을 위한 추진조직은 체계적 · 효율적으로 업무를 집행할 수 있도록 필요한 인력과 권한을 부여하는데 중점을 두고 계획되어야 한다.

농촌계획은 일정한 지역을 대상으로 한 통합적 · 포괄적 성격을 갖고 있으므로 계획의 체계적 · 효율적 수립과 집행을 위해서는 계획을 총괄하고 상시 관리하는 조직 · 부서가 정비되어야 한다.

실제의 조직계획에 있어서는 기존조직 · 부서를 활용하는 방법과 해당계획을 전담하는 별도의 조직 · 부서를 신설하는 방법이 있다. 기존 조직 · 부서를 활용하는 방법은 기존의 업무에 계획관리 업무가 추가되기 때문에 담당직원의 기존 업무량을 경감시키거나 전담직원 · 요원을 배치하여 업무의 집중성이 유지되도록 배려하여야 한다. 총괄과 통제가 가능한 조직 · 부서를 신설하는 경우는 기존 조직 · 부서와의 갈등이 최소화될 수 있도록 권한과 책임의 한계가 명쾌하게 구분되어야 하며 한시적인 조직(Task Force)이므로 직원의 신분보장, 임무 종료 후 인사처리 방안 등이 강구되어야 한다.

(4) 운영관리 계획

농촌계획에 의해 설치 · 정비되는 지역시설은 행정관리 부서 · 기관의 지원조직과 주민들의 자체관리조직에 의해 경제적 · 효율적으로 운영되도록 계획되어야 한다. 개발 · 정비사업에 의해 조성되는 각종 지역시설은 체계적 관리체계와 조직에 의해 운영되어야 소기의 시설설치 목적을 지속적으로 유지시킬 수 있다. 농촌지역시설은 행정기관 또는 공공기관이 운영관리를 전담하는 경우도 있지만 대부분은 지역주민이나 주민조직이 일상적인 관리를 맡는 경우가 많다. 따라서 행정 · 공공기관의 지원과 지역주민들의 자체관리는 체제와 조직면에서 조화있게 균형되어야 그 기능과 효율이 지속적으로 유지될 수 있다.

시설에 따라 관리담당 부서 및 관리 책임자, 관련법규, 일상적 관리요령, 비상 · 사고시의 전달 · 보고요령 등을 명확히 정리한 운영관리계획이 작성되어야 하고, 일정한 주기를 두고 운영관리 실태를 점검하기 위한 운영관리평가 제도도 구상되어야 한다.

참고문헌

김성희 외 2인, 의사결정분석 및 응용, 2004, 영지문화사

김영모, 2004, 국토 및 지역개발을 위한 지역계획론, 보성각

김영주 외 2인, 2010, 농촌마을정비시 농촌공간특성별 정비유형 분석, 농촌계획, 16(2), pp.1-10

김영주 외 3인, 2009, AHP법을 이용한 농촌지역 유형 구분, 경상대학교 농업생명과학연구, 43(1), pp.61-71

대한국토 · 도시계획학회, 2007, 국토 · 지역계획론, 보성각

대한국토 · 도시계획학회, 2006, 농촌계획의 이론과 실제, 보성각

이정환, 1993, 농촌 생활환경정비 방안, 한국농촌경제연구원논집, Vol.61, pp.153-168

정하우 외 6인, 1999, 농촌계획학, 동명사

최수명, 1996, 농어촌 생활환경정비사업의 효율적 추진방안, '96 정주생활권개발 문화마을 조성사업 연찬회 보고서, 농어촌진흥공사

高橋　强 外 7人, 2003, 農村計画学, (社)日本農業土木学会

相川哲夫, 1990, 地域整備のシステム計画手方法, (財)農林統計協会

篠原 一, 1977, 市民參加, 岩波書店

日本國土庁地方振興局, 1991, 新・農村デザイン-快適な農村空間の整備-, 創造書房

Bach, L., 1980, Locational Models for Systems of Private and Public Facilities Based on Concepts of Accessibility and Access Opportunity, Environment and Planning A, Vol. 12, pp.301-320

Morrill, R. L., 1964, Efficiency and Optimum Location Models, Antipode Vol.6, pp.41-46

Thisse, J. F. and Zoller, H. G., 1983, Locational Analysis of Public Facilities, Amsterdam : North Holland Publishing Co.

Townroe, P. M., 1971, Industrial Location Decisions, R.&R. Clark, pp.10-27

Chapter 03

농촌공간계획

3.1 지역공간과 시스템

3.1.1 시스템의 이해

시스템은 형태, 목적 등 다양한 종류가 존재하지만 목표를 달성하기 위하여 상호작용하는 요소 또는 성분들의 집합으로 요약된다. 시스템의 구성요소는 그림 3.1에서와 같이 입력(inputs), 처리기(processing mechanisms), 출력(outputs), 피드백(feedback) 등으로 구분된다. 그림의 자동세차시스템의 경우에 입력은 때묻은 차, 물, 세제, 전기에너지, 시간, 기술, 지식 등이며, 처리행위는 물 뿌리기, 세제 뿌리기, 타올 회전기 등으로 구성되고 시스템의 출력은 깨끗한 차가 된다. 이때 출력된 차가 차주의 평가에 의해 시스템의 목표인 깨끗한 차를 달성하지 못하면, 처음부터 다시 시작하는 피드백의 과정을 거친다.

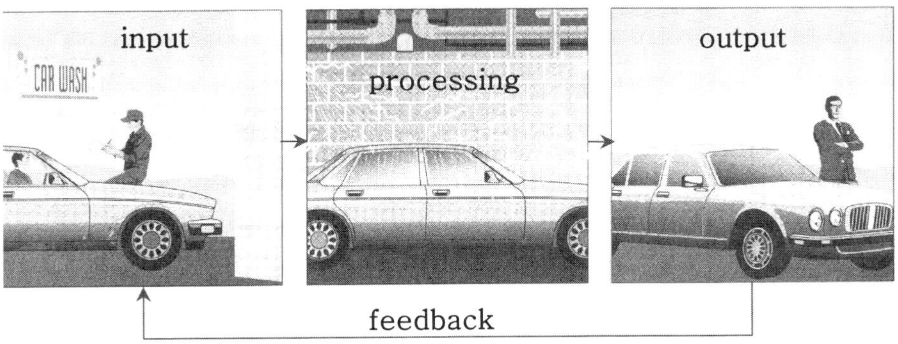

그림 3.1 자동차세차시스템의 예

이해하기 쉬운 자동차세차시스템과 같이 우리의 일상생활에서 접할 수 있는 시스템은 매우 다양한데, 표 3.1과 같이 식당, 대학 등 세상을 구성하는 모든 요소들이 하나의 작은 시스템들로 이루어져 있음을 알 수 있다. 한편 필수적인 기능들로 구성된 개념적 형태를 시스템이라 하고, 이 시스템의 기능을 실제로 구현하여 세상에 출현한 것을 모델이라 한다. 표 3.1에서처럼 롯데리아, 맥도날드는 패스트푸드 식당 시스템의 구현 결과인 모델이다.

표 3.1 시스템들의 요소 및 목표 예

시스템 (system)					모델 model
시스템 종류	입력 inputs	처리 processing	출력 outputs	목표 goal	
패스트푸드 식당	고기, 감자, 토마토, 빵, 음료수, 노동	굽기, 삶기, 데우기, 음료수 공급	햄버거, 음료수, 디저트	빠른 준비, 저렴한 음식	롯데리아, 맥도날드
대학	학생, 교수, 직원, 책, 시설	강의, 연구, 서비스	교육받은 학생, 연구결과, 사회 서비스	지식획득, 인재양성	충남대학교, 대전대학교

시스템이란 여러 개의 부분들이 모여 일련의 과정을 통해 상호작용하는 집단이므로 그림 3.1과 같이 구성요소들을 연결하여 표현할 수 있다. 연결선은 구성요소 사이의 상호작용을 표현한다. 이러한 구성요소들이 목표를 위하여 합쳐져 새로운 성질을 보여주는 전체를 시스템이라고 한다.

시스템의 크기와는 관계없이 시스템 내에는 시스템을 구성하는 부분들이 존재한다. 예를 들면, 화학 시스템을 구성하는 화학물질, 생물 시스템을 구성하는 세포와 기관, 생태시스템을 구성하는 생물과 이를 둘러싼 물리적 환경이 있으며, 환경 시스템을 구성하는 인간과 자연 사이의 수많은 작용들이 있다.

시스템은 개방적 또는 폐쇄적으로 구분되는데, 개방 시스템은 한 가지 이상의 유입과 유출이 있는 시스템을 말한다. 예를 들어 생물권(biosphere)은 태양에너지와 우주물질이 유입하고 적외선과 가스 상태의 물질이 유출되는 개방시스템이다. 뚜껑을 봉해 버린 수조도 에너지의 유입 및 유출이 존재하는, 즉, 빛 에너지가 유입되고 열이 유출되는 개방 시스템이다. 폐쇄 시스템(closed system)은 유입과 유출이 전혀 없는 완전히 격리된 시스템이다. 실제 자연계에서 폐쇄시스템은 존재하지 않으며, 존재하더라도 일시적이다. 그림 3.2(a)는 물이 흘러 들어와 잠시 저장되었다가 다시 흘러나가는 개방 시스템을 보여준다. 시스템의 내부에 존재하는 물질 또는 에너지의 양은 변화하며, 이러한 변수들은 변화하는 시스템의 상태를 표현해 주기 때문에 이를 상태변수(state variable)라고 부른다. 또한 상태변수가 시간에 따라 변할 때 시스템은 전이상태(transition state)에 있다고 말한다. 개방 시스템에 유입되는 양과 유출되는 양이 균형을 이루고 내부에서 일어나는 현상이 항상 일정할 때 시스템이 정상상태(steady state)에 있다고 말한다. 평형(equilibrium)은 일반적인 용어로는 일정한 상태라는 의미로 사용되지만, 대부분의 과학과 공학분야에서는 저장량이 일정하게 되었을 때의 폐쇄 시스템을 의미한다.

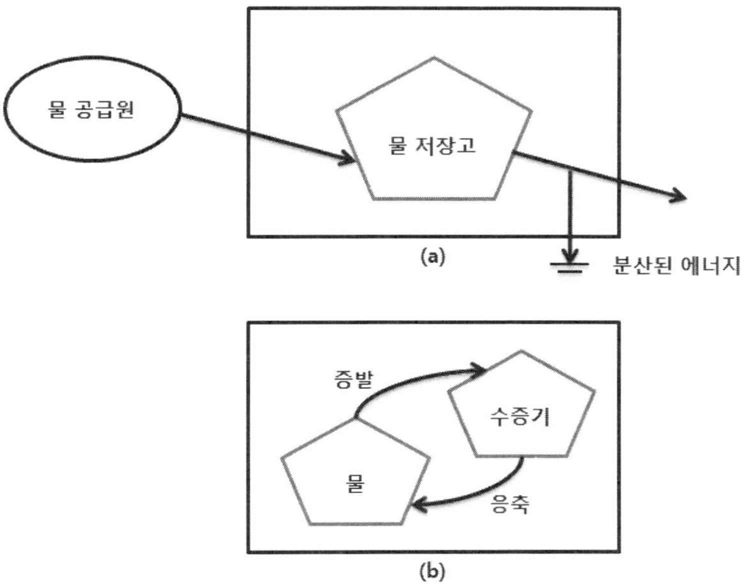

그림 3.2 개방과 폐쇄시스템

자료 : 박석순 외(2000), 재인용

3.1.2 시스템 모델링 및 분석

(1) 시스템 모델링

시스템 모델링이란 개념적인 것을 실제로 나타내기 위하여 사용되는 추상적이거나 근사적인 것을 말하며, 쉽게 표현하면 추상적인 것을 근사적으로 표현하여 실제의 형태를 만드는 것이다. 실세계는 동적이고 복잡하므로 실제 시스템을 대신하여 단순화시킨 모델이 필요한데, 모델은 실세계 상황에 대한 개선된 이해를 주는 것이 주된 목표이다. 표 3.2는 실세계와 이를 모델화한 형태에 대한 예를 보여준다. 예를 들어 과거 전투에 대한 기록들을 정리하여 보고서나 서류로 나타내면 복잡한 전투상황을 단순하고 명료하게 체계화한 하나의 모델이 된다.

표 3.2 모델의 종류

실세계의 내용	모델링	모델의구현
과거 전투에 대한 기록들 고대 건물의 물리적 모형 돈을 나타내는 심벌 수식, 숫자 등	⇒ 주요 형태들	이야기체의 모델 (narrative model): 보고서, 서류 물리적 모델 (physical model): 건물모형, 치아모형 도해적 모델 (schematic model): 그래프, 청사진 수학적 모델 (mathematical model): 수학공식

(2) 시스템 분석과 개발과정

그림 3.1과 같이 목표 및 기능별 인자들을 도출하여 실세계에 존재하는 시스템 사이의 상호작용관계를 분석하는 것을 시스템 분석이라 한다. 이로부터 보다 나은 시스템의 수정과 새로운 시스템을 창조하는 것이 수월해진다. 일반적으로 시스템의 분석과 개발과정은 다음과 같은 과정을 거친다.

① 시스템조사(system investigation): 문제를 이해하고 이에 바탕하여 분석을 위한 타당성 검토

② 시스템분석(system analysis): 문제를 정의하고 분석, 기존 시스템의 활용 가능성 검토

③ 시스템설계(system design): 분석단계에서 요구된 것을 충족하도록 시스템을 설계

④ 시스템완성system implementation): 설계단계에서 정의된 성분들을 획득, 조립

⑤ 시스템유지(system maintenance and review): 요구변화를 수용할 수 있도록 시스템을 확인, 수정

한편, 시스템 분석 기법은 다음 절에서와 같이 전체시스템을 구성하는 각 부분요소들을 체계적으로 분석하여 전체시스템의 목표를 달성할 수 있는 체계도를 도출하는 과정에도 사용된다.

(3) 다기준평가법

시스템 분석 기법을 응용한 다양한 평가 방법이 있는데, 평가기준이 여러 개일 때 일반적으로 다기준평가법(multi-criteria evaluation method, MCE)이라 한다. 다기준평가법은 다수의 평가기준과 각 평가기준의 가중치로부터 최종 평가치를 구하는 방법으로서 사회경제적 영향을 받는 다양한 선택 대안들을 복수의 평가기준으로 분석하는 도구이다. MCE는 문제의 정의 → 대안의 정의 → 평가 기준의 정의 → 대안의 분석 → 평가 등급 및 점수의 결정 → 점수 분석 및 대안 결정 등으로 이어지는 일반적인 평가과정 구조를 개량한 것으로 1960년대 후반부터 시도되었다. 이 방법은 기존의 비용효과 분석 방법에서 정량화하기 어려웠던 것을 고려할 수 있는 장점이 있다. 1970년대에 이르러 개발계획에 보다 복잡한 분석 방법이 요구됨으로써 MCE 기법은 지난 1980년대 이후 최적화 분석에 있어서 가장 강력한 방법들 중 하나가 되어 왔다. 대부분의 MCE기법은 선택 대안이 8개 정도의 소규모 사례에 대한 평가를 위하여 개발되어 왔는데, 지금까지 개발된 기법은 IPA(ideal point analysis), HO(hierarchical optimization) 및 CDA(concordance-discordance analysis) 등이 있다. IPA와 CDA는 평가요인들에 따라 대안들을 직접 비교하여 점수를 부여하고, 점수의 최댓값이 1이 되도록 표준화하는 방법이며, HO는 요인들의 상대적 우선순위(중요도)를 비교하여 가중치를 구하는 것으로 대표적인 방법으로는 AHP(analytic hierarchy process) 기법이 있다.

(4) 시스템 분석과 마을 중심성 평가

1) 평가 방정식

적성분석 및 계량평가 등에 이용되는 일반적인 다기준평가(multi-criteria evaluation, MCE) 방정식은 평가기준(evaluation criteria)과 가중치(weighting value)의 곱의 합인

선형형태로 구성된다. 이를 마을의 중심성 평가를 위한 방정식으로 응용하면 식 3.1과 같다.

$$V_k = (\sum_{h=1}^{c} W_{kh} X_{kh}), \quad \forall k \qquad \text{(식 3.1)}$$

여기서, k는 평가 대상마을, h는 평가기준, c은 평가기준 갯수, V_k는 k 마을의 중심성 평가치이며, X_{kh}는 k마을의 h번째 평가기준을 나타내고 W_{kh}는 k마을의 h번째 평가기준의 가중치를 나타낸다.

평가 방정식에서 평가기준 X_{kh}와 가중치 W_{kh}를 설정하는 방안을 강구하는 것이 일반적인 다기준평가법들의 주된 목표이다.

2) 평가기준의 설정

개발대상 생활권내에 있는 마을들의 중심성을 평가하기 위하여 표 3.3과 같이 대, 중, 소분류의 3단계 형태로 중심성 평가기준 체계를 설정할 수 있다.

평가기준의 등급구분 유형은 크게 세 가지로 구분할 수 있는데, 평가기준 요소가 있음 · 없음으로 평가하는 유무 판정에 의한 등급구분, 기존에 설정된 등급을 바탕으로 절댓값 구분에 의한 정량적 등급 구분, 통계적 방법에 의한 상대적 등급구분이 그것이다.

3) 평가기준의 가중치 설정

가중치의 추정법에는 직접 추정법과 간접 추정법이 있다. 간접 추정법은 다시 세 가지 방법으로 세분되는데, 사전 선택된 것을 기초로 가중치를 부여하는 방법, 대안들의 순위를 기초로 가중치를 부여하는 방법, 가중치의 상호관계를 추정하는 방법이 그것이다. 직접 추정법은 가중치와 평가요소의 곱의 합으로 구성된 가장 간단한 선형 평가방정식의 가중치를 이용하는 방법으로, 조정법(trade-off), 비율법(rating), 순위법(ranking) 서술적 표현법(verbal statements), 쌍대 비교법(paired comparisons), 시나리오 설정법(formulation scenarios), 결론유도법(concluding remarks) 등이 있다. AHP법은 쌍대 비교법에 해당되는 것으로서 하나의 평가요소를 나머지 다른 모든 평가요소들과 중요도를 비교하여 최종적으로 가중치를 결정하는 방법이다.

표 3.3 AHP법에 의한 마을 중심성 평가 시스템

대분류	중분류	소분류	단위	지표 산출	
				등급	산출근거
1. 공간적 접근성	1.1 배후마을의 접근성	1.1.1 배후마을의 접근성	불편도	5*	*DUI*
2. 마을자연 환경요소	2.1 지형조건	2.1.1 고도	m	5*	마을 평균고도
		2.1.2 경사도	%	5**	마을 평균경사
		2.1.3 경사방향	방향	4**	마을 평균경사방향
	2.2 토양조건	2.2.1 토성	%	4**	마을 평균 토성
		2.2.2 토양배수	%	4**	양호정도를 5단계 %로 분류
		2.2.3 유효토심	mm	4**	정밀토양도 유효토심 4단계
	2.3 자연재해	2.3.1 수해	발생수	5**	10년간 발생수
		2.3.2 풍해	"	5**	10년간 발생수
3. 마을인문 환경요소	3.1 인적자원	3.1.1 총인구	인	5*	마을 인구
		3.1.2 가구수	가구수	5*	마을 농가수
		3.1.3 인구증감율	%	5*	10년간 인구 증가율
		3.1.4 경제활동인구	%	5*	100×(15~65세)/마을인구
		3.1.5 농외경제활동인구	%	5*	100×농외경제인구/마을인구
	3.2 주변환경	3.2.1 도로	m	5**	국도에서 도달거리
		3.2.2 하천	m	5**	3,4차 하천에서 도달거리
		3.2.3 혐오/위험시설	m-1	5**	최근접 혐오시설까지 거리
		3.2.4 지역경관	개소	2***	보호수, 상징물 있음(1), 없음(0)
	3.3 산업경제	3.3.1 농업생산시설	㎡/인	5*	인구당 농업생산시설 면적
		3.3.2 공업생산시설	개소	5*	인구당 공업생산시설 개소
		3.3.3 상업시설	개소	5*	인구당 상업시설 개소
		3.3.4 농산가공시설	개소	2***	농산가공시설 있음(1), 없음(0)
	3.4 지역사회 시설	3.4.1 집회/관리시설	개소	2***	공공시설, 행정시설, 마을회관 있음(1), 없음(0)
		3.4.2 의료복지시설	개소	5**	의료시설, 노인정, 쉼터 등 개소
	3.5 공급처리 시설	3.5.1 상수도	%	5*	100×급수인구/마을인구
		3.5.2 하수도	%	5*	100×대상인구/마을인구
		3.5.3 전기	%	5*	100×혜택인구/마을인구
		3.5.4 통신	%	5*	100×혜택인구/마을인구
	3.6 보전시설	3.6.1 문화재	유무	2***	문화재 있음(1), 없음(0)
		3.6.2 기념물	유무	2***	기념물 있음(1), 없음(0)
		3.6.3 관광시설	유무	2***	관광소 있음(1), 없음(0)
		a. 기피요소	유무	2***	있음(0), 없음(1)

주 : * 통계적 구분, ** 절댓값에 의한 정량적 등급구분, *** 유무의 판정에 의한 구분

표 3.3의 평가기준에 대한 가중치를 결정하기 위하여 평가관련 전문가 집단을 구성하고, 각 전문가로 하여금 주관적 판단에 의해 AHP의 인자 간 상호비교를 실시한다. 계산순서는 대분류 평가 매트릭스의 각 가중치를 계산한 다음, 대분류 평가기준의 각 가중치를 중분류의 각 평가 매트릭스에 할당하고, 중분류의 각 매트릭스의 가중치는 다음 소분류 매트릭스로 할당하여 최종적으로 소분류 평가기준의 가중치를 합하면 1이 된다. 이 가중치는 각 평가기준들의 상대적인 값이므로 합이 100 또는 1,000이 되도록 표준화하면 대분류, 중분류, 소분류의 가중치의 총합은 각각 1,000이 된다. 이로부터 객관화된 각 인자들의 가중치는 표 3.4의 예와 같다. 이와 같이 설정한 평가 시스템을 실제 마을에 적용한 결과는 그림 3.3의 예와 같이 나타난다.

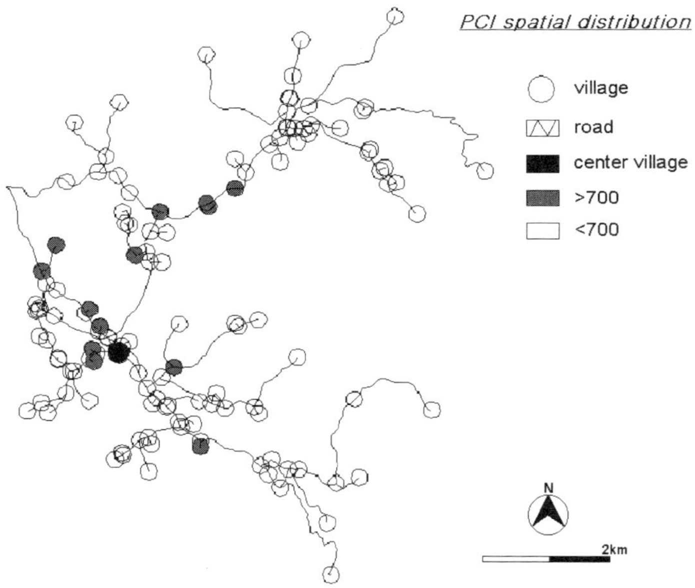

그림 3.3 PCI 값이 높은 마을들의 분포(PCI : potential centerality index)

표 3.4 AHP에 의한 가중치 산정결과

대분류		중분류		소분류	
공간적 접근성	448	배후마을의 접근성	448	배후마을의 접근성	448
마을 자연환경요소	214	지형조건	98	고도	39
				경사도	36
				경사방향	24
		토양조건	36	토성	13
				토양배수	14
				유효토심	9
		자연재해	80	수해	64
				풍해	16
마을 인문환경 요소	338	인적자원	121	총인구	28
				가구수	17
				인구증감율	33
				경제활동인구	29
				농외경제활동인구	14
		주변환경	68	도로	29
				하천	12
				혐오/위험시설	14
				지역경관	13
		산업경제	60	농업생산시설	25
				공업생산시설	8
				상업시설	11
				농산가공시설	16
		지역사회시설	33	집회/관리시설	15
				의료복지시설	19
		공급처리시설	29	상수도	11
				하수도	4
				전기	9
				통신	6
		보전시설	26	문화재	13
				기념물	8
				관광시설	5
	1000		1000		1000

3.1.3 시스템과 지역공간

(1) 인간과 환경시스템

환경문제의 근원이 거대화된 인간활동에 있다는 것은 의심할 여지가 없는 사실이지

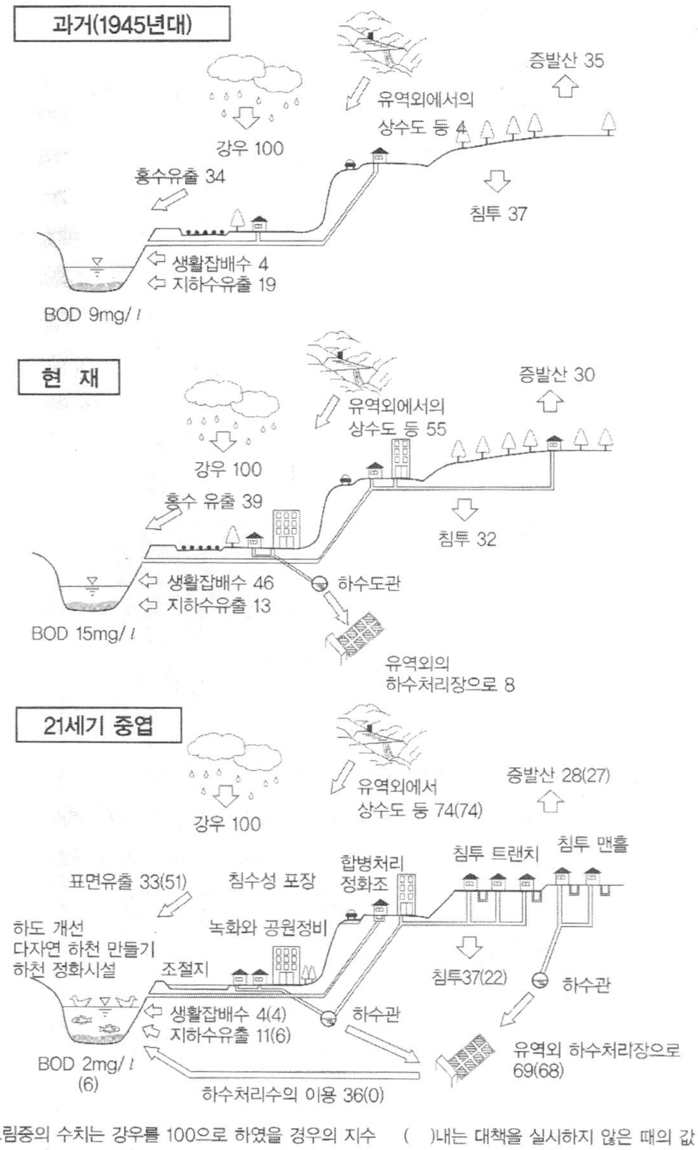

그림 3.4 시간에 따른 환경시스템의 변화 예

자료 : 유재근 외(2006) 재인용

만 환경에 대한 인간의 영향이라고 하는 관점에서 보면 그 영향을 적게 하는 즉, 「환경에 부드러운」으로 해결을 도모하기에는 한계가 있다. 환경문제의 해결을 도모하는 방법은 자연의 시스템을 회복하면서 새로운 인간과 환경의 시스템을 만들어내는 것 즉, 인간과 자연의 공생이 가능하도록 균형을 취하는 시스템의 재구축이라 할 수 있다.

이를 위하여 자연의 복잡한 시스템을 파악하고 변화와 원인을 평가하여 때로는 원인을 배제하고, 때로는 새로운 생태학적 시스템을 구축하는 방법으로 개선하여 전체적으로 균형을 취하는 시스템으로 이끌어 나갈 필요가 있다.

시스템을 분석하고 이해하기 위해서는 더 많은 시스템 구성요소들을 필요로 하기 때문에 어떤 시스템도 그 자신에 대해서 이해하기 어렵다. 예를 들어 자동차 운전자가 자동차 내부 시스템을 몰라도 자동차의 기능을 사용할 수 있으며, 원하는 목표를 달성할 수 있다. 그러나 자동차 시스템 설계자는 자동차 내부의 구조와 부품 상호간의 역할관계를 완벽하게 알고 있다. 인간의 내면세계는 매우 복잡하여 잘 이해하기 어렵다. 그래서 어떤 현상 또는 시스템의 본질을 표현할 수 있는 간단한 모델을 만들고, 그 모델이 갖는 한계 내에서 인간의 기능을 예측할 수 있다.

환경이라는 세계는 인간의 내면세계보다 더 복잡하다. 그 곳에는 다양한 자연의 구성요소들과 더불어 수많은 사람들이 살아가고 있다. 인간은 환경 시스템 속에서 너무나 많은 것을 세밀히 보기 때문에 가끔 자신의 위치를 찾지 못하는 경우가 있다. 하나의 시스템을 간단하게 표현한 것을 우리는 모델(Model)이라 하였다. 시스템 전체는 파악할 수 없을 지라도 그것을 단순화한 모델은 이해할 수 있다(유재근 외, 2006).

(2) 환경생태시스템

환경 시스템의 구성요소들은 생물뿐만 아니라 인간, 인간이 만든 기계나 단위 또는 산업, 도시, 경제활동, 사회적 행동, 교통, 통신, 정보교환, 정치 등과 같은 조직들을 포함한다. 이러한 각각의 구성요소들은 큰 환경 시스템의 하부 시스템들이다. 생물 군집이라고 하는 하부 시스템은 많은 생물들의 세부적인 활동을 조절한다.

규모가 큰 생태계의 예로는 모든 산림, 바다 그리고 생물권 전체가 있다. 작은 규모의 생태계는 연못, 산호초, 학교 교실 안의 수족관과 같이 생물들과 미시적 환경이 조합된 것을 예로 들 수 있다. 작은 생태계들은 큰 시스템 내에 존재하는 하부 시스템이다. 현재는 농업, 산업, 도시와 같이 인간을 포함하는 시스템들도 생태계로 간주되고 있으며,

인간은 스스로 구조와 기능을 유지하는 자연 생태계의 도움 없이는 불완전하다는 인식이 점점 커지고 있다.

시간이 지남에 따라 시행착오의 과정을 통해 복잡한 형태의 구조와 과정들이 진화하게 되며, 이들 중에서 자신을 유지하는데 물질과 에너지를 효과적으로 사용하고 이를 방해하는 다른 형태들과 잘 경쟁할 수 있는 것들이 살아남게 된다. 이처럼 환경에 적응한 생태계의 구성부분들은 무기물 교환, 먹이사슬, 에너지와 물질 전달 그리고 구성요소들 사이에서 작용하는 다른 일들에 의해 조직화된다.

(3) 지역시스템의 분류

1) 시스템의 계층구조

인간이 생활하는 공간은 소단위의 객체들의 조합으로 표현할 수 있다. 이 객체들을 기능과 요소들로 개념화하면 시스템으로 표현이 가능하다. 즉, 공간은 시스템들의 조합으로 구성된 전체시스템이라 할 수 있다. 하나의 시스템은 하부시스템들의 조합으로 표현되는 계층적 구조를 가진다.

예를 들어, 수렴하는 강의 연결망, 사막의 협곡, 삼각주 분포와 산을 이루기 위한 판운동(plate movement)의 수렴 등이 있다. 물은 종종 태양 에너지를 환경조직화 작용으로 수렴시키기 위한 기작인데, 물의 흐름은 경관을 에너지 질이 증가하는 계층구조적인 육지나 수계이용의 사슬구조로 조직화한다. 하천을 예로 들 수 있는데, 하천은 넓은 지역에 분포하는 지류들에 내린 강우의 수렴이고, 결국에는 고에너지와 큰 부피의 강으로 수렴한다. 이러한 육지지역은 에너지 자원과 질의 수렴을 나타내는데, 인간의 발달은 항상 이런 지역을 중심으로 이루어져 왔다.

이러한 개념에서 도시와 농촌으로 구성된 지역시스템을 기능적 측면에서 계층적으로 분류하면 그림 3.5와 같이 나타낼 수 있다.

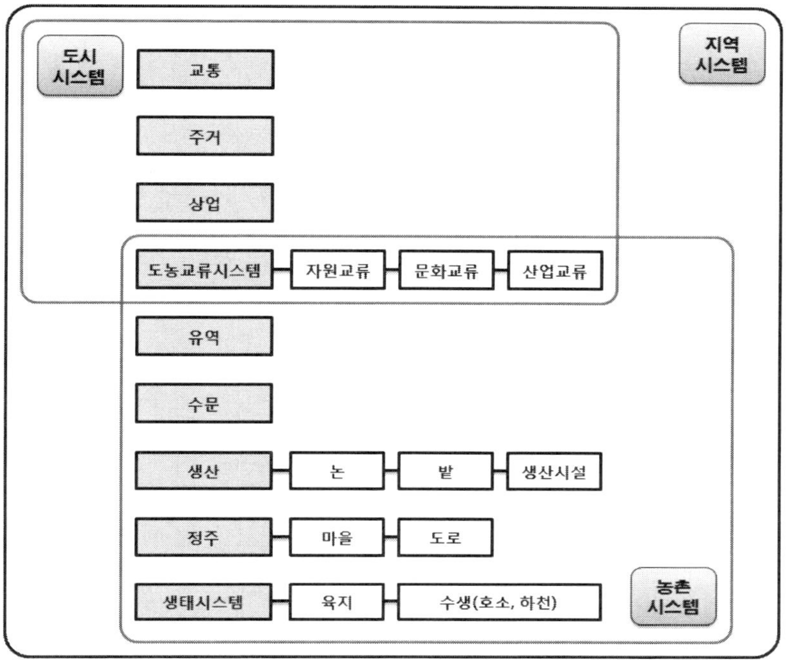

그림 3.5 지역시스템의 계층적 분류

2) 에너지와 시스템의 문화적 진보

인간과 자연의 시스템들은 생태계의 첫 번째 소비자인 인간으로부터 시작되는 역사적인 연속으로 간주할 수 있다. 에너지 다이어그램으로 나타낸 역사적 진보가 그림 3.6에 제시되어 있다.

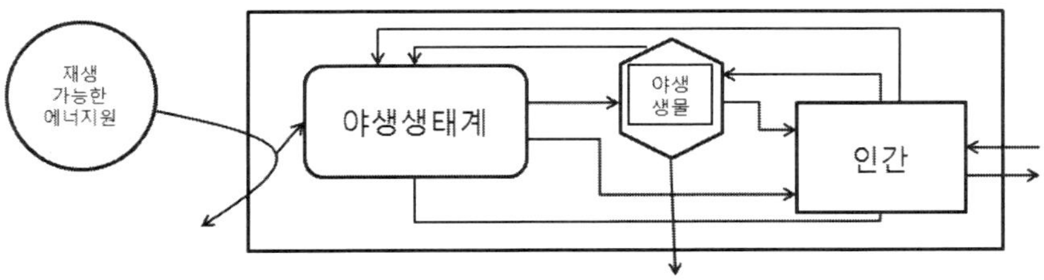

(a)

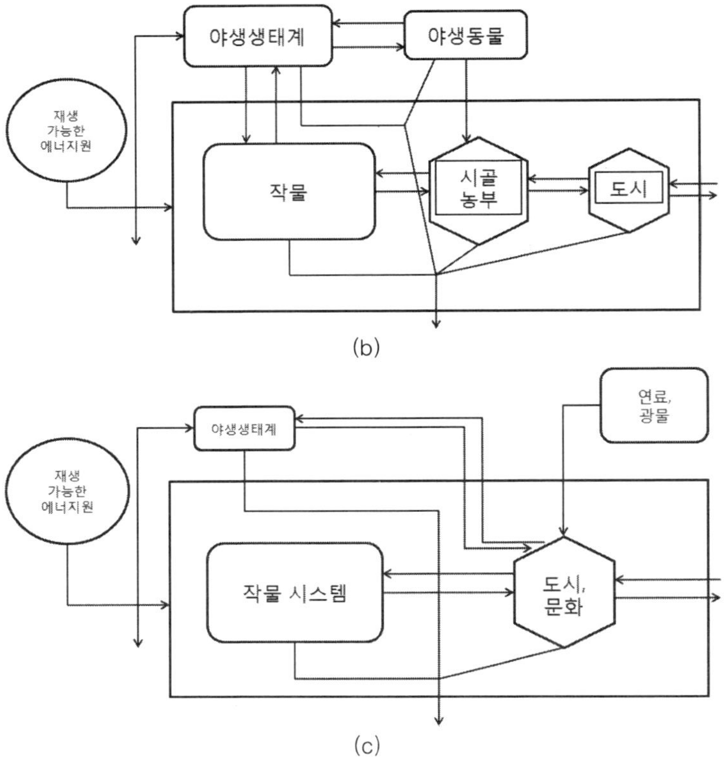

그림 3.6 시간에 따른 인간과 자연의 시스템의 변화

자료 : 박석순 외(2000)에서 재구성

소인족과 같은 초기의 부족문명은 수렵과 채집에 기초하였지만, 숲이나 초원을 조절하는 수단으로 벌목, 화재, 이주 등을 사용하였다(그림 3.6a). 그 다음 단계로, 농업적 경작과 가축 사육의 발달로 더 많은 에너지가 사용되었으며 더 큰 저장고들의 소비가 시작되어, 문화가 이것이 의존하는 저장고를 따라 증가하고 감소하는 펄스 양상이 도입되었다. 토지는 농업적 사용과 야생환경의 복원 사이에서 교대로 순환하였다.

증가된 에너지 기반은 농축되고 질적으로 우수한 중심들을 가진 보다 큰 계층구조를 가능하게 하여, 작은 마을들은 경작지의 확대를 통해 도시로 발달하였다. 이때 상대적으로 야생 환경의 크기가 감소한다. 그 다음으로, 산업혁명과 함께 훨씬 더 농축된 광물 연료 에너지들이 추가되어, 더 큰 도시와 인구를 부양하였다(그림 3.6c). 요즈음에는, 미래에 다시 재생 가능한 에너지를 사용하게 될지, 그리고 과거 시스템이 사용되어야 하는지, 아니면 어떤 저에너지 기술이 단순한 농업을 대신할 것인지에 관해 많은 질문들이 제기되고 있다.

3) 저에너지 시기의 시스템

현대 이전의 저에너지 시기에 생태계로 유입되는 대부분의 자원들은 재생 가능한 에너지 흐름들이었다. 무역을 통해 얻는 특별한 고품질 자원들조차도 대부분 재생 가능한 자원으로부터 유래된 것이었다.

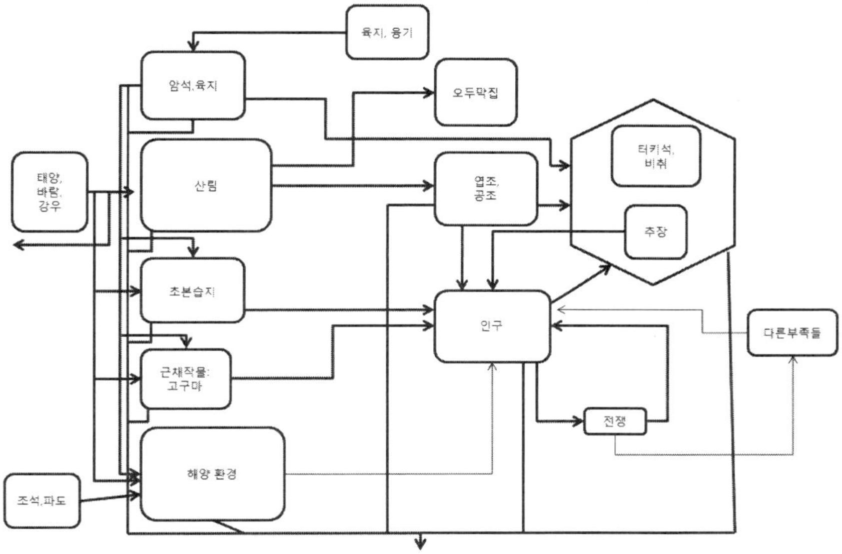

그림 3.7 저에너지 시기의 문화시스템

자료 : 박석순 외(2000)에서 재구성

그림 3.7은 육지, 물 그리고 해양 자원의 에너지 신호에 기초한 문화 생태계(cultural ecosystem)의 예를 제시한다. 이것은 식민지화 이전에 수백년 동안 발달했던 뉴질랜드의 마오리 시스템이다. 식량은 해양어업과 새들로부터 얻었고, 나중에는 폴리네시아의 감자가 주된 식량이 되었다. 초본 습지로부터 얻는 '아마'는 옷감과 지붕을 이는 재료를 제공하였다.

(4) 농촌시스템

1) 농업시스템의 변화

과거 수렵과 채집에 의한 식량의 해결은 농업 형태에서 보면 이동농업으로 설명이 가능하다. 그림 3.8a는 이동 농업(shifting agriculture) 시스템을 보여 주고 있는데, 이것은 정원 부지(garden plot)가 커짐에 따라 수렵과 채집으로부터 변화된 저에너지 농경 시스템의 하나이다. 이 시스템은 강우와 바위의 풍화작용으로부터 영양물질들을 농축하며 인간의 정착생활과 함께 집약농업으로 발달하였다. 집약농업에서는 그림 3.8b에서 제시한 바와 같이, 하나의 에너지원은 다른 에너지원을 발달시키기 위해 되먹임되며, 종종 이것은 한 시스템의 잔여자본을 사용하여 새로운 형태의 발달을 가속화한다. 수렵과 채집에서 보다 집약적인 농업으로의 발달은 수렵이 주요한 부분이고 경작이 보다 중요하지 않았던 시대에서, 반대로 경작이 중요한 분야로 점차적으로 바뀜으로써 쉽게 발생하였는지도 모른다. 이와 같이 농업시스템은 시대에 따라 그림 3.8c와 같이 점차 변해간다.

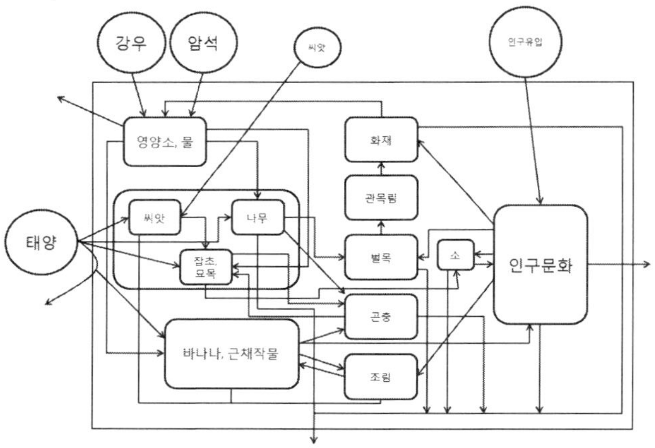

(a) 이동농업 시스템 (자료 : 박석순 외(2000)에서 재구성)

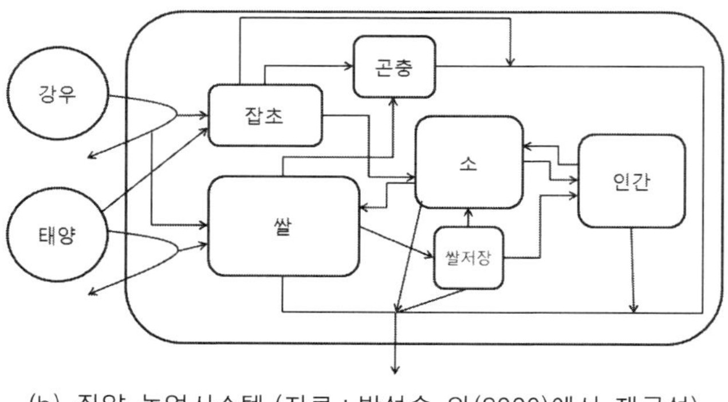

(b) 집약 농업시스템 (자료 : 박석순 외(2000)에서 재구성)

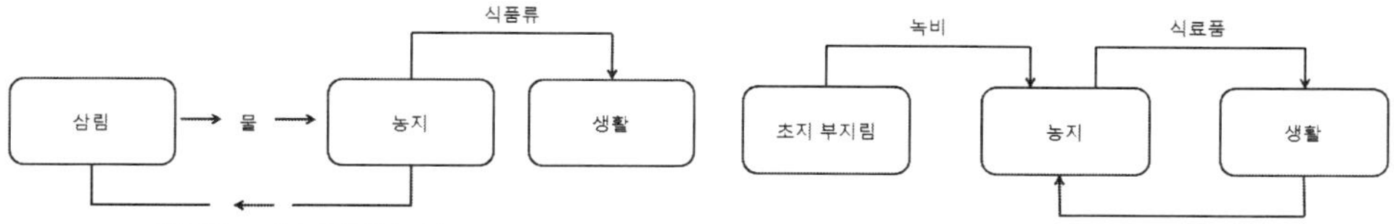

화전(토지순환형)농업 초지(소규모 반입 순환형)농업

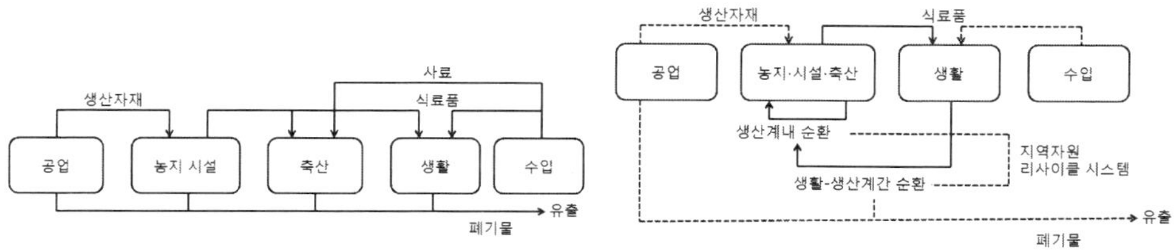

근대(대규모 유동형)농업 미래(지속적 순환형)농업

(c) 농업시스템의 변화도 (자료 : 유재근 외(2006)에서 재구성)

그림 3.8 농업시스템의 변화

2) 농촌시스템의 구조

지역공간은 도시를 중심으로 계층적 구조를 형성하고 계층적 구조 속에서도 주변지역을 가지는 중심지가 존재한다는 것이 중심지 이론의 기본개념이다. 중심지 이론은 Christaller에 의해 효시되었는데, 이것은 자연조건이나 부존자원의 차이가 없는 동질적인 공간에서도 규모의 경제나 수송비 등에 의해 공간상에 인구 밀도의 차이가 생긴다는 것이다. 이 이론은 촌락크기, 기능, 성장패턴의 분석 등에 이용되어 왔다. 여기서 중심지는 배후지역의 소비에 관한 기능, 조직적 활동의 거점, 교통 및 정보의 중심 기능을 가지고 있다. 그림 3.9a에서처럼 도시를 중심으로 소읍들이 존재하고, 각 소읍들은 주변 농촌지역을 거느리는 형태가 계층적 공간 구조이다.

이런 공간의 계층적 구조 속에서 농촌은 도시와의 관계를 생략하고는 시스템을 생각할 수 없다. 그림 3.9b에서와 같이 농촌시스템은 마을과 읍을 중심지로 주변 농촌공간에서 자연에너지를 받아 생산활동을 하며, 동시에 자연생태계와 연계되어 있다. 나아가 도시와의 상호작용을 통하여 연료, 물자, 인적자원의 교류를 추구한다. 이때 농촌시스템 내부에 물질과 자원이 농축되는 경우에는 농촌은 활성화 될 것이며, 반대로 농축되지 않고 도시와 같은 외부로 방출되는 것이 많으면 공동화 될 것이다.

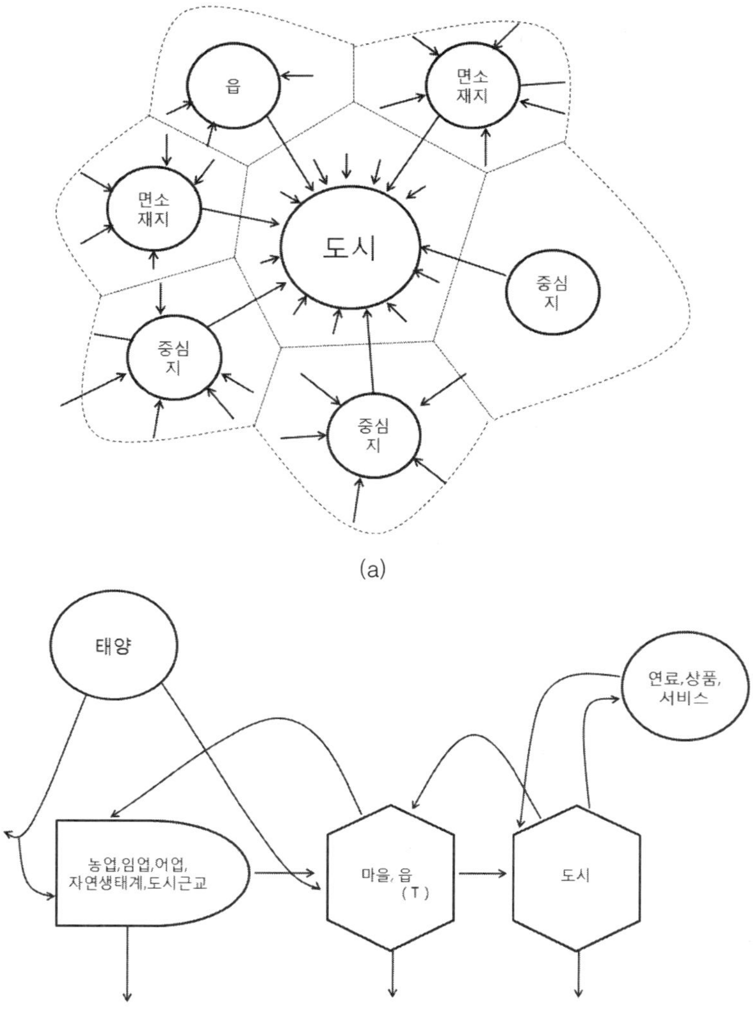

그림 3.9 도시의 계층적 구조와 농촌시스템

자료 : 박석순 외(2000)에서 재구성

(5) 도농교류시스템

1) 도시 · 농촌간 균형발전

현대의 대도시는 대규모 재난의 위험성을 항상 도처에 안고 있다. 예를 들어, 도시 전체에 대한 모든 에너지 공급체계나 전기배선에 대해 파악하고, 또 이에 대해 항상 통제하고 있지 않는 한(혹은 한다고 해도) 사소한 실수로도 큰 재난이 일어날 수 있다. 그러나 도시사회가 복잡해지면서 이런 통제 가능성은 더욱 약해지고 있다. 이러한 위험성은 대개 도시의 규모나 개발밀도와 아주 밀접하게 관련되어 있다. 그 상관성은 분명하지 않지만, 크고 고밀한 도시일수록 그러한 가능성이 높은 것만은 분명해 보인다.

도시의 적정한 규모 및 밀도와 관련하여 일단 한계용량을 인정하는 발상의 전환이 중요하다. 여기서 도시가 가진 한계용량의 범위는 과학기술의 발달 정도나 도시관리체제의 형태에 따라 매우 가변적일 수 있지만 현재의 도시가 그 한계용량을 넘어 지나치게 크고 고밀하다는 것은 분명하다. 그런데 문제는 현재의 규모를 인위적으로 축소할 수는 없고, 하더라도 오랜 시간이 걸린다는 점이다. 이런 점에서 도시와 인근 농촌과의 교류관계는 매우 중요하다.

그렇다면 생태도시계획은 이러한 문제를 해결하기 위해 어떠한 내용으로 구성되어야 하는가가 핵심이 된다. 도시 전반의 관리라는 측면에서 가장 중요한 것은 지역 간 균형발전과 이를 위한 도농통합형 개발이라는 원칙이 강조되어야 하며 이 두 가지는 서로 결합되어 있다. 왜냐하면 지역 간의 균형발전이 전제되지 않을 때에는 도시와 농촌 사이의 관계는 착취-피착취의 대립적인 분리로 나아가기 때문이고, 반대로 도농통합형의 개발이 전제되지 않을 경우 현재의 불균등한 지역발전은 계속 지속될 수밖에 없기 때문이다.

균등한 지역개발을 위해서는 도시시스템과 농촌시스템이 상호작용하는 교류시스템을 구축할 필요가 있다. 즉, 모든 자원이 도시로만 향하는 일방향 시스템은 도시의 집중화와 함께 도시의 문제를 심화시키게 될 뿐만 아니라 농촌에는 공동화의 피폐현상을 유발시킨다. 따라서 도시의 집중화 문제를 해소하고, 농촌의 발전을 도모할 수 있는 도농교류시스템을 활성화함으로서 도농 간 격차해소와 지역균형발전을 달성할 수 있을 것이다.

2) 도농교류 체계

농촌과 도시의 교류는 제조업 기반이 취약한 농산촌 지역을 중심으로 지역 활성화 대책의 일환으로 시작되었다. 이러한 교류활동은 자원, 생태계, 지역 생산물 등 농촌고유의 특성을 살려서 도시주민의 생활형태 변화에 맞추어 다양한 형태로 전개되고 있다. 우리나라에서 농촌의 소득증대 및 농촌과 도시간의 협력교류를 추진하기 위한 목적으로 추진하고 있는 여러 가지 사업들이 있으나, 기본적인 개념은 그림 3.10에서 보는 바와 같이 농촌에 있는 쾌적한 자원을 매개체로 도시민의 방문을 유도하고, 도시는 쾌적한 생활을 향유하고 농촌은 소득증대를 도모하는 등 도농공존을 도모하는 것이다.

주5일 근무제, 주5일 수업제 등으로 인하여 국민의 여가시간이 증가하고 있고, 고령화 사회로 진전됨에 따라 건강증진에 기여하여 생명감 있는 자연과 친숙해질 수 있는 기회의 확대가 요구되고 있다.

농산물 거래를 통한 도농교류에 의해 앞으로 농가에서는 도시민이 요구하고 있는 신선하고 안전한 농산물을 생산하여야 한다. 즉, 앞으로도 이러한 교류를 지속적으로 행하기 위해서 지역 농가는 농업생산 방법부터 전환하지 않으면 안 될 것이다. 예로서, 교류행사의 일환으로 농촌을 방문한 도시주민이 농약과 화학비료를 많이 사용하는 생산현장을 본다면 그 지역 전체에 대해 도시주민에게 좋은 인상을 주지 못하게 된다. 따라서 지역에 따라서는 유기농업 등 지속가능한 농업을 활발히 추진하고 있다.

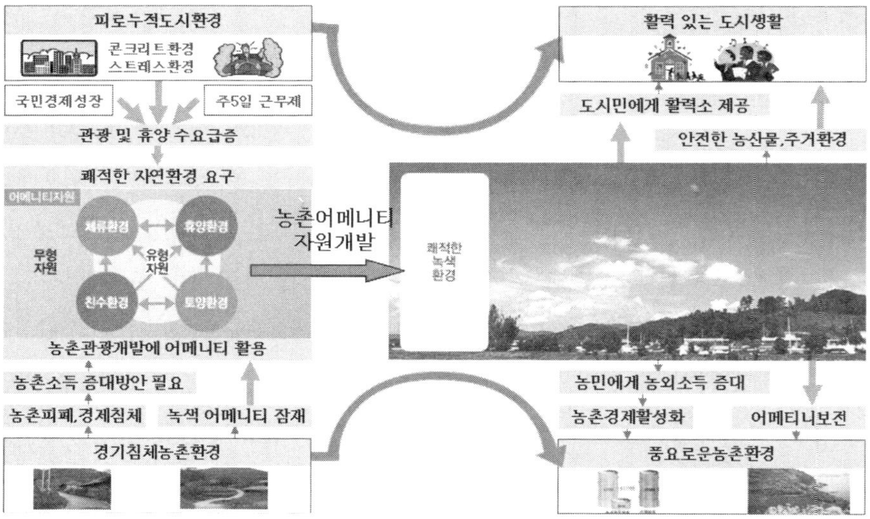

그림 3.10 어메니티 자원 중심의 도농교류 시스템

3) 농촌시스템의 활성화

① 도시에너지의 확산

이미 서술한 바와 같이 도시와 농촌 시스템은 상호작용을 통하여 유무형의 자원이 교류되는 순환형 시스템으로 복원되어야 도시와 농촌이 모두 이로운 공존체제로 발전될 수 있을 것이다. 과거 수십년간 도시로 집중된 인구, 물적자원 등 총체적인 에너지는 반대급부에 의해 주변 도시지역으로 확산되고 있다. 공간적으로 보면 그림 3.11에서 보는 바와 같이 도시는 유기체와 같이 시간에 따라 점점 성장을 거듭한다. 그 결과는 농촌지역의 농경지와 자연 생태계 공간이 잠식되는데, 궁극적으로 난개발과 비정상적인 형태의 농촌정주시스템을 결과할 것이다. 시각적으로 보이지 않는 상호작용에서 보면 유용한 농촌자원은 도시로 흡입되고, 도시의 폐기물 등 문제점들은 농촌으로 방출되는 일방향의 시스템으로 전개되고 있다. 이렇게 도시가 팽창됨으로서 생기는 에너지의 확산을 농촌공간에서 유용하게 활용할 수 있도록 하기 위해서는 첫째, 도시내부에서 최대한 문제를 해결할 수 있도록 자체 순환형 생태도시시스템으로 정비해야 하며, 둘째, 농촌공간에서 생태도시시스템으로 해결되지 않는 잔여 문제를 수용할 수 있도록 도농순환형시스템으로 정비해야 할 것이다. 도농순환형시스템은 농촌의 어메니티 자원을 활용하여 농촌의 활성화를 도모하는 도농교류시스템과 궁극적으로 목적을 같이 할 수 있다.

② 어메니티 자원의 역할

도시민의 자연에 대한 욕구를 충족시켜주면서 농민의 삶의 질을 향상시키기 위한 그린투어리즘은 도농순환형시스템을 가능케 하는 촉매제 역할을 할 수 있다. 이것의 전제조건으로서 생물다양성의 유지보존, 쾌적한 정주공간을 조성하기 위한 정주여건의 개선, 생활기초시설 및 공동이용시설 정비 등과 함께 아름다운 농촌경관형성이 우선되어야 한다. 이러한 기본 바탕 위에 어메니티 자원을 발굴하여 농촌활성화 전략을 실행할 수 있다.

그린투어리즘의 촉매 역할을 하는 어메니티자원은 부분적으로 관광자원으로 표현될 수 있는데, 이때의 어메니티 자원은 도시민에 대한 유인성과 매력성을 갖춘 것으로서 자연적 자원(산, 강, 하천, 온천 등), 문화적 자원(사찰, 유적물, 유무형 문화재, 전적비 등), 사회적 자원(풍습, 전설, 예절, 음식 민박, 공공시설 등), 산업적 자원(공장, 농장, 댐 등), 인공레저자원(스키장, 골프장, 용인자연농원) 등 다양하게 존재한다. 다시 말하면 그린투어리즘은 이러한 자원을 활용하여 새로운 관광자원을 창조하는 것이라 할 수 있으며, 궁극적으로는 농촌환경의 정비와 농촌활성화의 수단이 된다.

3.1.4 지역공간의 시스템 계획

(1) OR에 의한 시스템 계획

1) OR의 개념

OR(operation research)이란 집행부에게 관리하에 있는 제 행동에 관한 결정에 대해서 계량적인 기초를 제공하는 과학적 방법이다. 이것은 2차 세계대전 미 · 영의 군전략 연구에서 시작된 것으로서 생산계획, 판매정책, 재고관리, 한정된 자원의 배분 등의 문제에 대해서 최적 해답을 과학적으로 발견하기 위한 원리 및 수법의 체계이다. 계획 및 공학분야에서 많이 활용되고 있으며 구체적으로 다음 표 3.5와 같은 기법들이 있다.

표 3.5 OR의 기법

Mathematical Programming Techniques	Stochastic Process Techniques	Statistical Methods
Calculus methods	Statistical decision theory	Regression analysis
Calculus of variations	Markov processes	Cluster analysis, pattern recognition
Nonlinear programming	Queueing theory	Design of experiments
Geometric programming	Renewal theory	Discriminate analysis
Quadratic programming	Simulation methods	
Linear programming	Reliability theory	
Integer programming		
Stochastic programming		
Separable programming		
Multiobjective programming		
Network methods: CPM&PERT		
Game theory		
Simulated annealing		
Genetic algorithms		
Neural networks		

2) OR의 특징

OR은 시스템 운용의 문제, 경영자의 의사결정, 의사결정 기초자료 제공, 수요에 따르는 최적생산계획, 재고량 결정 등 다양한 분야에서 적용되며 과학적인 방법으로 과학의 전 영역에 걸친 지식을 요구하고 그 결과는 정량적으로 표시한다.

3) OR의 수순

문제제기에서부터 해결까지 6단계를 가지는 것으로 문제의 명확한 설정과 목적 확인 → 정보의 수집과 분석 → 모델의 작성 → 모델의 수학적 해석에 의한 최적해 도출 → 모델 및 해의 시뮬레이션 → 해의 실행 등의 순서를 갖는다.

4) OR과 모델

모델의 종류에는 기술 모델(말로 설명), 물리적 모델(물리적 모델(축소모형)과 물리적 상이모델(유사 시스템 조사)), 도식 모델(도표이용), 수학적 모델(확정, 불확정) 등 4가지가 있다. 이런 모델은 시스템 내부에서 하나 이상의 요소가 변동할 때 이것이 시스템에 어떠한 영향을 미치는가, 또는 시스템내의 다른 요소에 또는 관련되는 다른 시스템에 어떠한 영향을 미치는가의 조사를 용이하게 하는 것이다. 여기에는 반드시 가정, 전제가 필요하며 모델의 유효범위가 존재하게 된다.

3.2 공간분석 및 모델링

3.2.1 공간 자기상관(spatial autocorrelation) 분석

지리자료가 공간적 분포에서 보여주는 본질적 속성인 공간 자기상관은 지리자료의 공간적인 순서를 검사하고 속성자료의 공간 공분산구조를 탐색한다. 따라서 공간 자기상관은 공간적 특징의 속성과 위치를 모두 다루는 것이다. 구체적으로 보면, 공간 자기상관은 지리자료에서 근접 또는 인접 값들이 서로 변화하는지, 변화한다면 어떻게 변화하는지를 가르쳐준다. 공간 자기상관은 공간패턴의 규모에 의하여 영향 받는다는 것에 주의하여야 하는데, 서로 다른 규모는 동일한 공간패턴을 보일지라도 각각 다른 공간 자기상관 결과를 가져다줄 수도 있다.

일반적으로, 공간 자기상관은 지도상에서 유사한 값들이 서로 군집화되는 경우에 존재한다. 공간분포에서 인접한 값들 간의 종속성을 계측하고, 지리적으로 분포된 변수들에 대한 가설을 조사하며, 공간적인 패턴의 통계적인 방법을 개발하는데 있어서는 형식적인 통계과정을 사용한다. 공간 자기상관의 계측에는 일반적으로 Geary 지표(c)와 Moran 지표(I) 두 가지 방법이 사용되고 있다(김성준, 김대식 외, 2002).

(1) Geary 지표(c)

이 지표는 면적 객체를 대상으로 그 속성을 구간으로 나누어 공간 자기상관을 계측할 수 있도록 Geary(1968)가 개발하였다. 통계적으로 보고되는 지역단위 수집 자료(센서스 조사구역)의 분석에 적합한 계측방법으로 이 지표는 i와 j 속성의 유사성 c_{ij}는 i, j 속성값 간의 차의 제곱으로 계산할 수 있다. 즉,

$$c_{ij} = (z_i - z_j)^2 \qquad \text{(식 3.2)}$$

여기서 z_i는 객체 i에 대한 속성값, z_j는 객체 j의 속성값이고 i, j는 구간척도에서 계측된 임의의 두 객체이다.

위치유사성 척도 w_{ij} 또한 Geary에 의하여 정의되었다. 이는 i와 j가 공통영역이면 $w_{ij}=1$이고, 그렇지 않으면 $w_{ij}=0$인 이진형태로 구분하여 Geary 지표는 다음과 같이 표현된다.

$$c = \frac{\sum_i \sum_j w_{ij} c_{ij}}{2 \sum_i \sum_j w_{ij} \sigma^2} \qquad \text{(식 3.3)}$$

여기서 σ^2은 속성 z값의 분산이다.

$$\sigma^2 = \frac{\sum_i (z_i - \bar{z})^2}{(n-1)}, \quad \bar{z} = \frac{\sum_i^n z_i}{n} \qquad \text{(식 3.4)}$$

계산된 c값은 w_{ij}의 큰 값들이 c_{ij}의 큰 값들과 일치하면 최대로 될 것이다. c = 1이면, 속성들은 위치와 관계없이 분포된 것이고, c < 1이면 유사한 속성들이 유사한 위치를 차지하는 것이며, c < 1이면, 속성과 위치가 서로 다르다는 것을 의미한다.

(2) Moran 지표

공간 자기상관의 또 다른 계측지표는 Moran(1948)이 제시하였다. 보다 논리적인 결과를 제공하는 것이 장점인데, 양의 값은 인접한 영역이 비슷한 속성을 가지는 경향이 있고, 음의 값은 서로 다른 속성, 0의 값은 무상관, 독립적, 임의적 배치를 나타낸다. Moran 지표(I)는 또한 Geary 지표에서 설명한 것처럼, c_{ij}와 w_{ij}를 사용하고 있으며, 다음과 같이 정의된다.

$$c_{ij} = (z_i - \bar{z})(z_j - \bar{z}) \qquad \text{(식 3.5)}$$

그리고 w_{ij}항은 i와 j의 공간적 근접성을 나타낸다.

$$I = \frac{\sum_i \sum_j w_{ij} c_{ij}}{s^2 \sum_i \sum_j w_{ij}}, \quad s = \frac{\sum_i (z_i - \bar{z})^2}{n} \qquad \text{(식 3.6)}$$

공간 자기상관은 전형적으로 현상에 대한 공간분포특성을 조사하는데 적용된다. 좋은 예로는 Can(1993)이 발표한 연구로서, 뉴욕 시라큐스 시의 주거환경평가이다. Can

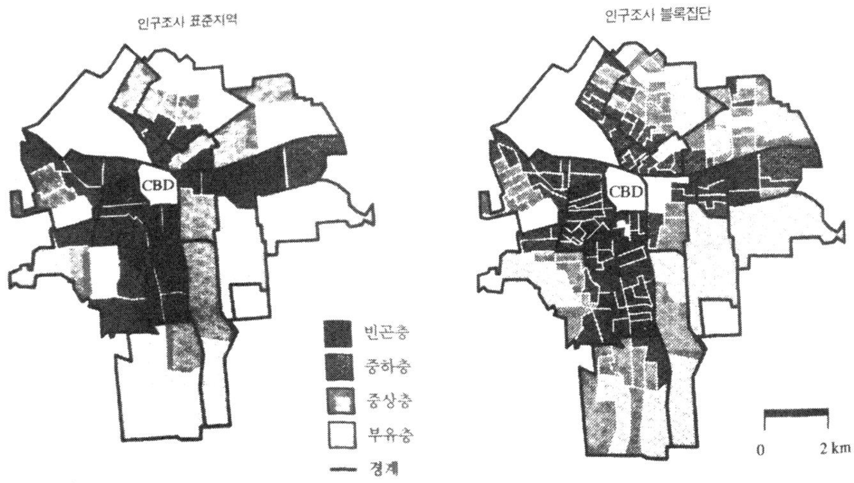

그림 3.11 인구조사 표준지역(왼쪽)과 인구조사 블록집단(오른쪽)규모에서, 뉴욕 시라큐스사의 주거수준을 주성분 점수로 표현한 공간 패턴

은 주거의 질에 대한 점수를 계산하여 사회경제적인 변화의 민주적인 특징을 찾아내기 위해 다음과 같은 '백인이외 인구의 비율'등 7 가지 변수들을 도입하였다. 이 자료들은 인구조사 표준지역(census tracts)과 인구조사 블록집단(census block groups) 등 두 가지 공간규모로 수집되었다. 각 공간규모에 대하여 7 가지의 변수를 사용, 요인분석을 실시하였으며, 성분점수를 표준화하여 구하였다. 1차 성분은 인구조사 표준지역 수준에서 전체 변이의 75%, 인구조사 블록집단 수준에서는 68%를 설명하였다.

3.2.2 공간적 상호작용 모델

(1) 공간적 상호작용 모델의 개념 전개

공간적 상호작용 모델에는 중력모델과 포텐셜 모델이 대표적이다. 이 모델들은 두 지역간의 거리를 두고 상호작용하는 힘의 근원을 인구로 본다. 수학 공식으로 표현하면 무리의 중력 개념을 도입하여 다음과 같이 나타낸다(Carrotherst, 1956).

$$I_{ij} = \frac{f(P_{i,} P_j)}{f(D_{ij)}} \qquad \text{(식 3.7)}$$

여기서, I는 상호작용 힘, P는 인구, D는 두지역간 거리를 나타낸다. 여기서 거리는 직선거리, 도로거리, 시간거리 등 다양하게 사용된다.

1940년대 초에 인간의 상호작용에 대한 중력개념은 Stewart와 Zipf에 의해 뉴톤 물리학을 사용하여 일반화 되었다(Carrotherst, 1956).

$$F_{ij} = \frac{P_i P_j}{D_{ij}} \qquad \text{(식 3.8)}$$

여기서, F는 두 지역 간에 상호작용 힘을 나타낸다.

물리학의 유사성을 가지고 두 중심지 사이의 상호작용 에너지를 고려하면 다음 공식과 같이 표현이 가능하다.

$$E_{ij} = k\frac{P_i P_j}{D_{ij}} \qquad \text{(식 3.9)}$$

여기서, k는 비례 상수이다.

만약, 여러 지역들 간에 작용하는 중력의 힘을 한 지역에 모을 경우에, 이를 포텐셜 모델이라고 하며, 인구 포텐셜, 수입 포텐셜, 시장 포텐셜 등에 사용되어 온 중력포텐셜 모델은 다음과 같이 나타낸다.

$$E_i = k\sum_{n=1}^{n} \frac{P_i P_j}{D_{ij}} \qquad \text{(식 3.10)}$$

Stewart가 인구포텐셜의 개념을 확립하기 위하여 물리학의 유사성을 확장시켰는데 이는 상호작용 가능성의 강도를 나타내는 척도로서 생각될 수 있다. 두 지역 간의 인구 포텐셜은 다음과 같고,

$$_iPP_j = k\frac{P_j}{D_{ij}} \qquad \text{(식 3.11)}$$

n개의 지역으로부터 받는 전체인구포텐셜은 다음과 같은 공식으로 정리된다.

$$_iPP = k\sum_{n=1}^{n} \frac{P_i}{D_{ij}} \qquad \text{(식 3.12)}$$

지금까지 개발된 많은 종류의 중력모델과 포텐셜 모델들은 공식의 지수와 상수를 다양하게 사용하였다. 일반적인 형태로서 지수와 상수를 가진 기본적인 포텐셜 공식은 수입 포텐셜(income potential)을 고려한 Isard와 Freutel에 의해 다음과 같이 표현된다.

$$_iW = k\sum_{n=1}^{n} k_{ij}\frac{Y_j}{D_{ij}^{\alpha}} \qquad \text{(식 3.13)}$$

여기서, W는 수입 포텐셜, Y는 타 지역의 수입, k와 α는 각각 계수와 지수이다. Harris가 시장포텐셜, 공간의 포텐셜, 농장 포텐셜의 척도를 포함하기 위하여 포텐셜 개념을 확장하였다. 그 다음, Anderson이 포텐셜 개념을 다음 공식과 같이 일반화하였는데, 이 공식을 일반 포텐셜 공식으로 사용할 수 있다.

$$_iH = k\sum_{n=1}^{n} \frac{X_i}{D_{ij}^{\alpha}} \qquad \text{(식 3.14)}$$

여기서, H는 j지역에 있는 자원 X에 의해 생성되는 i지역의 포텐셜을 나타낸다.

(2) 중력모형의 변형

중력모델은 공간적 상호작용 모델 중에서 가장 널리 사용되는 모델이다. 공간적 상호작용이란 인간에 의하여 발생하는 공간상의 이동을 말한다(Haynes와 Fotheringham, 1984). 특히 이는 인간의 이동, 활동을 위한 여행, 정보와 상품의 흐름, 그리고 한 장소에서 다른 장소로의 인간, 상품 또는 생각의 흐름을 포함하는 현상 등을 말한다. 앞에서 제시한 중력모델은 실세계의 공간 상호작용 분석에 적용하기 위해서는 다음과 같은 형태로 수정하는 것이 필요하다.

$$T_{ij} = k\frac{P_i^{\lambda} P_j^{\alpha}}{d_{ij}^{\beta}} \qquad \text{(식 3.15)}$$

또는

$$T_{ij} = kP_i^{\lambda} P_j^{\alpha} d_{ij}^{-\beta} \qquad \text{(식 3.16)}$$

실세계에서는 직선거리가 반드시 가장 적절한 거리가 아닐 수 있다. 마일당 여행비용은 항공기 여행과 같은 경우에는 거리에 따라 감소한다는 것은 잘 알려진 사실이다. 물리적인 거리 외에 시간거리, 경제적인 거리, 인식거리, 사회적인 거리 등과 같이 다른 의미의 거리들이 있다(Gatrell, 1983). 이러한 서로 다른 거리 유형들의 효과는 다양하게 변한다. 물리학에서 중력의 법칙은 제곱거리를 사용하는데 거리의 지수(β)는 일반적으로 공간적인 분리에 대한 상호작용의 반응으로 해석된다. 지수(I)의 값이 크다는 것은 두 장소간 상호작용의 기대수준을 감소시키는 마찰거리의 중요성을 의미하며 교통수단이 잘 발달된 국가에서는 덜 발달된 국가들보다 두 장소간의 물리적인 거리가 상호작용을 감소시키는데 있어 적게 영향을 주게 될 것이다. 이와 유사하게 인구의 순수한 물리적인 규모는 중력모델로 가장 적절한 자료가 아닐 수도 있다. 예를 들어, 쇼핑의 상호작용에서는 각 지역주민의 평균소득 수준이 물리적인 규모보다 더 적합할 것이다. 따라서 지수 λ와 α가 P_i와 P_j에 각각 추가되었다. 마지막으로 상수 k는 상대적으로 크기가 큰 P_i와 P_j의 규모를 줄여주기 위하여 스칼라로 추가되었다.

중력모델은 단지 두 중심 간의 상호작용을 포함하는 것이 아니라, 시스템 내 중심집합 간의 상호작용을 모두 포함시키도록 일반화 및 확장시킬 수 있다. 2차적인 확장은 근원지와 목적지 모두에서 인구(P)변수 이외의 변수들에 대한 집합을, 3차 확장은 조정기회의 영향과 응집효과를 포함하는 것이다. 선택적인 목적지가 존재한다는 것(조정기회)은 두 중심 간의 상호작용을 감소시킬 여지가 있다. 반면에 기회들이 모두 군집을 이루게 되면, 이들은 쇼핑센터의 경우에서와 같이, 응집효과를 보이게 되고, 근원지로부터 보다 많은 흐름을 발생시키게 된다. 결국, 중력모델은 더욱 일반화가 가능하다(Haynes와 Fotheringham, 1984):

$$T_{ij} = f(V_i, W_j, S_{ij}) \quad \text{(식 3.17)}$$

여기서 V_i는 근원지 속성의 벡터, W_j는 목적지 속성의 벡터, S_{ij}는 격리속성의 벡터이다.

3.3 입지배분 모델과 중심지 선정

3.3.1 입지이론의 발달

1차 산업 입지는 농업입지이론으로서 Von Thünnen의 bid-rent 모델로 대표되는데, 도시주변에서 농지의 임대료와 도시중심에 이르는 물류비용으로부터 최대이익을 남기는 농지 입지결정 모델이다. 2차 산업 입지이론은 공업입지이론으로서 Alfred Weber의 연구에서 유래하였으며, Walter Isard가 이론의 유일성을 증명한 바 있다. 공업입지이론도 도심에서 멀어지는 공장의 위치와 공산품의 물류비용 사이에서 최적 공장의 위치를 추정하는 것에서 출발한다. 3차 산업 입지이론은 서비스시설의 입지를 추정하는 것으로서, Christaller에 의하여 창시되었는데, 중심지, 마을회관, 공공시설, 판매점 등과 같이 그 지점으로부터 최대의 수요자를 포괄하는 입지를 선정하는 것을 목표로 한다. 이동을 비용으로 환산할 때, 모든 입지이론은 최소비용-최대효과를 지향하는 이론이다.

입지 문제는 교통, 최적노선 선정, 판매원 이동, 최소 신장나무해석, 중국 배달부, 그리고 최적 네트워크 설계에 관한 문제 등 다양한 현실적인 문제를 해석하기 위하여 발전되어 왔다. 이러한 문제들은 크게 사유시설과 공공시설 입지로 구분된다.

사유시설 입지는 일반적으로 선형 상점 입지를 해석한 Hotelling의 논문을 효시로 한다. 여기서 수요자들은 최근접시설을 선호하며 한 시설에 의해 지배되는 지역 내에 있는 모든 수요자들은 같은 시설을 선호한다는 가정을 전제로 하고 있다. 반면, 공공시설 입지 문제 해석은 입지에 관한 연구의 주를 이루어 왔는데, 대부분 배후지역으로부터 접근성 또는 유효성을 해석하는 것으로 요약할 수 있다. Ossenbruggen등(1992)은 의사결정과정을 지원하기 위하여 이동 비용을 최소화하는 목적함수를 선형계획법으로 해석하였고, Densham등(1996)은 최소 작업부하를 필요로 하는 농촌 공공서비스시설들의 입지를 선정하였다. Higgs & White(1997)는 농촌 소외지역에서 우체국에 대한 접근성을 분석하였으며, Aultman-Hall 등(1997)은 도보거리를 최소화하는 접근성을 해석하였다.

입지이론의 실제 구현을 위하여 컴퓨터로 실제 계산을 시도하였는데, 연구자들은 해석공간으로 2차원 평면이나 도로망(네트워크)을 고려하였다. 2차원 평면에서 Mehrez & Stulman(1982)은 시설 입지를 위한 최대커버 입지문제(maximal covering location problem, MCLP)를, Church(1984)는 평면 최대커버 입지문제(planar maximal covering location problem)를, 그리고 Drezner등(1996)은 평면공간 내부에서 위험시설의 입지문제를 해석하였다. 도로망에서, Mainguenaud등(1992)은 도시를 노드(node)로, 도로를 선으로 표현한 바 있는데, 대부분 중심지 입지-배분 모델은 도로망에서 공급과 수요 지점을 노드로 표현하여 해석하였다.

한편, 중심지 이론은 Christaller에 의해 효시되었고 Lösch가 체계화 하였는데, 이것은 자연조건이나 부존자원의 차이가 없는 동질적인 공간에서도 규모의 경제나 수송비 등에 의해 공간상에 인구밀도의 차이가 생긴다는 것이다. 이 이론은 촌락크기, 기능, 성장패턴의 분석 등에 이용되어 왔다. 여기서 중심지는 배후지역의 소비에 관한 기능, 조직적 활동의 거점, 교통, 정보의 중심 기능을 가지고 있다. Chen등(1984)은 중심지를 선정하기 위하여 양방향 네트워크를 고려한 바 있다. Raa(1984a, 1984b)는 공간상호작용이론의 균형문제를 모형화 하였으며, Naevdal등(1996)은 도로 네트워크 내에 도읍들(towns)의 공간적 상호작용을 위한 모형을 제시하였다. Kaiser등(1993)은 중심점, 균형위치와 위험시설 입지 문제에 관한 일반적인 정의로서 두 점 사이 거리의 제곱의 합 또는 곱을 최소화하는 수학적 모델을 제시하였다. 여기서, 중심지 입지 모델들은 실제 문제의 해석적 측면에서 볼 때, 크게 단일시설 입지와 다수시설 입지 해석으로 구분할 수 있다.

단일시설 입지 문제(single facility problem)는 점의 집합으로 주어진 지점으로 부터 반경 내에 있는 수요지점들의 숫자를 최대화하는 점을 찾는 것이며, 중심지(시설)는 수요자들로 부터 접근최대거리를 최소화하기 위한 곳에 입지한다. 이 입지문제의 해석 연구에 의해 도로망에서 쓰레기처리장의 입지 선정, 기존시설들 중에 새로운 단일 위험시설을 위치시키는 문제 해석, 이익 최대화 입지, 기존 시설들 중에 새로운 단일 시설의 입지 등을 해석한 예가 있다. 많은 연구자들의 관심을 모아온 다수시설 입지문제 해석은 수요자가 최근접 시설에의 접근최대거리를 최소화하기 위한 시설들의 입지 해석을 다루며, 모든 수요지점들을 만족시킬 수 있는 시설의 수를 최적화하는 것으로, 공간 선택에서 의사결정자들이 고려할 수 있는 하나 이상의 시설의 집합체를 선정하는 것이다. 다수시설이 계층적으로 입지하는 경우에 Christaller는 삼각망에 의해 도시들의 계층적 체계를 공식화 하였고, Lolonis등(1993)은 지역 균등 분배를 위하여 행정구역 구분 측면에서 입지배분 모델을 제안하였으며, Braid(1996)는 소비자의 분포를 고려한 주 시설과 하부시설로 구성된 계층적 시설 입지를 최적화한 바 있다. 일반적인 다수시설의 입지 연구는 다수의 공장과 수요지와의 배분문제 해석, 테니스장과 같이 그룹에 의해 사용되는 점 시설들의 입지 최적화 문제에 관한 해석 예를 볼 수 있다. 농촌마을의 다수 중심지를 최적화하는 모델은 김(1999)에 의하여 이론화되고 구현된 바 있다.

3.3.2 입지이론에 의한 공간적 중심지

(1) 이론 모델

네트워크 공간에서 중심지를 선정하기 위한 모델은 다음과 같은 전제조건이 필요하다. 첫째, 해석대상 면 지역의 생활권은 공간적으로 지역이 폐쇄되어 있고, 둘째, 기존 자연마을을 수요지점으로 하는 영역 내에 중심마을과 배후마을이 존재하며, 셋째, 배후마을 주민들은 자연마을 단위로 동일한 정주생활권을 형성한다.

① 해석 공간은 도로망과 마을로 구성되며, 도로는 선으로 마을은 노드(node)로 추상화 된다.

② 노드에서 수요는 인구로 정의되고, 한 노드에서 모든 사람들은 같은 중심지에 접근한다.

③ 수요 노드에서 할당된 중심 노드까지 도로상의 최단거리로 이동한다.

④ 도로의 부하량(impedence)은 할당된 중심 노드에서 수요 노드까지 거리에 따라 증가한다.

⑤ 중심 노드가 다수일 때 각 수요 노드에서는 가까운 중심 노드에 접근한다.

농촌마을의 공간적 중심성의 계량적인 척도를 개발하기 위하여 배후마을 주민들이 중심마을에 접근하는데 걸리는 시간의 정도를 불편도(disutility index, DUI)라 정의한다. 이 불편도는 일반 편의함수(utility function)의 형태로 나타낸다.

$$DUI = F(y_1,,,,,,y_r) \qquad \text{(식 3.18)}$$

여기서 y는 배후마을 주민이 중심마을에 접근하는 접근성에 영향을 미치는 인자이며, r은 인자의 개수이다.

중심마을과 배후마을 노드사이의 최소가중거리를 구하기 위하여 두 노드사이의 거리와 가중치를 고려하여 일반화 한다.

$$DUI = F(w,d) \qquad \text{(식 3.19)}$$

여기서 w는 두 노드 사이의 가중치 또는 부하량(impedence)이며, d는 두 노드 사이의 거리이다.

이산 형태로 중심마을 노드 i와 배후마을 노드 j의 관계에서 유도하면 다음과 같다.

$$DUI_i = \sum_{j=1}^{n} w_{ij} d_{ij} x_{ij} \qquad \text{(식 3.20)}$$

여기서 n은 전체마을 노드의 개수, w_{ij}는 중심마을 노드 i에서 배후마을 노드 j에 이르는 부하량, d_{ij}는 두 마을 노드 사이의 도로상의 최단거리를 나타내고, x_{ij}는 (0,1)의 값을 가지는 더미변수로서 $i=j$이면 0, 그렇지 않으면 1이다.

식 3.20의 가중치 w_{ij}를 도로의 설계속도와 마을인구, 두 가지를 고려하여 다음과 같이 나타낸다.

$$w_{ij} = M_j\left(\frac{\alpha}{v_{ij}}\right) \qquad \text{(식 3.21)}$$

여기서 M_j는 배후마을 노드 j의 인구, v_{ij}는 i, j사이 도로 설계속도, α는 계수로서 일반적으로 60km/hr을 사용한다.

식 3.21은 배후마을 주민 1인당, 단위거리당 이동시간으로 환산되는데, 이것은 배후마을 주민의 중심마을로의 접근성을 상대적으로 비교하기 위한 것이다.

식 3.21을 식 3.20에 대입하여 최종적인 불편도 방정식(disutility equation)을 다음과 같이 일반화 된다.

$$DUI_i = \sum_{j=1}^{n} M_j \left(\frac{60}{v_{ij}}\right) d_{ij} x_{ij}, \quad \forall i \qquad \text{(식 3.22)}$$

식 3.22의 불편도 DUI는 임의의 마을 i를 중심마을로, 나머지 마을을 배후마을로 설정하였을 경우에 각 마을이 가지는 값이다. 중심마을과 배후마을사이의 거리가 멀수록, 도로의 설계속도가 낮을수록, 그리고 이동하는 배후마을의 인구가 많을수록 커지는 값이다. 그러므로 이 값이 작을수록 접근성은 좋아진다.

이로부터 i를 중심마을 후보 노드, j를 배후마을 후보 노드로 하여 공간적 중심마을(central village, CV)의 위치선정 방정식을 DUI를 최소화하도록 다음과 같이 나타낼 수 있다.

$$CV_{no} = \Phi(\min DUI_i), \quad i = 1,,,n \qquad \text{(식 3.23)}$$

여기서 CV_{no}는 중심마을로 선정된 마을의 고유번호, Φ는 최소 DUI를 가지는 마을의 고유번호 i를 나타내는 함수이다.

식 3.23은 지역 경계 내에서 중심마을을 하나 선정할 때 적용될 수 있는 단일 중심마을 선정 방정식이다.

중심마을을 m개 선정할 경우에는 중심마을 후보군(m개의 마을 쌍)을 동시에 선정하고 나머지를 배후마을로 하였을 때, 각 배후마을에서 최소가중거리가 가까운 중심마을 후보를 택하고, m개 중심마을 후보 각각에 대한 DUI를 계산한 후 이를 합하여 다수 중심마을을 선정할 수 있는 방정식을 다음과 같이 일반화 된다.

$$\mathrm{CV_{no}} = \Phi(\min PDUI^s), \quad s = 1,,,pn \qquad \text{(식 3.24)}$$

$$PDUI^s = \sum_{t=1}^{m} DUI_t^s \qquad \text{(식 3.25)}$$

여기서 CV_{no}는 임의로 선정된 m개의 중심마을 후보들의 번호를 나타내는 벡터, Φ는 중심마을 쌍의 고유번호 s를 나타내는 함수, m은 중심마을 개수, s는 마을 쌍 조합 번호, $PDUI^s$는 s번째 중심마을 쌍의 중심마을 잠재력의 합, pn은 n개 마을에서 m개 마을 쌍을 조합한 개수이다.

지역 전체 배후마을에서 m개 생활권의 각 중심마을에 접근하는 불편도의 합을 최소화하는 것이다. 여기서 인구수, 도로 부하, 도로길이의 조건이 동일한 등분포 균일 평야 지역의 경우에는 지역을 등면적으로 분할하는 다수의 중심점이 된다.

(2) 모델의 적용 예

모형의 적용 예로 Christaller의 육각형 계층적 네트워크 모델을 사용할 수 있다. Christaller의 육각형 모델은 인구분포가 균일한 무경계 평야지대에 적용이 가능하며 이 육각형 구조는 정삼각형으로 이루어진 네트워크의 각 노드를 수요지점으로 하여 네트워크 공간의 균등 분할 중심지를 선정할 수 있는 특징을 가지고 있으므로 모형의 검증에 용이하다. 이런 특징을 가진 육각형 네트워크의 모든 노드에 인구를 동일하게 설정하고 도로의 간격과 부하량을 균일하게 설정하면 동일 수준의 다수 중심지는 육각형을 균등 분할하는 중심지가 된다. 따라서 모형에 입력되는 중심지 개수에 따라 육각형 네트워크가 균등 분할되는지 여부를 알 수 있다.

이렇게 무경계 평야지대를 모식화하기 위해 인구분포가 균일한 육각형 네트워크를 그림 3.12와 같이 각 도로의 길이는 100m, 속도는 60km/hr, 각 노드의 인구는 1명으로 설정한다. 이 네트워크는 전체 61개의 노드와 157개의 도로 구간으로 구성되었는데, 네트워크의 좌상에서 우하까지 1부터 61까지 일련번호를 각 노드에 입력하고, 이 육각형 네트워크에 대하여 중심지를 하나에서 다섯개까지 모의 발생한다.

그림 3.13은 각 노드가 중심지가 되었을 경우에 각 노드에 해당되는 DUI값의 크기를 최솟값에서 최댓값까지 나타낸 것인데, 육각형의 중심지인 31번 노드가 최솟값을 나타내었다. 31번 노드에 연결된 22, 23, 30, 32, 39, 40번의 6개 노드에서 그 다음 값을 나타내었으며, 중심노드에서 멀어질수록 값이 커지는 것을 알 수 있다.

중심지를 하나에서 다섯 개까지 모의 발생한 결과를 표 3.6에 나타내었으며, 그림 3.14에는 두개에서 다섯 개까지 모의 발생 결과의 예를 하나씩 나타내고 있다. 표 3.6에서 보는 바와 같이, 중심지가 두 개일 때는 DUI의 합이 14.0인 동일한 분할 중심점 3쌍이 발생되었으며, 중심지가 세 개일 때는 DUI 값이 11.0인 9쌍, 네 개일 때는 DUI 값이 9.4인 35쌍, 다섯 개일 때는 DUI 값이 8.3인 15쌍이 모의발생되었다. 그림 3.14에서 보는 바와 같이, 분할된 각 중심지는 전체 네트워크를 등분하는 중심지에 위치하고 있으며, 이들 중심지를 연결하면 삼각망이 형성되는 것을 알 수 있다. 이와 같은 결과는 모의 발생된 결과가 이론적 균등 분할 중심지와 일치하는 것을 나타내고 있는 것이다.

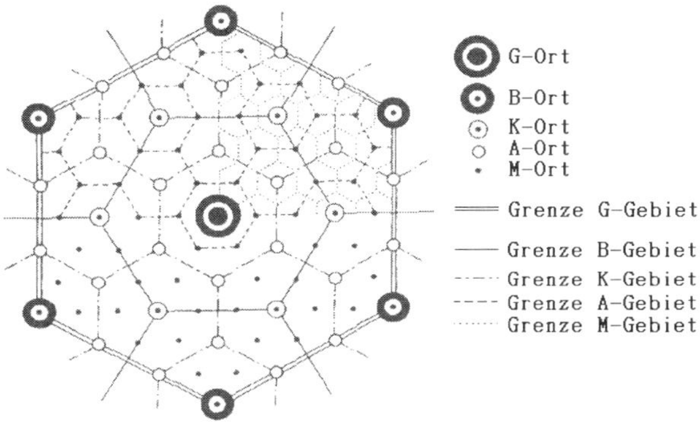

ⓐ Christaller's 육각형망

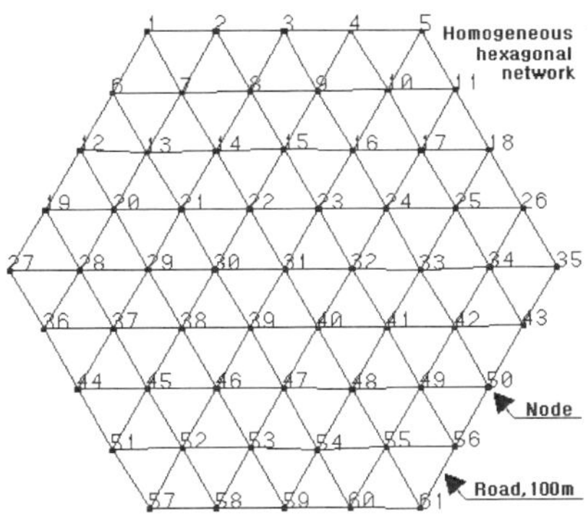

ⓑ 도로-마을 네트워크

그림 3.12 중심지 선정 모델 시험을 위한 육각형 네트워크

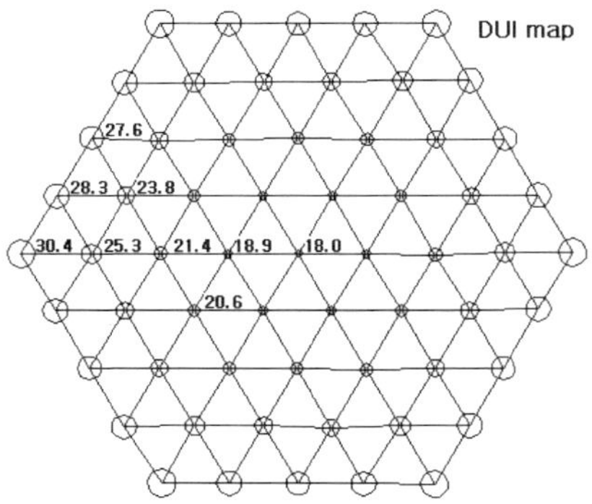

ⓐ DUI 지도

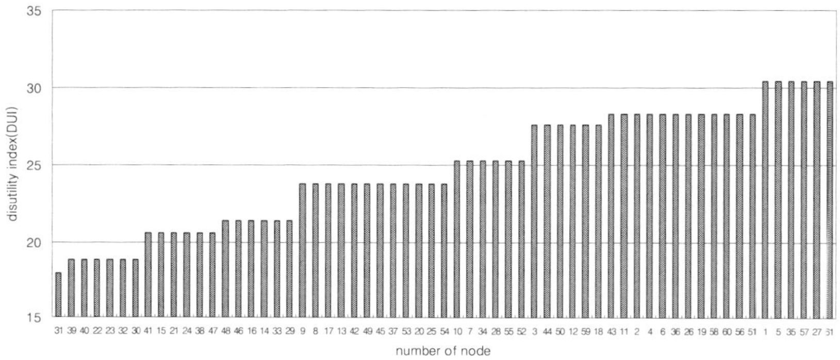

ⓑ DUI 분포

그림 3.13 중심지 1개 선정과 DUI 분포도

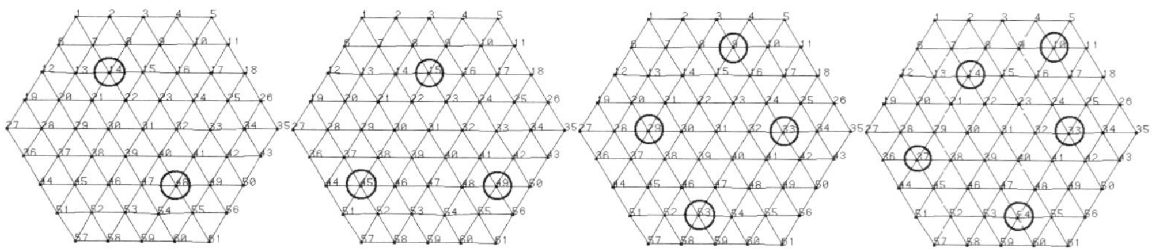

ⓐ 중심지 2개 ⓑ 중심지 3개 ⓒ 중심지 4개 ⓓ 중심지 5개

그림 3.14 다수 중심지 선정 결과

표 3.6 육각형 네트워크의 다수 중심지 계산 결과

No.	C's pair					C's DUI					PDUI	ADUI
1	31					18.00					18.00	18.00
2	48	14				6.2	7.8				14.00	7.00
	46	16				6.2	7.8				14.00	
	33	29				6.2	7.8				14.00	
3	54	24	20			2.6	4.6	3.9			11.10	3.70
	54	25	21			2.6	3.1	5.4			11.10	
	54	20	17			3.3	3.6	4.2			11.10	
	53	24	20			2.6	4.9	3.6			11.10	
	53	24	13			3.1	4.4	3.6			11.10	
	53	25	21			2.6	3.4	5.1			11.10	
	45	49	15			2.6	3.1	5.4			11.10	
	45	42	15			3.1	2.9	5.1			11.10	
	49	37	15			3.1	2.9	5.1			11.10	
4	54	37	33	8		1.2	2.5	2.4	3.3		9.4	2.35
	54	37	25	14		1.6	2.1	2.6	3.1		9.4	
	54	33	28	8		2.1	2.4	1.9	3		9.4	
	54	33	28	9		2.1	2.2	2.3	2.8		9.4	
	54	33	29	9		1.7	2	2.9	2.8		9.4	
	54	29	34	8		1.9	2.7	2.0	2.8		9.4	
	54	29	34	9		1.9	2.9	1.6	3		9.4	
	54	29	25	8		2.1	2.7	2.1	2.5		9.4	
	55	45	25	14		1.2	2.3	2.3	3.6		9.4	
	55	45	14	17		1.6	2.3	2.7	2.8		9.4	
	55	37	25	14		1.6	2.4	2.3	3.1		9.4	
	52	49	20	16		1.2	2.3	2.3	3.6		9.4	
	52	49	13	16		1.6	2.3	2.4	3.1		9.4	
	52	42	20	16		1.6	2.4	2.3	3.1		9.4	
	53	42	29	9		1.2	2.5	2.4	3.3		9.4	
	53	42	20	16		1.6	2.1	2.6	3.1		9.4	
	53	33	28	8		1.9	2.9	1.6	3		9.4	
	53	33	28	9		1.9	2.7	2.0	2.8		9.4	
	53	33	29	9		1.7	2.5	2.4	2.8		9.4	
	53	33	20	9		2.1	2.7	2.1	2.5		9.4	
	53	29	34	8		2.1	2.2	2.3	2.8		9.4	
	53	29	34	9		2.1	2.4	1.9	3		9.4	
	48	45	25	14		1.6	2.1	2.1	3.6		9.4	
	48	45	25	7		1.8	2.5	2.5	2.6		9.4	
	48	45	14	17		1.8	2.1	2.7	2.8		9.4	
	48	37	25	7		2	2.6	2.5	2.3		9.4	
	48	37	25	8		2	2.8	1.6	3		9.4	
	48	37	17	7		2.2	2.6	2.6	2		9.4	
	46	49	20	16		1.6	2.1	2.1	3.6		9.4	
	46	49	13	17		2	1.6	2.8	3		9.4	
	46	42	20	16		1.8	2.4	2.1	3.1		9.4	
	46	42	20	9		2	2.8	1.6	3		9.4	
	46	42	20	10		2	2.6	2.5	2.3		9.4	
	46	42	13	10		2.2	2.6	2.6	2		9.4	
	45	49	14	17		2.1	2.1	2.7	2.5		9.4	
5	53	42	28	14	17	1.4	1.9	1.2	2	1.8	8.3	1.66
	54	37	33	14	10	1.2	2.1	1.8	2	1.2	8.3	
	53	42	29	17	8	1.2	1.9	2.2	1.2	1.8	8.3	
	48	45	25	20	8	1.8	1.4	1.6	1.2	2.3	8.3	
	53	42	29	16	7	1.2	2.1	1.8	2	1.2	8.3	
	54	45	33	13	9	1	1.4	2.2	1.9	1.8	8.3	
	54	45	33	13	10	1	1.4	2	2.3	1.6	8.3	
	54	37	34	13	16	1.4	1.9	1.2	1.4	2.4	8.3	
	54	45	34	13	16	1.2	1.4	1.2	2.1	2.4	8.3	
	54	45	33	20	9	1	1.2	2.2	1.4	2.5	8.3	
	52	49	28	14	17	1	1.8	1	2	2.5	8.3	
	54	42	37	13	16	1	1.4	1.9	1.4	2.6	8.3	
	55	52	33	20	9	0.6	1.4	2	1.8	2.5	8.3	
	53	42	37	13	16	1	2.1	1.2	1.4	2.6	8.3	
	54	45	42	13	16	0.8	1.4	1.4	2.1	2.6	8.3	

주 : No: 중심지 개수, C: 중심지, ADUI: 개별 중심지의 평균 DUI

3.3.3 공간확산 모델

(1) 모델의 가정

마을을 도시계획의 대상인 도시와 대별되는 농촌 공간계획 대상으로서 정의하며, 그 영역은 집들이 모여 있는 주거지를 포위(envelope)하는 경계선의 내부로 정의된다. 마을의 형태는 구성단위인 가옥 및 주거지의 집합도에 의한 분류와 마을 자체의 평면형태에 의한 분류의 두 가지로 구별된다. 전자의 분류방법이 훨씬 보편적으로 사용되고 있는데, 이 방법에 의한 마을의 형태는 집촌(集村,agglomerated settlement)과 산촌(散村,dispersed settlement)으로 구분되고 있다. 산촌은 가옥이 집단을 이루지 않고, 상호간에 어느 정도의 거리를 가지고 산재해 있는 것으로서 우리나라에는 드문 형태이다. 농촌계획적 측면에서 볼 때 산재해 있는 농가를 연결하는 도로는 복잡해지며, 공동시설의 이용에 있어서도 큰 불편이 있게 된다. 또 마을을 통합하는 중심이 없고, 사회성이 적으며, 공익시설의 설치, 상수도의 공급, 하수도 · 분뇨의 처리 등에 매우 불편하고, 공동건축을 하는 데도 그 위치선정이 곤란하다. 반면 집촌은 일정한 장소에 가옥이 집합하여 하나의 거주집단을 형성하고 있는 형태이다. 우리나라 농촌에는 공동작업이 많고, 또 풍수지리적으로 좋은 장소에 가옥을 지으려 하므로 소위 길지(吉地)에 가옥이 모여 집촌을 형성하는 것이 보통이다. 농촌계획 측면에서 집촌형태는 공익시설을 계획한다든가, 학교, 작업장, 창고 등과 같은 공공시설을 배치하는 데 편리하다. 지금까지 정부에 의해 계획적으로 조성된 시농촌마을의 경우도 집촌의 형태이었다.

마을계획에서 기존 마을을 확장 개발할 경우, 개발적지를 확보할 수 있는 모델은 다음과 같이 가정한다.

① 기존 마을의 인구증가에 따라 토지 수요도 증가된다.

② 토지는 지도에서 정방형 격자로 표시되고 한 격자는 유일한 토지이용을 가진다.

③ 시간에 따른 마을 주거지의 확장은 집촌 형태를 유지하며 기존마을의 경계에 집적하여 이루어진다.

④ 토지이용 변화는 개발적지 적성값이 높은 곳에서 우선적으로 일어난다.

⑤ 신규 개발적지는 토지이용 변화가 일어나는 곳에서 우선적으로 확보한다.

⑥ 자연마을은 공간적으로 타 마을과 독립되어 있으며, 마을은 도시에 비해 소규모이고 신규개발 면적은 미소하므로 마을 확장으로 인하여 환경적인 제약을 받지 않는다.

⑦ 설정된 보호지역(개발제한구역) 밖의 토지에서는 토지이용 경합이 일어나지 않는다.

(2) 수학적 모형

지역 또는 도시의 확장 예측에 많이 이용되어온 CA(cellular automata) 기법을 대표적인 이론모델로 볼 수 있다. CA는 이산적인 시간과 공간에 기초한 동적 모델로 정의되는데, 기본단위는 셀(cell)이며, 셀의 상태는 매시간 모든 셀에 공통적으로 적용되는 변화규칙(transition rule)에 따라 결정되고, 또한 셀의 상태는 거리나 방향 등에 따른 주변셀(neighbourhood cell)들의 상태에 영향을 받게 되므로 셀공간(cellular space), 지역상태(local states), 주변셀 및 변화규칙의 네 가지 구성요소를 가진다. 셀공간은 3각, 4각 또는 6각형이 사용될 수 있으며, 흔히 4각형을 많이 사용하는데, 4각 셀을 2차원에서 사용할 경우에 셀은 격자로 표현되며 GIS의 래스터(raster)와 같은 개념을 가진다. 지역상태는 한 셀이 가지는 값으로 숫자로 표시된다. 주변셀은 거리와 방향에 따라 결정되는데 GIS에서 사용되는 필터링 윈도우인 러빙윈도우(roving window)에 의해 결정될 수 있다. 변화규칙은 계산 셀의 현재 값과 주변셀의 구성에 따라 다음 시간단계로 변화하는 규칙이다.

주거지 입지 모의발생 또는 도시 토지이용 변화 모델링에 관한 일반적 원리는 그림 3.15와 같이 한 격자가 t시간에서 $t+1$시간으로 토지이용상태가 변해가는 것을 모의하는 것이다. 이 변화에 대한 함수는 다음 식 3.26과 같은 일반적인 함수로 표현된다.

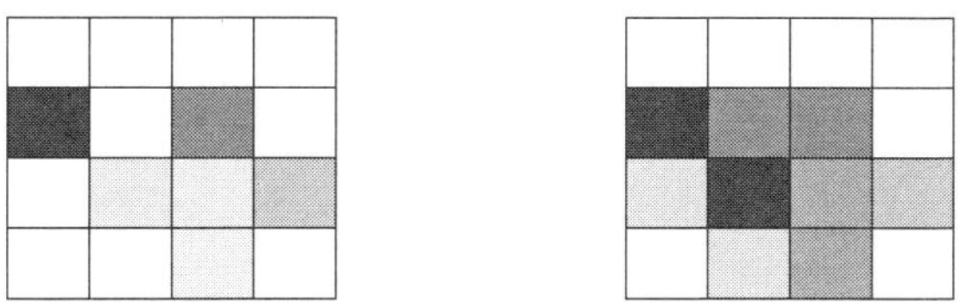

그림 3.15 격자기반 토지이용변화

$$L_i^{t+1} = F(L_i^t, N_i^t, \mathrm{T}^t) \qquad (식\ 3.26)$$

여기서 i는 격자의 위치, t는 시간, L_i^{t+1}은 $t+1$시간, i격자의 토지이용 상태, L_i^t는

t시간, i격자의 토지이용 상태, N_i^t는 t시간, i격자의 주위상태(neighbourhood states), T^t는 t시간의 토지이용 변화 규칙으로서 t시간에 T개의 토지이용 형태가 $t+1$시간에 T개의 토지이용 형태로 변화될 각각의 확률로 구성된 $T \times T$의 매트릭스 형태를 가진다.

식 3.26은 $t+1$시간의 토지이용 상태는 t시간의 토지이용 상태, 주위 상황 및 토지이용 변화 규칙에 따라 변한다는 것을 의미한다.

식 3.26에서 L_i^t에서 L_i^{t+1}로 변화하는 과정은 비결정론적 방법으로 예측될 수 있는데, t시간의 토지이용상태와 주위상태로 부터 $t+1$시간에 토지이용 상태가 변화될 확률을 나타내면 식 3.27과 같이 표현된다.

$$L_i^{t+1} = F(P_{i,uv}^t, \mathrm{T}^t) \qquad \text{(식 3.27)}$$

여기서 u는 t시간의 토지이용 형태를 나타내는 변수로서 L_i^t와 같은 값을 가지며, v는 $t+1$시간의 토지이용 형태를 나타내는 변수로서 L_i^{t+1}와 같은 값을 가진다. $P_{i,uv}^t$는 i격자가 t시간에 u형태의 토지이용에서 $t+1$시간에 v형태의 토지이용으로 변화할 확률이다.

이러한 형태의 예측 방정식은 복잡한 도시성장에 따른 토지이용변화에 대하여 네 가지 형태(나지(vacant)→주거지→상업지→공업지로 순차적 변화)의 단계적 토지이용 변화예측과 미개발격자가 개발격자로 되는 과정을 예측하는 두 가지 형태(나지 또는 비주거지→개발지역 또는 주거지로 변화)의 토지이용 변화예측에 관한 기존의 연구에서 찾을 수 있으며, 여기서 두 가지 토지이용 상태 모델링에 대하여 한 격자가 변화될지(개발됨, 1) 변화하지 않을지(개발되지 않음, 0)를 T^t 매트릭스와 $P_{i,uv}^t$ 의 확률로 나타내면 다음 표 3.7과 같다.

표 3.7 변화규칙과 토지이용변환 매트릭스

→v t+1 / ↓u t	L_i^{t+1} = v = 0	L_i^{t+1} = v = 1
L_i^t = u =0	$1-P_{i,uv}^t$	$P_{i,uv}^t$
L_i^t = u =1	0	1

미개발격자와 개발격자 두 가지 형태의 토지이용 변화규칙은 농촌마을에 존재하는 다양한 토지이용상태의 변화를 반영할 수 없으므로 토지이용 변화규칙을 T개의 토지이용 상태로 확장하여 일반화하면 표 3.8과 같은 매트릭스로 정의된다.

표 3.8에서 t시간의 토지이용 상태가 $t+1$시간에 각 토지이용상태로 변화할 확률은 다음 식 3.28을 만족해야 한다.

$$\sum_{m=1}^{T} P^{t}_{i,lm} = 1, \qquad \forall\, l \tag{식 3.28}$$

표 3.8 T상태에서의 변화규칙과 토지이용변환 매트릭스

→v t+1 ↓u t	L_i^{t+1}=v=1	·	L_i^{t+1}=v=m	·	L_i^{t+1}=v=T
L_i^t = u = 1	$P^t_{i,11}$	·	$P^t_{i,1m}$	·	$P^t_{i,1T}$
·	·	·	·	·	·
L_i^t = u = m	$P^t_{i,m1}$	·	$P^t_{i,mm}$	·	$P^t_{i,mT}$
·	·	·	·	·	·
L_i^t = u = T	$P^t_{i,T1}$	·	$P^t_{i,Tm}$	·	$P^t_{i,TT}$

식 3.28을 확률구간으로 구분하고 무작위 난수(random number)를 발생하여 확률구간과 비교함으로써 t시간의 토지이용 상태가 $t+1$시간에 변화하는 상태를 예측할 수 있다.

한편, 토지이용 변화 확률 $P^t_{i,uv}$는 격자 자체의 토지이용 변화확률(격자 자체의 절대적 변화요소)만 고려한 경우와 이웃 격자의 영향(주위 격자에 의한 상대적 변화요소)을 함께 고려한 경우를 적용하여 다음 식과 같이 나타낸다.

$$P^t_{i,uv} = (1-w)SP^t_{i,uv} + wNP^t_{i,uv} \tag{식 3.29}$$

여기서 w는 가중치($w=1$이면 이웃 격자의 영향만 고려함), $SP^t_{i,uv}$는 계산격자 자체의 절대적 변화요소에 의한 변화 확률, $NP^t_{i,uv}$는 이웃 격자의 영향을 받아 계산격자에 변화할 확률이다. 본 연구에서는 절대적 변화요소와 상대적 변화요소를 같은 비율로 고려하면 w의 값을 0.5로 사용한다.

계산격자의 절대적 요소 $SP^t_{i,uv}$ 는 계산격자가 가지는 잠재적 토지이용 변화 확률로서 단일 토지이용 적성값을 확률로 변경하여 사용하는 방법으로 정의한다.

$$SP^t_{i,uv} = f(LSS_{i,v}) \quad \text{(식 3.30)}$$

여기서 $LSS_{i,v}$는 i격자가 $t+1$시간에 토지이용 v가 될 토지 적성 값(land suitability score, LSS)이며, f는 토지 적성 값을 최댓값이 1, 최솟값이 0이 되도록 표준화하여 확률로 전환하는 함수이다. 즉, t시간 현재 토지이용 상태 u에서 $t+1$시간에 토지이용 상태 v로 변화될 잠재적 확률을 나타낸다.

식 3.29에서 상대적 요소인 이웃 격자가 계산격자에 영향을 줄 확률 $NP^t_{i,uv}$ 는 토지이용의 형태가 주위의 영향을 받아 변할 수 있다는 가능성을 반영한 것으로 일반적인 토지이용 변화 모델링의 중요한 요소인데, Yeh & Li(1998)가 사용한 주위격자함수(neighbourhood function)를 적용하여 다음과 같이 나타내었다.

$$NP^t_{i,uv} = \sum_{u=1}^{T} p(L^t_{i,v} | L^t_{q,u}) B^t_{q,u} \quad \text{(식 3.31)}$$

여기서 q는 주위격자를 나타내는 첨자이며, $p(L^t_{i,v} | L^t_{q,u})$는 t시간에 주위격자의 토지이용 상태가 u일 때 계산격자 i의 토지이용 상태가 v일 조건부 확률이고, $B^t_{q,u}$ 는 주위격자 중에서 토지이용 상태가 u인 격자의 주위 격자의 총 면적에 대한 비율로 다음과 같이 정의된다.

$$B^t_{q,u} = \frac{NA_{q,u}}{\sum_{u=1}^{T} NA_{q,u}} \quad \text{(식 3.32)}$$

여기서 $NA_{q,u}$는 토지이용 상태가 u인 주위 격자의 면적이다.

주위 격자의 검색을 위하여 3×3 윈도우를 사용하면, 계산 격자의 주위 격자는 8개로 구성된다. $p(L^t_{i,v} | L^t_{q,u})$를 계산하는 방법이 정확하게 정의된 바가 없으므로 Yeh와 Li(1998)는 도시 토지이용 모델링에서 주위격자가 도시(urban)일 경우에 계산격자가 도시(urban)일 확률을 0.5, 주위격자가 작물경작지(crop)일 때 계산격자가 도시(urban)일 확률을 0.3, 주위격자가 과수원(orchard)일 때 계산격자가 도시(urban)일 확률을 0.2로

가정하여 사용하였다. $p(L_{i,v}^{t}|L_{q,u}^{t})$를 물리적으로 계산하기 위하여 t시간의 토지이용도를 3×3 윈도우로 검색하고 주위격자와 계산격자가 인접한 경우의 상호 토지이용 종류별로 격자의 갯수를 합한 다음 이를 전체 격자에 대한 비율로 환산하는 방법을 사용할 수 있다. 이러한 방법으로 계산된 $p(L_{i,v}^{t}|L_{q,u}^{t})$는 주위격자($q$)와 계산격자($i$)와의 관계에서 조건부 확률 매트릭스($P^t$)로 정의하여 표 3.9와 같이 나타내었다.

표 3.9 조건부 확률 매트릭스 p^t

→v i / ↓u q	L_i^t=1	·	L_i^t=m	·	L_i^t=T
L_q^t=1					
·					
L_q^t=m			$p(L_{i,v}^{t}\|L_{q,u}^{t})$		
·					
L_q^t=T					

이상에서 유도된 수식들을 매트릭스와 벡터로 표시하여 이웃격자가 계산격자에 영향을 줄 확률을 다음과 같이 나타낸다.

$$NP_i^t = B_q^t p^t \quad \text{(식 3.33)}$$

(3) 토지이용변화 규칙 및 적지 평가기준의 설정

1) 토지이용변화 규칙의 설정

농촌마을의 토지이용 변화 모델링에 필요한 토지이용 종류는 다양하다. 여기서는 토지이용의 종류를 논(준농림지), 밭, 주거지(주택, 마을안길, 시설을 포함한 건조지역), 기타(임야, 나지), 개발제한구역(보호지역, 농림지, 하천, 도로) 등 5개로 분류한다. 여기서 기타는 장차 필요한 개발적지로 변화될 수 있는 지역이며, 개발제한구역은 변화하지 않는 규칙을 가지고, 논, 밭은 변화 확률에 따라 주거지로 변화된다. 주거지가 나머지 네 종류의 토지이용 형태로 변화하지 않는다는 변화 규칙을 설정하면 이로부터 토지이용 변화 확률 매트릭스는 표 3.10과 같이 구성할 수 있다.

표 3.10 토지이용에 따른 변화규칙과 토지이용변환 매트릭스

→v t+1 / ↓u t	논=1	밭=2	주거지=3	기타=4	개발제한구역 =5
논 = 1	$1-P^t_{i,13}$	0	$P^t_{i,13}$	0	0
밭 = 2	0	$1-P^t_{i,23}$	$P^t_{i,23}$	0	0
주거지 = 3	0	0	1	0	0
기타 = 4	0	0	$P^t_{i,43}$	$1-P^t_{i,43}$	0
개발제한구역 = 5	0	0	0	0	1

2) 개발적지 평가기준의 설정

토지이용 변화 모델링에서 사용한 신규 개발적지의 적성구분 평가기준들은 매우 다양하다. 도심부 · 산업지역 · 새 기차역 · 고속도로 등 각각에서의 거리, 이웃 간의 응집력 등 6개 인자 각각에 가중치를 두고 이를 매개변수로 설정하여 의사 결정자가 AHP법에 의해 매개변수를 결정하는 경우, 토성과 경사에 대한 적성값을 산술 평균하여 사용한 경우, 토양 · 경사 · 접근성의 세 가지 인자로 부터 토지이용계획을 수립한 경우, 평가기준 없이 공터 → 주거지 → 산업지 → 상업지와 같이 단계적으로 변화하는 것으로 모델링한 경우, 무작위 난수로 부터 주거지를 모델링한 경우 등의 사례들을 볼 수 있다.

이들을 종합하여 토성, 경사, 토양 등은 토지 자체가 가지는 절대적 적성 평가기준으로, 중심지에서의 거리 등은 상대적 적성 평가기준으로 설정한다.

3) 개발용지 적성값 계산

개발용지 적성값은 평가기준과 가중치 곱의 형태로 구성된 선형 다기준 평가방정식 식 3.34을 사용하여 계산한다. 평가기준은 표 3.11과 같은데, 이에 대한 가중치는 지역과 마을에 따라 달라질 것을 감안하여 보정매개변수로 설정한다. 각 격자별 적성치는 적성치와 가중치의 곱으로 계산된다.

$$V_k = \left(\sum_{h=1}^{c} W_{kh} X_{kh}\right), \quad \forall k \qquad \text{(식 3.34)}$$

여기서 k는 평가 대상격자, h는 평가기준, c은 평가기준 갯수, V_k는 k 격자의 적지

평가치이며, X_{kh}는 k격자의 h번째 평가기준을 나타내고 W_{kh}는 k격자의 h번째 평가기준의 가중치를 나타낸다.

표 3.11 개발적지 평가기준

등급 & 점수 / 평가기준	1	2	3	4	5	가중치
	1.0	0.8	0.6	0.4	0.2	
경사도(%)	〈 2	〈 7	〈 15	〈 30	30 ≤	w_1
토양배수	B	B, C	A, B, C, D	A, B, C, D	-	w_2
도로에서의 거리(m)	〈50	〈100	〈150	〈200	200 ≤	w_3
중심지에서의 거리(m)	〈100	〈200	〈300	〈400	400 ≤	w_4
하천에서의 거리(m)	〈200	〈300	〈400	〈500	500 ≤	w_5
경사방향	S, SE, SW	E, W	NE, NW	N	-	w_6
총 등급	V〉0.8	V〉0.6	V〉0.4	V〉0.2	V〉0.0	

4) 모형의 적용 예

① 모델의 적용

강원도 횡성군 우천면 면소재지인 우항마을에 대한 모델적용 사례를 예시한다. 우항마을의 개황은 그림 3.16과 같다.

구축된 GIS자료로부터 개발 적지 평가기준인 경사도, 토양배수, 도로에서의 거리, 마을 중심점에서의 거리, 하천에서의 거리, 경사방향 등 6개 격자 지도와 초기조건에 해당되는 토지이용도, 모형의 보정을 위한 시계열 토지이용도 등 구축된 벡터(vector)자료로부터 10×10m의 격자지도로 나타낸 결과는 그림 3.17, 모델의 마을 개발부지를 확보한 결과는 그림 3.18과 같다.

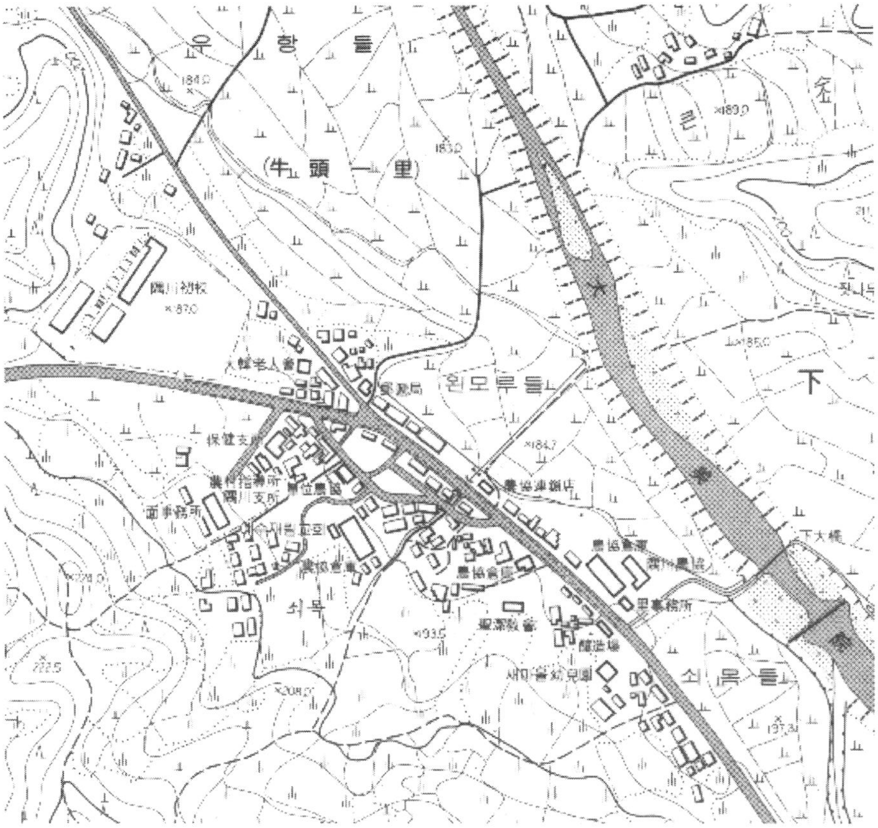

그림 3.16 우항마을의 개황(지형도)

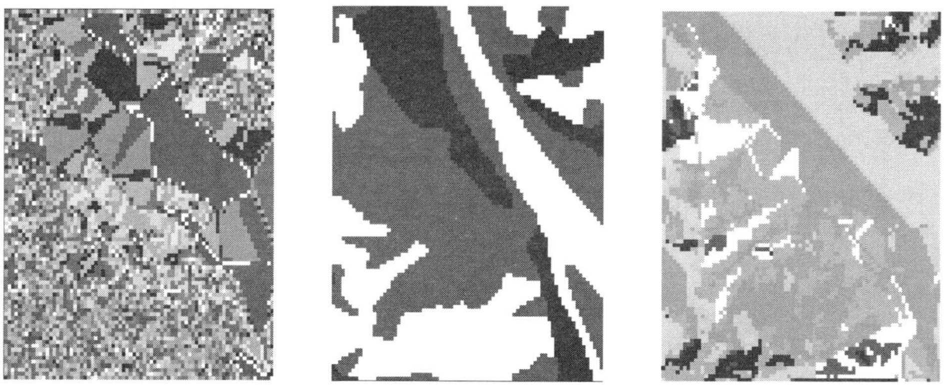

(a) 경사지도　　(b) 배수정도　　(c) 사면방향도

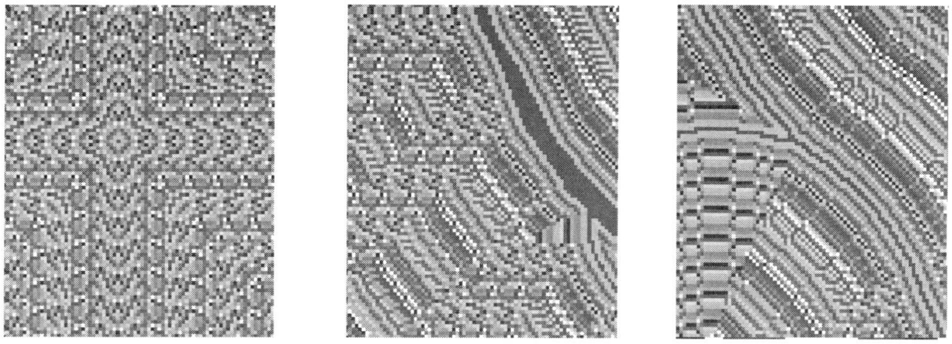

(d) 마을중심지에서 거리　　(e) 하천에서 거리　　(c) 도로에서 거리

그림 3.17 모델의 입력 인자 지도

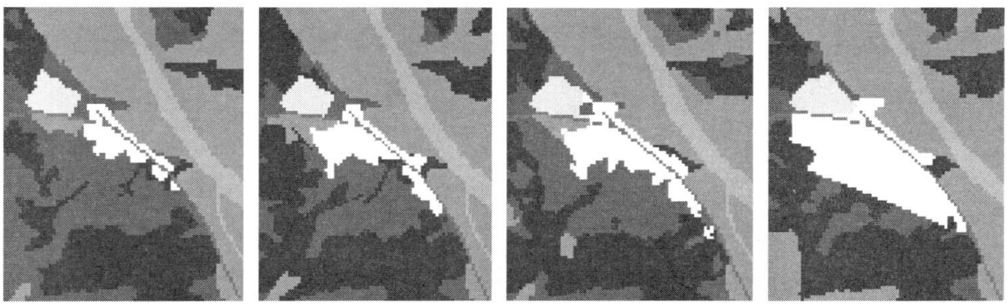

그림 3.18 모델이 마을 부지를 확보해 나가는 단계(흰색이 마을 부지)

② 모형의 활용

그림 3.19에서 보는 바와 같이, 1985년도의 마을 주거지에서 51,300m^{2}의 주거지를 확장하는 마을 개발계획을 상정하고 확장이 완료된 1992년도의 마을 주거지 형태를 모의하는 세 가지의 시나리오를 설정하였다. 1992년도의 실제 마을 확산형태에 최적화된 매개변수(요인들의 중요도)를 사용하지 않고 다양한 입력자료에 따라 다양한 마을확산 형태를 검토해보는 것으로서 모델의 응용성을 살펴보았다. 시나리오 1(SC1)은 토지확산모델의 6가지 매개변수 중에서 마을 중심에서 거리 및 도로에서 거리에 가중치를 각각 0.5와 0.3을 부여함으로써 접근성을 우선적으로 고려하여 마을 신규부지를 확보하는 대안이다. 시나리오 2(SC2)는 경사와 배수정도에 각각 0.5와 0.3을 부여, 토양과 지형적 요소를 중시하는 대안이고, 시나리오 3 (SC3)은 경사방향과 하천에서 거리에 각각 0.5와 0.3을 할당하여 마을의 방향과 하천에서 가까운 정도를 우선적으로 고려하여 신규부

지를 확보하도록 설정한 것이다. 각각의 시나리오들에 대한 모형의 적용결과, 그림 3.19에서 보는 바와 같이 다양하게 확보된 개발적지들을 볼 수 있다. 이 결과들은 의사결정자에게 다양한 개발 시나리오에 대한 개발적지를 제시해줌으로써 어떤 형태의 개발대안을 선정할 것인지에 대하여 판단자료가 될 수 있다는 하나의 예를 보여준 것이다. 이어서 각 대안들에 대하여 도로의 자동배치에 의한 구획의 구분과 더불어 시설용지를 배분하고 해당 시설들을 부착시킨 시설배치도 및 3차원 조감도를 동시에 제시해줄 수 있다. 이러한 결과들은 수많은 공간계획의 대안들을 다양하게 신속하게 제시해줄 수 있는 가능성을 보여준 것이며, 의사결정자 및 지역주민들에게 제시할 수 있는 효율적인 시각평가 자료로 사용될 수 있다.

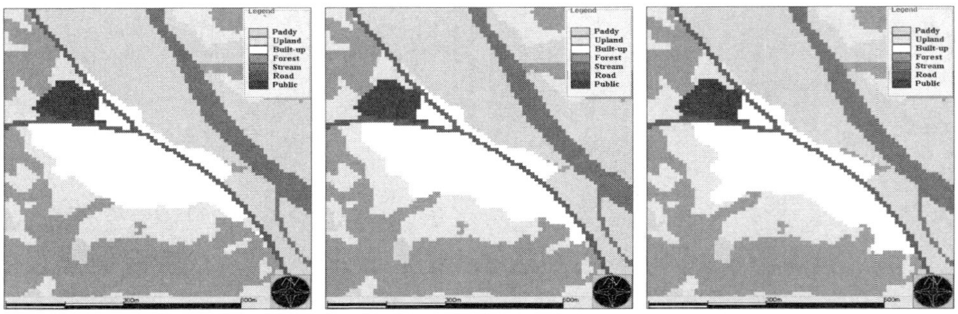

(a1) 토지이용도(SC1) (b1) 토지이용도(SC2) (c1) 토지이용도(SC3)

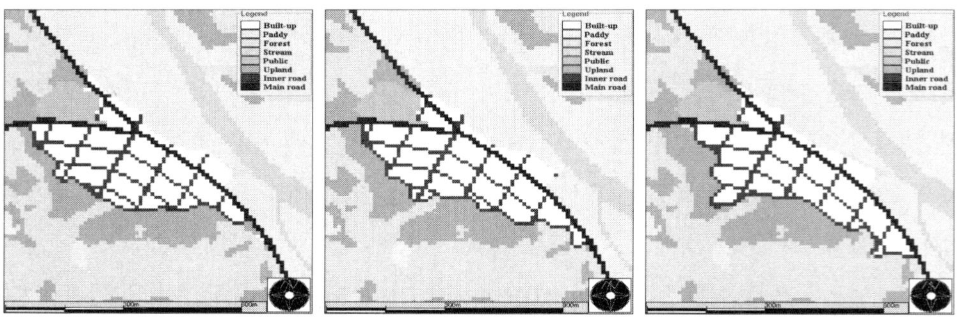

(a2) 도로망도(SC1) (b2) 도로망도(SC2) (c2) 도로망도(SC3)

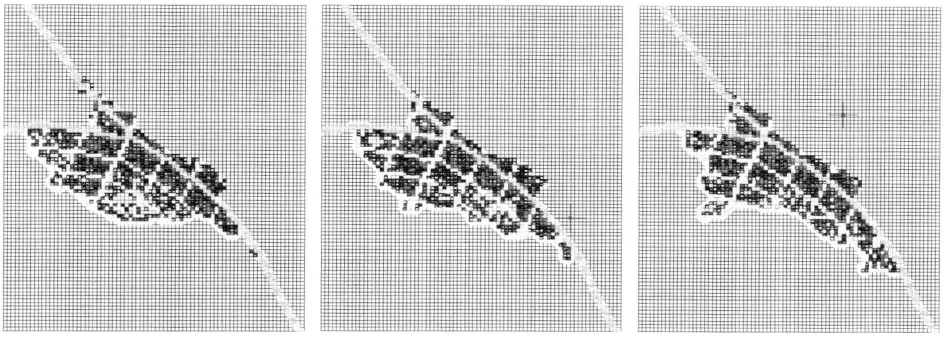

(a3) 시설배치(SC1) (b3) 시설배치(SC2) (c3)시설배치(SC3)

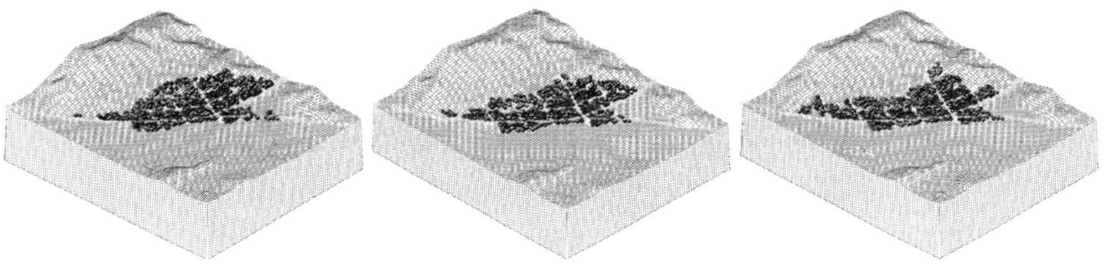

(a4) 3D 항공사진(SC1) (b4) 3D 항공사진(SC2) (c4) 3D 항공사진(SC3)

* SC1, SC2, SC3: 시나리오 1, 2, 3

그림 3.19 시나리오별 모형의 적용 결과와 3차원 마을 모습

참고문헌

김대식, 1999, 지리정보시스템과 다기준평가법을 이용한 농촌중심마을 계획 모의모형의 개발에 관한 연구, 서울대학교 박사학위논문.

김대식, 정하우, 2002, 농촌마을 개발계획 지원을 위한 토지이용계획 모형 (2) -GIS와 항공사진을 이용한 모형의 적용, 한국농공학회지, 44(5), pp.67-78

김대식, 정하우, 2002, 농촌마을개발의 시설배치 및 시각적 평가지원을 위한 공간계획 모형, 한국농공학회지, 44(6), pp.71-82

김대식, 2003, 관광객의 체류형태를 고려한 마을정비방향, 한국농공학회 학술발표 논문집, 한국농공학회.

김대식, 2004, 토지이용변화와 도시화과정의 모델링, 교토대학 박사학위논문(영어버전).

김대식, 구승모, 2004, 관광소득의 요인별 분포특성에 근거한 농촌마을 개발전략에 관한 연구, 한국농촌계획학회지, 10(4), pp.39-44

김대식, 권용대, 최수명, 임창수, 2005, 농촌관광기반의 지속가능한 마을정비 유형의 설정, 한국농촌계획학회지, 11(1), pp.45-54

김대식, 정하우, 2005, 그린투어리즘 및 공공서비스 기반의 지속가능한 농촌도로노선의 최적계획에 관한 연구, 한국농촌계획학회지, 11(1), pp.1-8,

김성준, 김대식, 김철, 배덕효, 신사철, 조명희, 조기성, 2002, GIS 개념과 기법, ∑시그마프레스(주)

김수봉, 정응호, 심근정, 권진오, 2004, 환경계획 이론과 실제, 홍익출판사

류선무 외, 2003, 그린투어리즘 이론과 실제, 백산 출판사

박석순, 강대석, 2000, 시스템 생태학 Ⅰ, Ⅱ, 도서출판 아르케

안철환, 2004, 생태도시 아바나의 탄생, 들녘

유명진, 구자용, 1999, 환경계획-21세기 환경계획의 개념, 동화기술

유재근, 정명숙, 박혜경, 황순진, 2006, 환경생태공학, 도서출판 그루

정하우, 김기성, 도덕현, 이남호, 이정재, 최수명, 황한철, 2003, 농촌계획학, 동명사

한국도시연구소, 1998, 생태도시론 - 한국 도시 환경문제 분석과 대안, 박영사

Chapter 04

농촌토지이용계획

4.1 농촌토지이용계획의 의의와 과제

4.1.1 국토의 이용과 변화

(1) 국토의 이용현황

우리나라는 평야가 적고 산지가 많으며 99,828km^{2}의 좁은 국토를 지니고 있다. 반면 인구밀도는 488인/km^{2}로 인구밀도가 세계에서 세 번째로 높은 나라이며, 더욱이 가용면적(可用面積)을 기준으로 할 때 인구밀도는 으뜸에 속한다. 표고가 낮고 평탄한 가경지(可耕地)의 대부분은 농지로 되어 있으나 주택지나 공업용지 등으로도 이용되고 있어 좁은 국토면적 때문에 토지의 유효적절한 이용이 절실히 요구되고 있다. 그 이용 상황을 살펴보면 농지나 산지는 농산물과 임산물을 생산하는 동시에 녹지를 제공하고 있다. 주거용지는 우리 국민 모두가 건강하고 쾌적하게 살 수 있는 기반이 되고 있으며, 공업용지에서는 우리 생활에 필요한 공업제품들이 생산되고 있다. 또한 아름다운 자연은 후세에까지 그대로 물려주어야 할, 전 국민의 귀중한 재산이다. 이와 같이 각종의 토지이용은 각자의 중요한 역할을 다하고 있다.

표 4.1은 연도별 국토이용의 변화를 살펴 본 것인데, 농지 및 임야가 매년 감소하고 있는 반면에, 주택지, 도로, 공업용지 등은 증가하고 있는 추세를 보이고 있다. 그리고 총 국토면적이 증가하고 있는 것은 해면의 간척 및 매립에 의한 것으로, 개발 토지는 주로 농지로 이용되고 일부 주택지, 공업용지 등으로도 이용되고 있다.

표 4.1 국토이용현황

(단위 : 천ha)

구분	국토면적	농경지				임야		기타	
		계	%	답	전		%		%
1965	9,843	2,256	22.9	1,286	970	6,614	67.2	973	9.9
1970	9,848	2,298	23.3	1,273	1,025	6,611	67.1	939	9.6
1975	9,881	2,240	22.7	1,277	963	6.635	67.1	1,006	10.2
1980	9,899	2,196	22.2	1,307	889	6.568	66.3	1,136	11.5
1985	9,914	2,144	21.6	1,325	819	6.531	65.9	1,239	12.5
1990	9,927	2,109	21.2	1,345	764	6.476	65.3	1,343	13.5
1995	9,927	1,985	20.0	1,206	779	6.452	65.0	1,490	15.0
2000	9,946	1,889	19.0	1,149	740	6,422	64.6	1,635	16.4
2001	9,954	1,876	18.8	1,146	736	6,416	64.5	1,662	16.7
2002	9,959	1,863	18.7	1,138	724	6,413	64.4	1,684	16.9
2003	9,960	1,846	18.5	1,127	719	6,406	64.3	1,708	17.2
2004	9,962	1,836	18.5	1,115	721	6,400	64.2	1,726	17.4
2005	9,965	1,824	18.3	1,105	719	6,394	64.2	1,560	17.5
2006	9,968	1,801	18.1	1,084	717	6,389	64.1	1,778	17.8
2007	9,972	1,782	17.9	1,070	712	6,382	64.0	1,808	18.1
2008	9,983	1,759	17.6	1,046	713	6,375	63.9	1,849	18.5
2009	9,990	1,737	17.4	1,010	727	6,370	63.8	1,883	18.8

자료 : 농림수산식품통계연보(2010)

(2) 토지이용의 전환

국토는 유한하기 때문에 토지이용종별 면적이 변화해 왔다는 것은 국토이용의 용도가 전환되어 온 결과이다. 그러면 그 변화는 어떤 곳에서 일어나고 있는 것일까? 표 4.2는 국토이용 구조의 변화추이를 나타낸 것이다. 주로 농지, 임야 등의 농림업적 토지이용에서 도시적 토지이용으로 대부분이 전환되고 있음을 알 수 있다. 이 표에서의 추이를 대략 정리해 보면 그림 4.1과 같이 나타낼 수 있다. 농림업적 토지이용에서 도시적 토지이용으로 전환이 대부분으로, 역의 경우는 거의 없다. 그러나 이와 같은 변화는 국토의 전역에서 일어나고 있다고는 할 수 없고 주로 도시근교지역에 집중되고 있다. 원래 토지이용이라는 것은 토지가 갖는 잠재적 자원을 활용하는 것이기 때문에 어떤 특정한 장소에서 농지가 택지, 상점, 공장용지 등으로 전환되는 것은 지역발전에 기여하는 한, 어느 정도까지는 부득이하다. 그리고 농림업적 이용 내에서도 개간 등을 통하여 임야가 농지로 전환되기도 하고, 반대로 최근에는 농지 유휴화로 인하여 농지가 임야로 바뀌는 경우도 자주 발생하고 있다.

표 4.2 국토이용구조의 변화추이

(단위 : ㎢, %)

구분	1984년	1990년	2000년	2008년
전　국	99,117(100.0)	99,274(100.0)	99,46(100.0)	99,828(100.0)
도시적 용지	3,784(3.8)	4,763(4.8)	5,372(5.4)	6,506(6.5)
·대　지	1,791(1.8)	1,937(2.0)	2,349(2.4)	2,660(2.7)
·공장용지	152(0.2)	246(0.2)	514(0.5)	703(0.7)
·공공용지	1,841(1.9)	2,112(2.1)	2,636(2.6)	3,143(3.1)
농　지	21,921(22.1)	21,855(22.0)	21,043(21.1)	20,924(21.0)
임　야	65,910(66.5)	65,571(66.0)	65,139(65.5)	64,546(64.7)
기　타	7,502(7.6)	7,085(7.1)	7,907(7.9)	7,853(7.9)

자료 : 제4차 국토종합계획 수정계획(2006~2020), 국토의 계획 및 이용에 관한 연차보고서 2009에서 재구성
주 : 공공용지는 학교용지, 도로, 철도용지, 농지는 전, 답, 과수원임

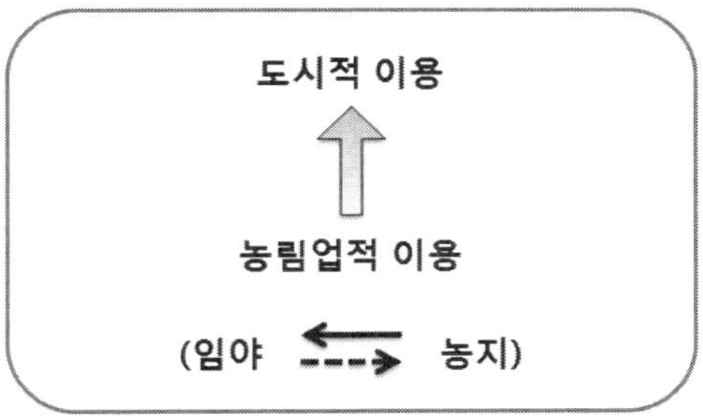

그림 4.1 용도간 토지이용의 전환

그리고 농경지는 매년 증가와 감소가 반복적으로 일어나고 있는데, 표 4.3에서 보는 바와 같이 증가의 사유로는 주로 개간과 간척이 주를 이루고 있다. 반면, 아파트, 상가 등의 신축이나 공공시설의 설치, 유휴지 발생 등으로 인하여 많은 농경지가 사라지고

있음을 알 수 있다.

토지의 성격 면에서 본다면 도시적 토지이용에 있어서는 입지, 면적, 지반지지력 등이 중요한 요인이지만, 농업적 토지이용에는 토지의 비옥도등이 중요하기 때문에 특히 입지조건이 좋은 농지는 비옥도의 양부에 관계없이 언제나 전환 압력을 강하게 받고 있다. 그러나 한번 도시적 토지이용으로 전환된 토지는 농업적 토지이용에 필요한 비옥도를 회복하는 것은 대단히 어렵다. 예를 들면 공장용지로 조성된 토지를 일시적으로 농지로 이용하고자 해도 그것은 매우 어려운 실정이다. 이것은 토지이용전환의 불가역성(不可逆性)의 하나라고 할 수 있다.

표 4.3 증감사유별 경지면적

(단위 : ha)

구분	증가면적					감소면적					
	계	전답전환	개간	간척	기타	계	전답전환	건축건물	공공시설	유휴지	기타
1980	14,649	11,420	2,528	77	624	25,898	11,420	4,108	5,051	-	5,319
1985	22,257	16,595	3,560	1,047	1,055	30,199	16,595	4,312	3,493	-	5,799
1990	16,136	12,275	1,915	1,189	757	34,045	12,275	9835	4766	3515	3,654
1995	54,042	38,424	5,101	9,014	1,503	101,491	38,424	24,687	11,206	17,881	9,293
2000	23,777	14,790	5,653	957	2,377	33,937	14,790	5,336	5,224	4,734	3,853
2001	21,404	13,666	4,356	1,061	2,321	34,031	13,670	5,636	5,534	4,766	4,425
2002	15,482	10,972	3,292	319	899	29,002	10,972	6,420	4,379	4,031	3,200
2003	15,071	11,825	2,349	0	897	31,244	11,370	7,927	4,823	4,406	2,718
2004	21,292	13,050	7,249	345	648	31,652	13,050	6,695	5,742	4,209	1,956
2005	10,426	8,695	1,008	411	312	21,985	8,695	5,173	3,517	3,068	1,532
2006	30,691	26,144	4,159	16	372	54,158	26,144	9,707	6,315	4,462	7,530
2007	22,420	18,125	3,392	550	353	41,311	18125	10,167	4,067	6,127	2,825
2008	32,734	27,122	4,643	443	526	5,5518	27,122	9,834	5,157	10,037	3,368
2009	61,785	35,094	23,013	2,685	993	83,782	35,094	15,156	13,939	14,984	4,609

자료 : 농림수산통계연보(2009)

표 4.4는 장래 우리나라의 국토지표의 변화를 전망한 것이다. 이 표에서 알 수 있듯이 앞으로도 농지, 산림 등의 농림업적 토지이용에서 주택, 공원, 도로 등의 도시적 토지이용으로의 전환을 예고하고 있는 것을 알 수 있다.

표 4.4 2020 국토지표

주요지표	단위	1998년	2003년	2020년
도시화율	%	86.4	89.4	95.0
수도권 인구비중	%	45.6	47.6	47.5
1인당 도시공원 면적	㎡	6.4	7.0	12.5
GDP대비 물류비	%	16.5	12.5	10.0
1천 명당 주택수	호	-	270	370
1인당 주거면적	㎡	-	20.2 (2000년 기준)	35.0
상수도 보급률	%	85.2	89.4	97.0

자료 : 제4차 국토종합계획 수정계획(2006~2020)

4.1.2 농촌의 토지수요 변화와 토지이용방법

(1) 농촌의 토지수요 변화

농촌은 농림업적 토지이용을 주로 하는 지역이지만 통근권의 확대, 겸업화의 진전 등으로 농림업이외의 산업비율이 높아가고 있으며, 또 생활양식도 현대화되어 가고 있어 다양한 토지수요가 발생하게 되었다.

예를 들면, 농촌은 도시에 비하여 대중 교통편이 나쁘기 때문에 점차 자가용 자동차의 이용이 대폭 늘어날 전망이지만 자동차의 통행이 전제되지 못한 마을 내부도로는 도로의 폭이 좁아 도로의 확장이 불가피하다. 따라서 가옥부지 등을 일부 제공하여 확장하는 사업이 필요하다. 또한 생활양식의 변화에 따라 공공시설의 중요성도 높아지고 있어 다목적용 마을회관의 신축 또는 증축도 필요하게 되었다.

마을의 안전성을 높이기 위하여 방화, 방재시설 등도 신설 · 개선할 필요를 느끼게 되었다. 개개의 농가 사정에 따라서는 분가(分家)주택, 농업용 창고 등을 신축하기도 한다. 따라서 어느 경우든 신규의 토지수요가 발생하게 된다.

농지에서는 생산성을 높이기 위한 경지정리가 불가피하며, 구획의 크기도 대규모화되고 농로, 용수로, 배수로도 새로이 정비되면서 이들 시설의 밀도나 폭이 증가하기 때문에 이를 위한 용지 창출이 필요하다. 미곡종합처리장(RPC)등의 농업시설도 신규로 설치할 곳이 많이 늘어나고 있다.

또, 농촌지역에서는 간선도로인 국도와 지방도의 확장이나 우회도로의 신설, 광역계획에 따른 고속도로의 신설, 지자체 및 각종 공공기관의 청사, 운동공원, 학교, 병원 등의 공공시설을 새로이 설치하는 등 다양한 용도의 토지수요가 날이 갈수록 증대하고 있다.

(2) 토지이용의 방법

고래로 우리나라의 생산 및 생활양식은 농업을 중심으로 형성되어 왔고 토지이용도 그 역사를 반영하고 있다. 그러나 특히 경제성장 과정에서 우리사회 전체가 비농업부문의 비중을 높여 왔고, 그와 같은 토지수요에 대해서는 앞에서 살펴 본 바와 같이 농지 및 산지가 그 공급원이 된 것이 대부분이었다. 이것 자체는 부득이한 것이지만 여기서 중요한 것은 「어떻게 계획적이고 질서 있게 토지이용을 유도할 것인가」이다.

국가적 차원에서는 국토기본법과 국토의 계획 및 이용에 관한 법률(이하 "국토계획법")을 기본으로 하여 토지이용에 관한 각종 법률이 정비되고, 각각의 법률에 따라 용도지역들을 지정하고 관리되어 왔다. 농지에 관해서는 주로 농지의 이용증진과 영농규모 확대 등을 위한 농지의 임대차, 그리고 권역적 농지보전을 위해 농업진흥지역 등의 지정을 규정하고 있는 농지법이 있다.

이와 같은 관련 법률에 근거하여 기본계획(master plan)의 성격으로 토지이용의 목표를 나타내는 용도 지정이 이루어진다. 각 법률에는 실제로 그와 같은 이용이 이루어지도록 다양한 촉진책이 마련되어 있고, 또한 그러한 시책에 따라 조화 있는 토지이용의 실현이 가능하다.

그러나 이 목표는 간단히 달성된다고는 할 수 없다. 토지의 소유와 이용은 헌법에 보장된 재산권의 행사이기 때문에 그것은 제한될 수 없다고 하는 지권자(地權者)의 목소리도 있다. 한편, 토지를 이용한다고 하는 것은 구획된 하나의 토지로만 국한된 것이 아니고 주변에도 여러 가지로 영향을 주기 때문에, 토지를 공공의 재산으로 규정하고 공공복리에 더 우선을 두고 이용되어야 한다는 의견이 지배적이다. 그 사상이 바로 토지공개념이다.

4.1.3 농촌토지이용계획의 의의와 과제

(1) 토지이용계획의 의의

토지이용이란 인간이 지구상에서 살아 나가는 과정에서 자신의 물질적, 정신적 욕구를 충족시키기 위하여 토지에 가하는 인위적이면서도 체계적인 활동을 말하며, 토지이용계획이란 토지이용 목적용지의 적절한 배분과 조정을 바탕으로 하여 토지이용의 종합 질서를 확립하고, 토지기반의 종합적 가치를 높이기 위한 계획을 말한다.

토지이용계획의 목적은 토지이용의 효율화 및 합리화를 추구함에 있고, 농촌계획, 도시계획 등의 지역계획에 있어서 사회경제계획이나 물리적 계획 등과 함께 중요한 골격을 구성하고 있다. 그러나 사회경제계획이나 물리적 계획 등의 부문계획에 비해 다른 특징적 성격은 이들 계획의 통합을 바탕으로 만들어진 공간계획이라는 것과 기본계획(master plan)과 실행계획의 이중성격을 지니고 있다는 것이다. 이러한 인식은 토지이용계획의 문제점이나 성격을 생각할 때 특히 중요한 것들이다.

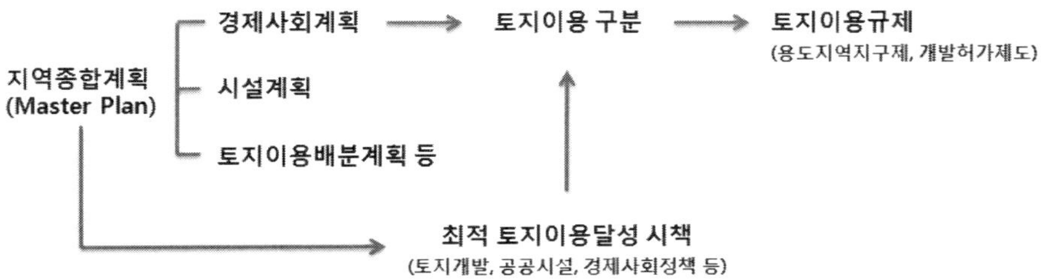

그림 4.2 지역종합계획과 토지이용계획의 관계

자료 : 和田(1980) p.93

토지이용계획이 지역계획의 기본이 되는 전체 종합계획(master plan)의 일환으로서 올바르게 정립되기 위해서는 그림 4.2와 같은 내용을 갖추어야 할 것이다. 즉, 사회경제계획이나 시설계획 등을 포함한 토지의 이용배분(양적, 질적)에 있어서 공간적으로 최적 배분한 이용구분계획, 나아가서는 토지이용규제계획, 최적 토지이용달성 시책 등 토지이용에 관한 계획의 전체를 의미하는 것이다.

농촌토지이용계획이란 농촌지역의 전체적인 지역계획의 일환으로서의 토지이용계획을 의미하며 농지, 산지, 주택지, 상공업용지, 레크레이션용지 등, 모든 토지이용의 종류와 내용(토지나 건축물의 용도, 크기 등)에 관해서 이용구분 내지 이용규제를 작성하는 계획이다.

우리나라의 경우 도시지역에 대해서는 국토계획법과 기타 관계 법률에 의하여 용도지역 구분과 토지이용규제 등이 매우 구체적으로 규정되어 있다. 하지만, 농촌지역에 있어서는 농지법에 의한 농업진흥지역의 구분, 국토계획법에 의한 용도지역 구분 등의 정도에 불과하여, 아직 구체적인 규제나 계획이 제대로 마련되어 있지 못하다. 이러한 현실 속에서 농촌토지이용계획의 중요성(필요성)과 그 의의는 매우 크다고 하겠다.

(2) 토지이용계획의 과제

1) 부문별 토지이용계획의 정합(整合)

토지이용계획은 전국계획 - 도계획 - 시 · 군계획이라고 하는 지역의 크기 및 위계에 따른 상하 관계와 도시계획 - 농촌계획이라고 하는 대상지역별 관계 등과 복잡하게 연결되어 있다. 따라서 계획대상지역을 전체적으로 고루 발전시키기 위한 계획, 그리고 이들 각 관계에서 모순이 적은 정합성 있는 계획이 바람직하다. 그러나 계획이란 장래를 생각하고 유도해 가는 것이므로 목표 년차를 몇 년 후로 할 것인가에 따라서도 정합성의 판단기준은 변한다.

예를 들어 신규로 주택개발계획을 수립하는 경우, 주택만을 건설하는 것으로는 불충분하고 상점, 의료시설, 교육시설, 교통기관 등도 정비할 필요가 있으며, 이들 계획은 개발규모와 밀접한 관계가 있다. 그런데 개발계획은 과대하게 책정해 놓고 그것에 걸맞은 관련 계획들이 좀처럼 진행되지 않는다면 그 실효성을 기대할 수 없을 것이다.

또, 농지정비계획과 간선도로계획이 각각 개별적으로 진행된다면 정비된 농지가 수년 후에 간선도로 건설에 의해 분단되는 사태를 초래할 수 있기 때문에 각각의 계획을 당초부터 조정하는 것이 바람직하다. 경지정리사업을 도로계획과 일체적으로 시행하여 도로정비에 있어서는 용지확보를, 경지정리에 있어서는 용지 매각비의 정비비용으로 충당하는 등 서로간의 바람직한 조정 방법을 취하는 것이다.

2) 토지이용의 순화(純化)

토지이용계획에 있어서는 용도구분이 이루어지는데, 이 때 같은 용도의 토지는 가능한 같은 곳에 모여지도록 계획하는 것이 바람직하다. 그 배경에는 토지를 이용하는데 있어서 타 용도의 토지가 혼재하면 서로 장애가 되기 때문이다. 예를 들어 농지 한가운데 택지나 공장이 흩어져 있으면 농작업을 하는데 지장을 준다는 것은 쉽게 상상할 수 있다. 도시의 경우 주택과 공장이 서로 섞여 있다면 각각의 기능을 충분히 발휘할 수 없게 된다. 단, 농지이용이 너무나도 단순화되면 그다지 좋지 않은 농촌경관이 되기도 하고 또 토지이용은 상호 보완되어야 하는 것으로 하나의 토지이용단위가 너무 커도 곤란하다.

그래서 같은 용도의 토지이용을 일정하게 묶어서 배치하는 것을 토지이용의 순화라고 하는데, 용도지역지구제(zoning)는 이것을 구체화시키는 수단 중의 하나이다. 현실적으로 토지이용의 변화는 그림 4.1에서 본 바와 같이 거의 농지나 임야에서 도시적 토지이용으로 전환되기 때문에 용도지역이나 지구를 지정할 때는 이들의 장래 수요를 정확하게 예측하고 질서 있게 배치시켜야 하는 중요한 과제를 안고 있다.

용도지역지구제는 토지이용을 순화시키는 가장 중요한 수단의 하나이지만 경지정리사업 등을 계기로 농촌토지이용을 순화시킬 수도 있다. 이를 위한 중요한 수단이 환지(換地)이다.

3) 토지이용의 적성평가

토지를 이용한다는 것은 토지의 잠재적 가치를 도출해 내는 과정이라 할 수 있다. 따라서 그 토지의 적성에 알맞게 이용되는 것이 바람직하다.

예를 들면 습윤한 토지는 벼 재배에는 적합하지만 밭작물에는 적합하지 않고, 주택건설은 피하는 것이 좋다. 호남, 김해, 김제평야 등 넓은 저지대에는 논농사가, 강원도, 경상북도 등지의 산간지에는 밭농사 등이 유리하듯, 자연조건에 있어서의 합리성이 강조되지만, 교통수단의 발달에 따라 근린마을이나 중심도시와의 관계도 고려할 필요가 있다. 토지가 지니고 있는 잠재적 가치와 더불어 입지하는 장소에 따른 상대적 가치가 점유하는 비율도 점점 커지고 있다.

이러한 여러 조건에 관해서 자연과학적, 사회과학적으로 체계화를 시도한 것이 「토지적성평가(land suitability classification)」이론이며, 그 적용에 관해서는 뒤에서 구체적으로 설명하기로 한다(4.3참조).

4) 기타

앞의 과제 외에도 농촌토지이용계획 책정에 중요하게 고려되어야 할 사항으로 다음의 몇 가지를 들 수 있다.

첫째, 상위계획 또는 관련계획과의 연관성 문제이다. 전국계획을 비롯한 각종 상위계획 및 관련계획과 조화를 이루지 못하면 그 계획은 유명무실해지기 쉽다. 즉, 상위지역 또는 개별지역 간의 조정이 이루어지지 못해 상호 모순되거나 중복될 수 있고, 상위계획과의 연계성이 결여되어 실효성을 거두기 어렵게 된다.

둘째로 주민 참가형 계획기법 개발 과제이다. 토지이용계획과 같이 개인의 권리를 어느 정도 제한하고 종전의 생산 및 생활 조건을 대폭적으로 개편하는 등, 주민에 대하여 어떠한 형태든지 직·간접적으로 영향을 주는 계획에 있어서는 단순히 책상 위에서의 경제적 또는 물리적 근거 기준에 따른 최적 계획만으로는 시행과정에서 주민의 저항이나 비협조 등 많은 문제가 발생할 수 있다. 따라서 주민을 계획결정에 최대한 참여시키는 것이 바람직하다. 다만 주민의 이해득실에 따른 의견이 다양하여 이기주의적 관점이 지배적이기 때문에 계획주체의 계획안을 어떻게 합리적으로 조정할 것인가, 즉 주민합의를 형성하는 시스템의 개발 등이 중요한 과제이다.

셋째로 이용규제상의 문제이다. 아무리 훌륭한 계획이 수립되었다 해도 계획이 실효성을 거두기 위해서는 그 계획이 효율적으로 실행될 수 있도록 뒷받침하는 제도적 장치가 제대로 마련되어야 한다. 따라서 합리적인 제도적 정비가 뒤따라야 하는 것이 무엇보다도 중요하다.

그리고 토지이용 원단위(原單位)의 개발, 농업적 수요에 따른 공간요구의 파악방법, 우량농지보전방법, 토지자원평가방법, 자연환경보전을 위한 토지이용계획기법 개발 등 계획기법상의 과제들이 산적해 있다.

4.2 농촌토지이용계획의 체계

4.2.1 농촌계획과 토지이용계획

농촌계획의 내용은 계획의 목적, 성격, 계획의 단계 등에 따라 다르겠지만 일반적으로는 전체계획과 세부계획으로 구분한다. 전자는 기본계획, 토지이용계획, 시설배치계획을 포함하고, 후자는 마을계획(중심지계획 등), 생산용지계획(농업용지, 임업용지, 공업용지, 관광용지 등), 교통 · 수리계획(도로계획, 수로계획, 상하수도계획 등), 기타(녹지계획, 방재계획 등)계획 등으로 그 내용을 구분할 수 있다.

이와 같이 농촌계획에 있어서의 농촌토지이용계획은 농촌지역을 각종 토지이용형태로 구분하는 것이다. 주로 마을용지, 농업용지, 공업용지, 교통용지, 수리시설용지, 관광용지, 녹지 등 생활 및 생산 이용목적별 토지구분(대토지이용구분, major land use)을 하는 것이며, 필요에 따라서는 각 이용구분 내부의 용도구분, 예를 들면 마을용지를 택지, 도로, 상점 등으로 세분하는 즉, 소토지이용구분(minor land use)을 할 수 있다. 이러한 구분은 당연히 사회 · 경제적인 예측과 계획을 전제함과 동시에 각종 물리적 계획과의 연관성이 있어야 하기 때문에 토지이용계획은 부문계획이 종합된 기본계획(master plan)을 의미한다.

그러나 농촌토지이용계획은 농촌내의 모든 토지의 최적 이용을 달성하는 것이기 때문에 그 내용은 단지 토지이용구분 및 용도지역구분을 위한 것만이 아니고 최적 이용을 실현시키기 위한 용도지역지구제나 개발허가제 등과 같은 각종 규제 제도나 농지개발 등의 토지조건정비, 도로나 수로 등의 공공시설 투자 등의 유도계획까지 폭넓게 포함하고 있다. 즉, 여기서 말하는 계획(planning)은 단순한 이용구분(classification)만이 아니고 일정의 규제조치(control)를 포함하는 정책행위(policy)까지 갖춘 계획이라고 할 수 있다.

그렇다면 먼저 경제 · 사회계획(metaphysical planning)과의 연관성을 유지하는 것이 중요하지만, 한편으로는 생산 및 생활용지 개발의 기술적 문제, 또는 용도 규제라는 법적 · 제도적 문제와도 깊게 관련되어 있다. 토지이용계획이야 말로 시설계획과 함께 농촌계획의 중심과제라고 할 수 있을 것이다.

농촌토지이용계획은 우리나라뿐만 아니라 외국에서도 도시토지이용계획에 비해 뒤떨어져 있다. 그것은 무엇보다도 농촌계획, 그 자체가 도시계획에 비해 뒤떨어져 있는 원인도 있지만 농촌토지이용계획에는 도시토지이용계획에 비하여 농촌의 복잡한 특수성에 의해 기본적 성격이 크게 다르기 때문이기도 하다.

4.2.2 토지이용계획의 종류와 내용

(1) 지역계획체계상의 토지이용계획

토지이용계획은 어디까지나 지역계획의 한 부문계획으로 지역계획이 지역의 규모에 따라 계획내용, 기법이 다른 것과 같이 토지이용계획도 지역의 규모에 따라 다르다고 할 수 있다.

지역계획은, 통상 국토계획, 수도권계획, 시·도계획, 시·군계획, 읍·면계획, 마을계획 등 지역의 계층성에 깊은 연관성을 지니고 있다. 그래서 토지이용계획도 이들 지역 계층성을 따르는 것이 일반적이다. 즉, 토지이용계획도 대상지역의 크기에 따라 분류할 수 있을 것이다. 토지이용계획은 토지이용 종류에 따라 다르다고도 할 수 있으므로, 토지이용 종류의 기술적 특성에서 보면 대략 3종류로 나누어서 생각할 수 있다.

① 대토지이용계획 : 계획대상 범역이 시·군 이상이고, 계획단위는 지구단위(地區單位)로서 토지이용의 성격(특성)을 규정하는 토지이용계획(계획도의 지도축척은 약 1/25,000 정도 이상)

② 중토지이용계획 : 계획대상 범역이 읍·면 정도, 계획단위는 용지단위(用地單位)로서 토지이용 종류를 정하는 토지이용계획(계획도의 지도축척은 1/5,000~1/25,000 정도)

③ 소토지이용계획 : 계획대상 범역이 마을 정도, 계획단위는 필지단위(筆地單位)로 세부토지이용 종류를 정하는 토지이용계획(계획도의 지도축척은 1/500~1/2,500 정도)

(2) 토지이용구분

토지이용구분이란 목표로 하는 용도별 계획구역을 구분하는 것이지만, 토지이용의 조정이라는 관점에서 보면 현황 토지이용의 타 용도 전환을 목적으로 하는 구역과 현황 토지이용의 보전·보존을 목적으로 하는 구역으로 분류하는 것이 중요하다.

전자는 현황 농지나 산지를 주택지, 상업용지, 공업용지 등으로 전환하는 경우이며, 국토계획법에 의한 주거·상업·공업지역 등의 용도지역이 여기에 해당한다. 후자의 예로서는 농지를 농업진흥의 관점에서 보전하거나(농지법의 농업진흥지역), 산지, 수면, 습지 등을 자연보호의 관점에서 보호하고, 또는 도시계획의 관점에서 토지이용 전환을 억제하는 경우(국토계획법의 녹지지역, 시가화 조정구역, 개발제한구역(green belt) 등) 등이 있다.

(3) 토지이용계획 작성과정

토지이용계획은 일반적으로 용도별 토지수요를 예측하고 개개의 토지이용적성이나 토지소유자의 이용의향을 고려하여 용도별 필요면적을 실제의 토지에 연관시킨 다음(토지이용구분), 최종적으로 계획실현수단을 검토하는 절차로 작성된다.

1) 토지수요예측

상위계획에 의해 미리 수요면적이 주어져 있는 경우는 그것이 계획의 여건이 된다. 그렇지 않는 경우는 계획구역의 토지이용 동향이나 계획주체인 지방자치단체의 정책의향 등을 종합적으로 판단해서 용도별 수요면적을 산정한다. 이 때 기본이 되는 것이 토지수요예측이다.

주택지의 경우 계획구역에 유입되는 신규인구를 추계하여 그것에 적당한 원단위(原單位, unit), 즉 1인당 또는 1세대당 주택지 면적을 곱하여 수요면적을 산정한다. 인구추계에는 각종 방법이 있지만 과거 인구이동 추세를 기초로 하여 그것에 변화요인을 가미하는 방법이 일반적이다. 장래 인구에 영향을 주는 요인은 다양하여 그 각각이 불확정된 것인 만큼 정확한 인구추계는 어렵다.

또, 공업용지나 상업용지의 경우에는 공장이나 사무소가 실제로 어느 정도 진출해 올 것인지 예측이 어렵고 업종 등에 따라 원단위가 다르므로 그것을 사전에 특정지울 수 없다는 어려움이 있다.

한편, 농지의 경우 현재 농업측면에서 확보해야 할 면적을 산정하는 근거나 방법이 불충분한 경우가 많다. 실제적으로는 우량농지를 먼저 확보하고 상대적으로 열등한 농지부터 순차적으로 전용하는 방법이 바람직하다.

2) 토지이용의 적성평가

토지수요예측 등을 기초로 하여 정해진 용도별 수요면적을 계획구역 내에 접목시킬 경우, 가장 중요한 것은 개개 토지의 토지이용적성에 관한 정보이다. 토지이용의 적성평가 방법으로서는 관련 요인을 추출하고, 각 요인별로 산정한 평가치(정성적 평가를 포함)를 적절한 방법으로 종합화해서 우량정도의 서열을 매기는 방법이 일반적이다. 농지의 경우라면 토지생산성이나 토지기반의 정비수준 등에 기초해서 농지의 우량 정도를 평가하고 최종적으로 몇 단계로 등급 · 분류한다(4.3 참조).

3) 토지소유자의 이용의향 파악

토지소유자의 이용의향을 무시한 토지이용계획을 수립하게 되면 농지로 보전해야 할 구역에서 무질서한 전용이 발생하거나 시가화를 촉진해야 할 구역에서 장기간에 걸쳐 농지가 잔존하는 경우가 발생할 수 있다. 따라서 설문조사나 청취조사 등에 의해 토지소유자의 이용의향을 충분히 파악할 필요가 있다. 그러나 토지이용자 자신이 장래의 토지이용을 결정하지 못하는 경우도 있어 실제로는 토지소유자의 이용 의향을 파악하기 어려운 경우가 많다.

4) 토지이용구분

상위계획이나 토지수요예측 결과를 근거로 하여 산정된 용도별 수요면적을 토지이용의 적성평가나 용도간의 상호관계 등을 고려해 계획구역내의 토지에 접목시킴으로서 토지이용구분이 이루어진다.

(4) 토지이용계획의 실현수단

기본계획(master plan)으로서의 토지이용계획은 장차 달성해야 할 토지이용의 목표를 제시하는 것만으로는 실현 불가능하며, 이것을 실현하기 위해서는 각종 규제나 유도가 필요하다.

1) 용도지역지구제(zoning)

용도지역지구제(지역제 또는 지역지구제라고도 함)는 계획구역의 전체 또는 일부를 용도나 기능 등에 의해 소구역으로 구분한 다음, 소구역별로 각기 다른 토지이용규제를 가하는 제도를 말한다. 직접적인 토지이용규제를 동반하는 점이 단순한 토지이용구분과는 다르다고 할 수 있다.

용도지역지구제에 의한 구역구분은 토지이용규제의 전제가 되는 것만이 아니고 뒤에서 설명하는 토지세제나 공공시설정비, 토지기반정비 등 기타의 규제 · 유도 조치의 전제가 되는 경우가 많다. 그러한 의미에서 용도지역지구제는 토지이용계획 실현수단의 중심이라고 할 수 있으며, 또 용도지역지구제에 의한 구역구분이 일종의 기본계획(master plan)이 되는 경우도 있다.

용도지역지구제에 의한 토지이용규제는 특정의 토지이용을 금지하거나 또는 특정의 토지이용 이외의 토지이용을 금지하는 것으로, 현황 토지이용을 보전하는 것은 유효하지만 현황과 다른 토지이용으로의 전환을 촉진하는 기능은 거의 없다. 또, 토지이용규제는 어느 정도 강력하지 않으면 그 효과가 약하지만, 너무 강력한 규제가 도리어 각종 탈법행위 등 부정적인 면을 유발하는 경우도 있다.

우리나라의 용도지역지구제 예로는 국토계획법의 4대 용도지역(도시지역, 관리지역, 농림지역, 자연환경보전지역)과 각종 용도지역 · 지구 · 구역 등의 지정, 농지법의 농업진흥지역(농업진흥구역과 농업보호구역), 수도권정비계획법에 의한 3개 권역(과밀억제권역, 성장관리권역, 자연보전권역), 산림법에 의한 보전임지 지정 등이 있다.

2) 개발허가제도

개발을 행하고자 하는 자에게 사전 심사를 의무화시켜 심사를 거친 경우에 한해서 개발을 인정하는 제도이다. 용도지역지구제의 경우는 지역이나 지구별로 인정되는(또는 인정되지 않는) 용도나 형태 등을 미리 명시해 그것에 맞지 않는 것에는 자동적으로 배제하는데 비해, 개발허가제도의 경우는 용도지역(지구) 구분을 전제로 하지 않고 신청된 개발안건을 한 건, 한 건 심사하는 점이 다르다. 단, 용도지역(지구) 구분을 전제로 개발허가제도를 운용하는 경우에는 실질적으로 용도지역지구제와 동일하다.

3) 토지세제

토지이용계획과의 관계에서는 종합토지세나 도시계획세 등의 토지보유세가 중요하다.

용도지역지구제에 의한 토지이용세제가 토지이용 전환을 바라지 아니하는 자에 대하여 전환을 촉진하는 기능을 가지지 못하지만, 토지보유세는 토지보유 비용을 증대시킴에 따라 토지이용의 전환을 촉진하는 기능을 가진다. 예를 들어 토지이용계획에서 주거지역으로 지정된 농지(현행의 보유세는 농지이용을 계속할 수 있는 정도의 낮은 수준을 유지하고 있다고 가정한다)에 대해서 주택지의 지가에 상응하는 토지보유세(농지보다도 높은)를 매긴다면 현재에 비해 보다 고도한 이용으로 전환하지 않으면 매년 세금조차 지불할 수 없을 것이다. 다시 말하면 토지보유세를 통해서 농지에서 택지로의 전환이 촉진되어 토지이용계획에 알맞은 토지이용이 실현되는 것이다.

또, 용도지역지구제와 토지보유세를 연계시켜 규제가 엄격한 구역에서는 보유세를 낮게 하고, 규제가 느슨한 구역에는 반대로 높게 설정해 두면 규제가 약한 구역이 필요 이상으로 크게 설정되는 경향을 막을 수 있어 보다 합리적인 토지이용구분을 실현할 수 있다.

4) 공공시설정비와 토지기반정비

공공시설정비나 토지기반정비는 토지소유자에게 직접 토지이용을 전환시키게 하거나 또 보전하는 기능은 없지만 특정의 토지이용에 알맞은 환경조건을 창출함으로써 간접적으로 토지이용계획의 실현에 기여한다.

특히 도로나 철도, 상하수도나 도시가스 등의 공공시설정비는 토지이용을 유도하는 효과가 크며, 그 후의 토지이용에 결정적인 영향을 미치기 때문에 토지이용과의 정합성에 유의해야 한다.

한편, 토지기반정비에는 토지이용을 유도하는 효과와 함께 현 상황의 토지이용을 보전하는 효과가 있다. 예를 들면 농지기반정비는 대형 농업기계에 의한 농작업을 용이하게 함으로서 휴경화를 미연에 방지하고 장기간에 걸친 농업적 이용의 토대를 만든다. 또 기반정비 후의 새로운 구획에 토지소유자를 바꾸는 환지라고 하는 행위를 통해서 토지소유자의 이용의향과 토지이용계획과의 조정을 행하는 기능도 가지고 있다.

5) 기타 수단

토지이용계획을 효율적으로 실현하기 위한 다른 수단으로는 대리개발제(농지의 대리경작제, 분수림제, 초지의 대리조성제 등), 유휴지에 대한 이용 · 개발 · 처분 등의 규제, 소유상한제(농지, 택지 등), 세제상의 우대조치 등이 있다.

(5) 토지이용계획과 지가(地價)

토지이용계획의 입안에 있어서 계획이 지가에 미치는 영향, 그리고 지가에 의해 계획이 받는 영향에 관해서 고려하는 것이 중요하다.

토지이용계획이 지가에 영향을 미친다고 하는 것은, 예를 들면 토지이용계획에서 도로의 신설이나 새로운 시설(터미널, 주차장 등) 등이 설치됨에 따라 지가가 상승하거나 또는 토지이용계획에 따라 규제를 가함으로써 지가를 억제 내지 하락시킬 수 있는 것 등이다. 한편, 이러한 영향이 예상되기 때문에 반대로 토지이용계획 수립이나 실시가 곤란한 경우가 있다. 예를 들면 토지이용계획이 공포되어 지가가 상승하여 공공시설용지의 취득이나 토지기반의 정비가 어렵다거나, 지가 억제를 싫어하는 토지소유자의 반대에 따라 합리적인 토지이용이 되지 못하는 경우 등이다.

4.2.3 법정토지이용계획의 체계

좁은 국토에 많은 인구를 수용하고 있는 우리나라는 1960년대부터의 산업화와 도시화 과정 속에서 도시 확장 및 산업시설의 확충 등으로 농지, 산지 등 농촌 토지가 주택용지, 공공시설용지, 공업용지 등으로 잠식되어 왔다. 이와 같은 국토이용의 변화에 따라 농촌토지이용은 구조적으로 커다란 변화와 혼란을 가져오게 되었다. 또한 이와 같은 과정 속에서 지가상승, 토지투기 등 사회 · 경제적인 문제는 물론, 무질서한 농지전용에 의한 농지의 스프롤(sprawl)화와 농지면적의 감소, 농지이용효율의 저하, 농지의 유휴화 등 농촌토지이용상의 각종 문제를 일으키게 되었다. 이러한 문제에 대응하기 위하여 정부는 각종 제도적 장치를 마련하여 국토공간의 질서를 확립하여 왔다.

법정토지이용계획이란 법률에 의해 계획구역, 계획절차 및 내용 등을 정하고 있는 토지이용계획이라 할 수 있다. 우리나라에서는 그 성격과 내용을 달리하는 100여 개의 토지이용 관련 법률이 제정되어 있고, 전체적으로 매우 복잡한 체계를 이루고 있다. 이와 같은 토지이용 관련 법률에 의해 각종의 토지이용계획들이 작성된다.

(1) 국토공간계획과 법체계

국토공간계획체계는 일반적으로 그 대상영역의 크기와 계획내용에 따라 전국계획, 지방계획(수도권, 특정지역 등), 도시계획(특별시, 광역시, 시), 농촌계획(군, 읍면 등) 등으로 구분할 수 있다. 이들 계획의 내용과 상호관계는 그림 4.3과 같이 국토기본법, 국토계획법, 수도권정비계획법, 농어촌정비법 등에 의해 각각의 계획이 수립 · 운영되고 있다.

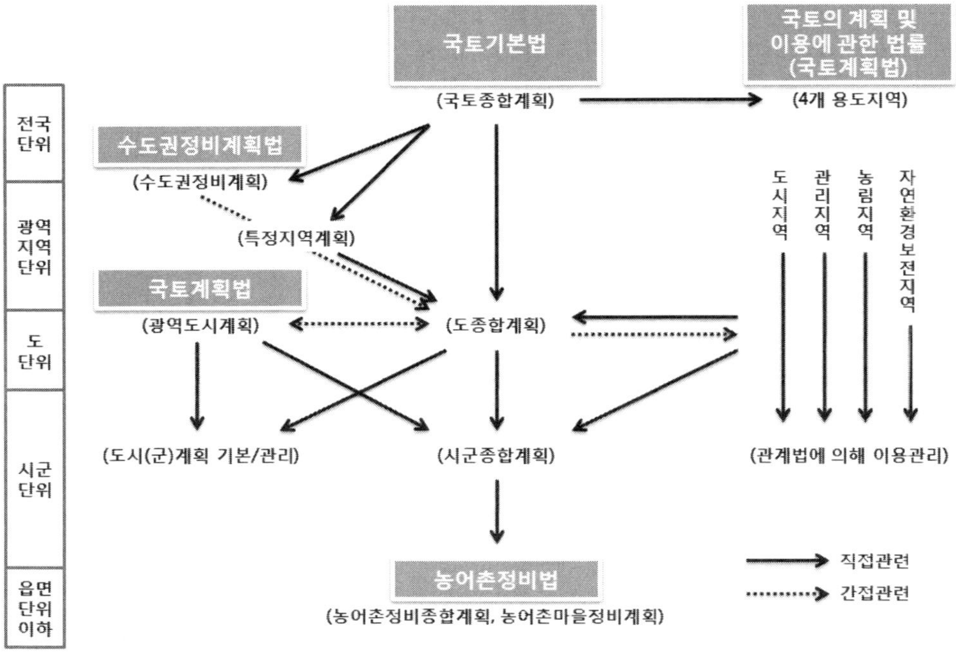

그림 4.3 국토공간계획과 법체계

(2) 국토이용관련법 체계

현행 국토이용관리체계는 국토기본법에 의해 국토계획을 수립하고, 국토계획에 의해 전국토를 4개의 용도지역으로 구분하고 있으며, 각 용도지역별로 관련 개별 법률에 의해 개발 · 이용 · 보전 · 규제하는 체계로 구성되어 있다.

그림 4.4는 국토이용에 관련된 각종 법률을 부문별로 분류 · 정리한 체계도이다. 국토이용에 직 · 간접적으로 관련하고 있는 법률은 100여 개에 이르고, 전체적으로나 부문별로 복잡다기하며 다양한 개별법으로 되어 있어, 체계성, 계층성을 제대로 갖추지 못하고 있는 것 등이 문제점으로 지적된다.

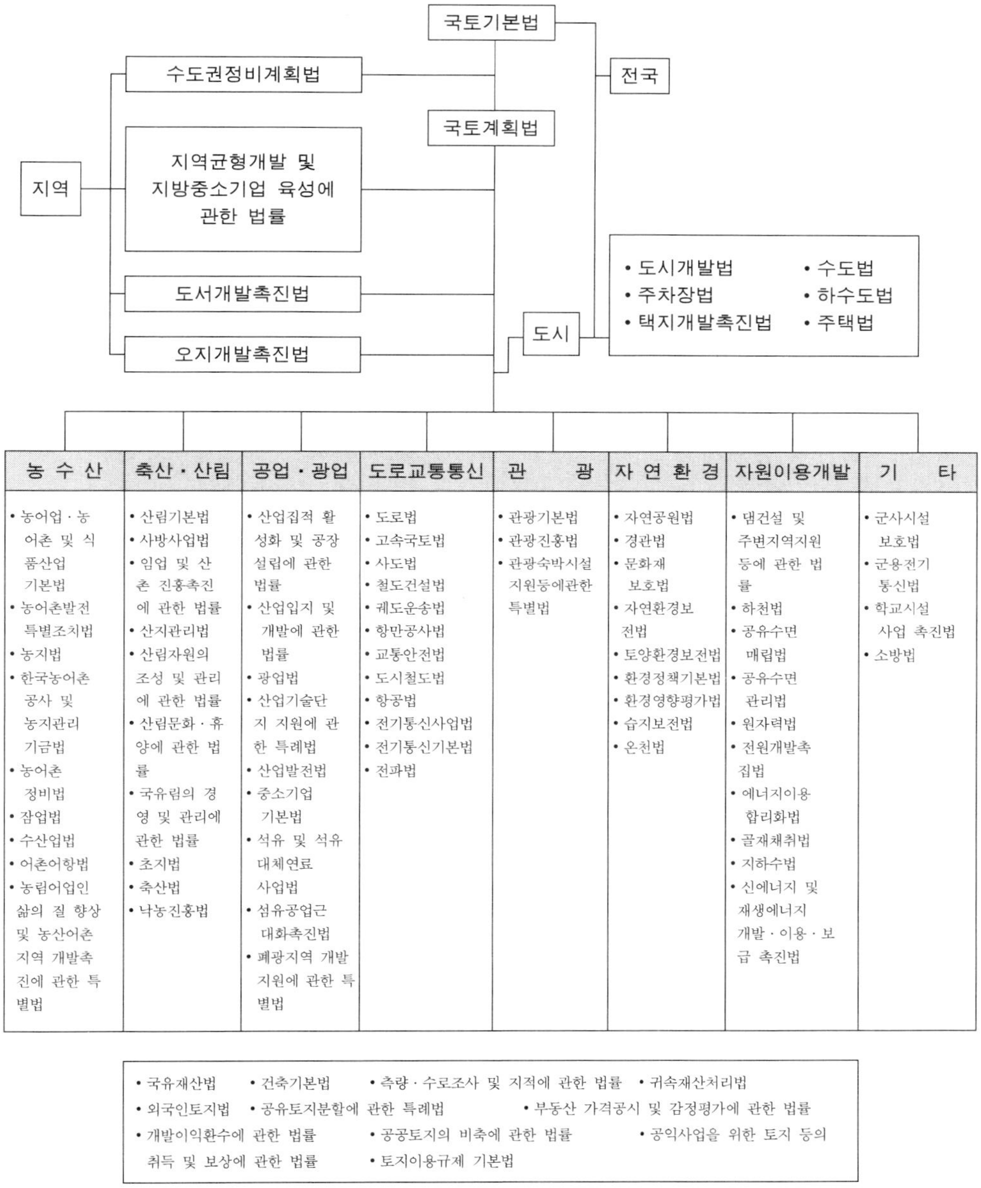

그림 4.4 국토이용관련 법률의 부문별 체계

자료 : 黃漢喆外(1992a) p.29에서 수정 보완

(3) 국토계획법에 의한 국토의 용도 구분

국토는 자연환경의 보전과 자원의 효율적 활용을 통하여 환경적으로 건전하고 지속가능한 발전을 도모하는 것이 국토 이용 및 관리의 기본원칙이다. 이를 위해 토지의 이용실태 및 특성, 장래의 토지이용 방향 등을 고려하여 다음과 같은 용도지역으로 구분한다(국토계획법 제6조).

도시지역은 인구와 산업이 밀집되어 있거나 밀집이 예상되어, 체계적인 개발·정비·관리·보전 등이 필요한 지역이다. 관리지역은 도시지역의 인구와 산업을 수용하기 위하여 도시지역에 준하여 체계적으로 관리하거나 농림업의 진흥, 자연환경 또는 산림의 보전을 위하여 농림지역 또는 자연환경보전지역에 준하여 관리할 필요가 있는 지역을 말한다. 농림지역은 도시지역에 속하지 아니하는 「농지법」에 따른 농업진흥지역, 또는 「산지관리법」에 따른 보전산지 등으로, 농림업을 진흥시키고 산림을 보전하기 위하여 필요한 지역이다. 자연환경보전지역은 자연환경·수자원·해안·생태계·상수원 및 문화재의 보전과 수산자원의 보호·육성 등을 위하여 필요한 지역이다.

이와 같이 지정된 용도지역에 대하여 국가나 지방자치단체는 용도지역의 효율적인 이용 및 관리를 위하여 관계 법률에서 정하는 바에 따라 그 용도지역에 관한 개발·정비 및 보전에 필요한 조치를 마련하여야 한다(국토계획법 제7조).

첫째, 도시지역은 해당 지역이 체계적이고 효율적으로 개발·정비·보전될 수 있도록 미리 계획을 수립하고, 그 계획을 시행하여야 한다. 둘째, 관리지역은 필요한 보전조치를 취하고 개발이 필요한 지역에 대하여는 계획적인 이용과 개발을 도모하여야 한다. 셋째, 농림지역은 농림업의 진흥과 산림의 보전·육성에 필요한 조사와 대책을 마련하여야 한다. 넷째, 자연환경보전지역은 환경오염 방지, 자연환경·수질·수자원·해안·생태계 및 문화재의 보전과 수산자원의 보호·육성을 위하여 필요한 조사와 대책을 마련하여야 한다.

용도지역별 면적을 살펴보면 농림지역이 고시면적 기준으로 47.8%로 가장 많은 비중을 차지하고 있고, 그 다음이 관리지역으로 24.1%, 도시지역 16.3%, 자연환경보전지역 7.4% 순이다(표 4.5).

표 4.5 국토의 용도구분

용도	내용	관리의무	면적(천ha,%) 총 10,559(100)
도시지역	인구와 산업이 밀집되어 있거나 밀집이 예상되어 그 지역에 대하여 체계적인 개발 · 정비 · 관리 · 보전 등이 필요한 지역	체계적이고 효율적으로 개발 · 정비 · 보전될 수 있도록 미리 계획을 수립하고 그 계획을 시행	1,742 (16.5)
관리지역	도시지역의 인구와 산업을 수용하기 위하여 도시지역에 준하여 체계적으로 관리하거나, 농림업의 진흥, 자연환경 또는 산림의 보전을 위하여 농림지역 또는 자연환경보전지역에 준하여 관리할 필요가 있는 지역	필요한 보전조치를 취하고 개발이 필요한 지역에 대하여는 계획적인 이용과 개발을 도모	2,528 (23.9)
농림지역	도시지역에 속하지 아니하는 「농지법」에 따른 농업진흥지역, 또는 「산지관리법」에 따른 보전산지 등으로 농림업을 진흥시키고 산림을 보전하기 위하여 필요한 지역	농림업의 진흥과 산림의 보전 · 육성에 필요한 조사와 대책을 마련	5,102 (48.3)
자연환경보전지역	자연환경 · 수자원 · 해안 · 생태계 · 상수원 및 문화재의 보전과 수산자원의 보호 · 육성 등을 위하여 필요한 지역	환경오염 방지, 자연환경 · 수질 · 수자원 · 해안 · 생태계 및 문화재의 보전과 수산자원의 보호 · 육성을 위하여 필요한 조사와 대책을 마련	1,187 (11.2)

자료 : 국토계획법 제6조 및 제7조, 국토의 계획 및 이용에 관한 연차보고서(2010)

또, 도시지역을 대상으로 토지의 경제적이며 효율적인 이용과 공공의 복리증진을 도모하기 위하여 표 4.6과 같이 용도지역을 지정 · 관리하고 있으며, 이는 도시관리계획으로 결정한다. 관리지역에 대해서는 보전관리지역, 생산관리지역, 계획관리지역으로 세분하여 관리하고 있다. 보전관리지역은 자연환경 보호, 산림 보호, 수질오염 방지, 녹지공간 확보 및 생태계 보전 등을 위해 보전이 필요하나, 주변 용도지역과의 관계 등을 고려할 때, 자연환경보전지역으로 지정하여 관리하기가 곤란한 지역을 대상으로 한다. 생산관리지역은 농업 · 임업 · 어업 생산 등을 위하여 관리가 필요하나, 주변 용도지역과의 관계 등을 고려할 때 농림지역으로 지정하여 관리하기가 곤란한 지역이다. 계획관리지역은 도시지역으로의 편입이 예상되는 지역이나, 자연환경을 고려하여 제한적인 이용 · 개발을 하기 위해 계획적 · 체계적인 관리가 필요한 지역으로 개발가능성이 가장 높은 지역이다.

표 4.6 도시지역과 관리지역의 용도지역의 지정 및 세분

구분		지정 내용	용도지역의 세분
도시지역	주거지역	주거의 안녕과 건전한 생활환경의 보호	전용 · 일반 · 준주거지역
	상업지역	상업과 기타 업무의 편익 증진	중심 · 일반 · 근린 · 유통상업지역
	공업지역	공업의 편익 증진	전용 · 일반 · 준공업지역
	녹지지역	자연환경 · 농지 및 산림의 보호, 보건위생, 보안과 도시의 무질서한 확산을 방지하기 위하여 녹지의 보전	보전 · 생산 · 자연녹지지역
관리지역	보전관리지역	자연환경 보호, 산림 보호, 수질오염 방지, 녹지공간 확보 및 생태계 보전 등을 위하여 보전이 필요하나, 주변 용도지역과의 관계 등을 고려할 때 자연환경보전지역으로 지정하여 관리하기가 곤란한 지역	
	생산관리지역	농업 · 임업 · 어업 생산 등을 위하여 관리가 필요하나, 주변 용도지역과의 관계 등을 고려할 때 농림지역으로 지정하여 관리하기가 곤란한 지역	
	계획관리지역	도시지역으로의 편입이 예상되는 지역이나 자연환경을 고려하여 제한적인 이용 · 개발을 하려는 지역으로서 계획적 · 체계적인 관리가 필요한 지역	

자료 : 국토계획법 제36조, 동법시행령 제30조

이 외에도 경관지구, 미관지구, 고도지구, 방화지구, 방재지구, 보존지구, 시설보호지구, 취락지구, 개발진흥지구, 특정용도제한지구 등의 용도지구를 지정하여 도시기능의 증진을 도모하고 있다. 또, 도시지역과 그 주변지역의 무질서한 시가화를 방지하고 계획적 · 단계적인 개발을 도모하기 위하여 일정한 기간 동안 시가화를 유보하는 「시가화조정구역」, 도시의 무질서한 확산을 방지하고 도시주변의 자연환경을 보전하여 도시민의 건전한 생활환경을 확보하기 위하여 도시 개발을 제한하고 있는 「개발제한구역(green belt)」, 도시의 자연환경 및 경관을 보호하고 도시민에게 건전한 여가 · 휴식공간을 제공하기 위하여 도시지역 안에서 식생(植生)이 양호한 산지의 개발을 제한하는 「도시자연공원구역」, 수산자원을 보호 · 육성하기 위하여 필요한 공유수면이나 그에 인접한 토지에 대한 「수산자원보호구역」의 지정 등이 있다.

(4) 농지법에 의한 농업진흥지역

산업화, 도시화 과정에서 증가하는 택지, 공장용지, 공공용지 등 비농업적 토지수요에 탄력적으로 대응하면서 농지를 효율적으로 관리하기 위해, 규제 위주의 절대 · 상대농지 제도를 개편하여 농지의 농업적 이용과 타 산업전용 욕구와의 조화를 이루기 위해 농업진흥지역제도가 1993년부터 도입 되었다. 이는 기존의 농지보전 및 이용에 관한 법률(1972년 제정)에 근거한 필지단위의 농지관리체계인 절대 · 상대농지제도가 폐지되고 농어촌발전특별조치법(1990년 제정)에 의한 권역단위의 농지관리체제로의 전환을 의미한다. 그리고 1996년 농지의 소유 · 이용 및 보전 등에 관하여 필요한 사항을 정한 농지에 관한 기본적이고 통합적 법률이라고 할 수 있는 농지법이 제정됨으로써 농업진흥지역제도에 관한 사항이 농지법에 이관되었다.

농지를 효율적으로 이용 · 보전함으로서 농업의 생산성 향상을 도모하기 위하여 농업진흥지역을 지정한다(농지법 제28조). 농업진흥지역은 「국토의 계획 및 이용에 관한 법률」에서의 녹지지역 · 관리지역 · 농림지역 및 자연환경보전지역을 대상으로(단, 특별시의 녹지지역은 제외), 시 · 도지사가 「농어업 · 농어촌 및 식품산업 기본법」 제15조에 따라 시 · 도 농어업 · 농어촌 및 식품산업정책심의회의 심의를 거쳐 농림수산식품부장관의 승인을 받아 지정한다.

또한 농업진흥지역은 농업진흥구역과 농업보호구역으로 그 용도를 구분하여 지정한다(법 제28조 2항). 농업진흥구역은 농지조성사업 또는 농업기반정비사업이 시행되었거나, 시행 중인 지역으로서 농업용으로 이용하고 있거나 이용할 토지가 집단화되어 있는 지역과, 이외의 지역이지만 농업용으로 이용하고 있는 토지가 집단화되어 있는 지역을 대상으로 지정한다. 즉 지역농업의 진흥을 도모하기 위하여 농림수산식품부장관이 정하는 일정한 규모(평야지 10ha 이상, 중간지 7ha 이상, 산간지 3ha 이상)로 농지가 집단화되어 농업 목적으로 이용할 필요가 있는 지역을 말한다. 농업보호구역은 농업진흥구역의 용수원 확보, 수질보전 등 농업환경을 보호하기 위하여 필요한 지역을 대상으로 지정하여 관리한다.

농업진흥지역의 지정 현황을 살펴보면 표 4.7과 같이 2000년 약 49%의 농업진흥지역 지정률을 보였으나, 매년 지정률이 조금씩 떨어져 2008년 말 현재 전체농지의 절반에도 못 미치는 815천ha(46%)를 지정하고 있으며, 이중 진흥구역과 보호구역은 각각 758천ha(93%)와 57천ha(7%)이다.

표 4.7 농업진흥지역 지정현황

(단위 : 천ha)

구분	2000	2001	2002	2003	2004	2005	2006	2007	2008	2009
농지면적	1,889	1,876	1,863	1,846	1,836	1,824	1,801	1,782	1,759	1,737
진흥지역면적	919	920	920	919	922	919	917	882	815	811
- 진흥구역	790	792	792	791	794	792	790	763	758	754
- 보호구역	129	128	128	128	128	127	127	119	57	57
- 논	768	770	770	770	773	771	769	751	716	713
- 밭	151	150	150	149	149	148	148	131	99	98

자료 : 농림수산식품 주요통계(2009)

(5) 수도권정비계획법에 의한 용도권역

수도권정비에 관한 종합적인 계획의 수립과 시행에 필요한 사항을 정하여 수도권에 과도하게 집중된 인구 및 산업의 적정배치를 유도함으로서 수도권의 질서 있는 정비와 균형 있는 발전을 도모하기 위한 목적으로 제정된 것이 수도권정비계획법(1982년 제정)이다.

표 4.8 수도권정비계획상의 권역 구분

권역	지정 내용
과밀억제 권역	인구와 산업이 지나치게 집중되었거나 집중될 우려가 있어 이전하거나 정비할 필요가 있는 지역
성장관리 권역	과밀억제권역으로부터 이전하는 인구와 산업을 계획적으로 유치하고 산업의 입지와 도시의 개발을 적정하게 관리할 필요가 있는 지역
자연보전 권역	한강 수계의 수질과 녹지 등 자연환경을 보전할 필요가 있는 지역

자료 : 수도권정비계획법 제6조

수도권정비계획은 국토기본법의 국토종합계획을 기본으로 하여 수립되는데 이는 수도권 안에서의 국토계획법에 따른 도시계획 및 그 밖의 다른 법령에 의한 토지이용계획 또는 개발계획 등에 우선하며, 그 계획의 기본이 된다(단, 군사에 관한 사항은 예외임).

수도권 안에서의 인구와 산업의 적정배치를 위하여 표 4.8과 같이 3개 권역으로 구분 · 지정하여 관리하고 있다. 과밀억제권역은 인구와 산업이 지나치게 집중되었거나 집중될 우려가 있어 이전하거나 정비할 필요가 있는 지역을 대상으로 지정하는 반면, 성장관리권역은 과밀억제권역으로부터 이전하는 인구와 산업을 계획적으로 유치하고 산업의 입지와 도시의 개발을 적정하게 관리할 필요가 있는 지역으로 주로 수도권 외곽 지역이 여기에 해당한다. 자연보전권역은 한강 수계의 수질과 녹지 등 자연환경을 보전할 필요가 있는 지역을 대상으로 지정되어 있다.

4.3 토지이용계획과 토지적성평가

4.3.1 토지적성평가의 필요성

농촌토지이용계획은 농촌지역의 토지이용 방향을 종합적으로 조정한 지역 전체의 토지이용계획, 이른바 종합적 토지이용계획이어야 한다.

종합적인 토지이용계획에 있어서는 각종 용도의 토지이용 조정을 합리적으로 수행하여 조화 있고 실효성 있게 토지이용을 배분하는 것이 그 주요 과제이다. 조정의 기본적인 과제는 다음과 같다.

① 각종 토지이용의 장래 수요량의 예측과 공간적 적지(질) 파악 : 주로 객관적인 예측 내지 평가기술의 문제로 토지적성평가와 수요량 예측 등 가능한 과학적인 기법이 필요

② 서로 다른 토지이용간의 경합에 따른 조정과 최적 토지이용의 선택(이용구분) : 최적성의 판단에 관해서 합리적 · 과학적 자료 내지 기준(비용 · 편익 등 경제성 평가, 환경용량 등의 제약조건 파악 등)을 마련해야 하는 기술적 문제와 더불어, 지역계획의 전체 목표와 관련된 고도의 정책적 의사결정에 관한 문제 등을 검토

③ 최적 토지이용을 실현하기 위한 실시수단의 정비(이용규제, 유도, 외부조건 정비 기타) : 용도지역제(zoning), 기타 제도적 토지이용 규제수단의 문제로 부터 주민 참여나 토지이용조직 등의 넓은 의미에서의 계획주체에 관련되는 문제까지 폭넓은 과제

특히 현실적인 토지이용계획에 있어서 곧바로 실효성을 거두기 위해서는 각 과정에

있어서 단순한 계획 기술적 문제 이상으로 계획의 인간적 측면에서도 고려되어야 할 중요한 문제(주체적, 정치적, 사회적 문제)도 있다. 그러나 이러한 문제까지 거론하자면 너무나 복잡하기 때문에 일반화 할 수 있는 문제에 한정해서 검토하도록 한다(①과 ②에 관해서).

일반적으로 특정지역의 토지이용에 있어서 일개 산업(또는 토지이용 종류)의 장래 계획에 필요한 토지공간(양과 질)을 파악하는 보편적인 방법은, 먼저 그 산업의 장래 활동량(공업에서 출하액, 종업원 수 등)을 예측하고, 다음으로 그것에 필요한 토지면적량(원단위를 정해서)을 계산하며, 또 필요한 토지의 질적 조건(위치나 기반조건 등)을 확정한다. 그리고 해당지역 내의 적지(필요한 질적 조건을 갖춘 토지)중에서 수요 면적량 만을 적출해내는 방법이다. 다시 말하면 양의 예측과 질의 파악(적성평가)이 우선 개별적으로 이루어진 다음, 그것을 맞추어 가는 방법이며, 이것이 앞에서 설명한 과정①의 내용이다.

다음으로 각종 토지이용 종류를 전부 대조시켜 중복지역에 대해서는 우선순위를 정해 계획적 배려를 하면서 최적 이용 종류를 결정하는 것이 ②의 과정이다.

종합적 토지이용계획을 과학적 기법에 의해 수립하는 경우, 이상과 같은 방법들이 요구되지만, 종래 일반적으로 행하여지고 있는 경험적 판단을 주로 하는 방법과 비교해 특히 특징적인 것은 토지의 질적 평가에 있어서 토지적성평가(구분)라는 방법을 사용하는 것이다.

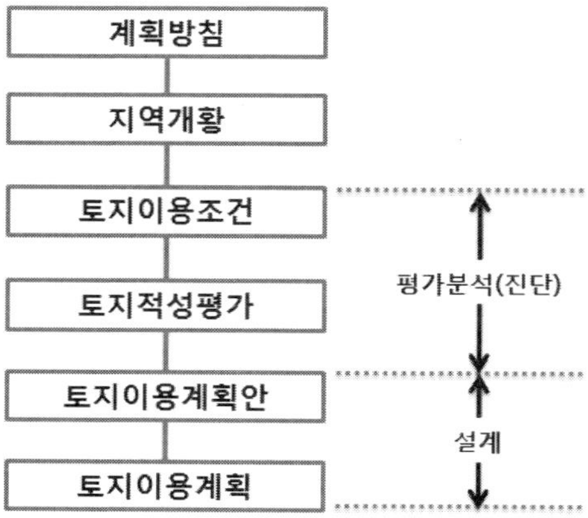

그림 4.5 토지이용계획수립체계상의 토지적성평가의 위치

자료 : 黃漢喆外(1994) p.10, 西口(1981) p.219에서 수정 보완

그림 4.5는 토지이용계획체계에서 토지적성평가가 차지하는 위치를 나타낸 것이다. 토지적성평가는 토지이용계획 수립에 앞서 토지이용을 진단하는 평가분석 단계로서 합리적인 계획 수립을 위한 중요한 과정 중의 하나이다.

4.3.2 토지이용계획 종류별 토지적성평가의 성격

토지적성평가(land suitability classification)란 토지이용계획에 있어 합리적 이용목적 달성을 위한 계획적 판단자료로서 토지를 일정한 계획적 시점에 따라 질적·양적으로 분류 및 서열화(등급화, grading)하는 것((西口(1981), 星野(1992)), 또는 구분된 일정 지역을 이용목적에 따라 각각 상대적 토지적성으로 평가·분류하는 것(Vink 1975)으로 정의하고 있다. 즉, 다시 말하면 토지적성평가는 지역을 일정한 평가단위로 나누고 각 평가단위의 자연적 조건(기상, 지질, 지형, 토양의 성질, 자연식생 등), 사회적 조건(현황 토지이용, 접근성, 통작거리 등) 등을 각각 수량화하여 이용 목적에 따른 평가가중치(evaluation weight)를 부여, 그것들을 종합해서 이용 목적에 맞게 각 평가단위의 등급을 매기는 것으로 지역계획과 토지이용계획 등을 객관적 타당성에 근거하여 수립하는 중요한 기초자료가 되는 것이다.

지역계획의 체계를 따르고 있는 토지이용계획은 지역의 종합적인 토지이용의 방향을 정하는 것이다. 이에 토지적성평가는 토지이용계획을 작성하기 위한 전제가 된다. 즉, 토지적성평가는 토지이용계획을 작성하기 위해 필요한 계획자의 매우 중요한 계획 판단자료가 되는 것이다.

토지이용계획을 작성할 때 그 토지이용계획이 지역의 토지조건에 가장 적합하고 나아가 유효한 토지이용을 도모한다고 하는 견지에서 본다면, 토지적성평가는 토지이용계획을 수립하는 전제로서 토지가 어떠한 이용 목적에 적합한 가를 검토하기 위해 생겨난 것이라고 말할 수 있다.

따라서 앞서 4.2에서 설명한 바와 같이 3종류의 토지이용계획별로 토지적성평가의 성격이 각각 다르다고 할 것이다. 대토지이용계획의 경우에는 토지이용 종류의 단위가 지역(지구)이기 때문에 대토지이용계획에 대응하는 토지적성평가도 그 단위가 지역(지구)이 되어 일종의 지역(지구)적성평가 또는 등급화된 지역(지구)유형구분에 가까운 개념이 된다. 이 경우 그 지역(지구)구분이 토지이용 목적에 부합된 토지적성평가시스템이 되어야 하는 것이 중요하다.

중토지이용계획의 토지적성평가는 평가단위가 용지(토지이용 조건이 균질한 일정한 규모의 토지)이기 때문에 일정한 토지이용 목적별 토지적성평가이며, 이 경우 우리나라의 법정 토지이용계획에 비추어 본다면 농업진흥지역의 구분이나, 농업진흥지역내의 농업진흥구역과 농업보호구역의 구분 등에 대한 판단자료로서 활용될 수 있다.

마을계획 규모의 소토지이용계획에는 필지단위의 토지가 평가되고, 그 평가결과를 기초로 한 토지적성평가를 생각하면 이는 토지평가론에 매우 가까운 개념이 된다. 그러나 토지적성평가는 이와 같은 소규모 지역의 토지이용계획을 작성하는데 필요한 판단자료이지 토지평가와 같이 개인의 사유재산인 자산평가를 그 목적으로 하지 않는 다는 점이 다르다.

이와 같이 토지적성평가는 각각의 지역계획 차원에 따라 각기 다른 성격을 지니고 있다고 할 수 있지만, 각 계획상의 토지이용에 관한 진단적 성격을 가지고 있는 것은 공통점이라고 할 수 있다.

4.3.3 토지적성평가의 사례

(1) 토지적성평가의 단위 및 절차

앞서 설명한 토지이용계획의 종류별 토지적성구분을 토지이용조정의 측면에서 공간척도(scale)에 따라 다시 정리하면, ①광역적 대토지이용 조정, ②개개 읍 · 면 규모의 중토지이용 조정, ③마을내의 소토지이용 조정 등으로 나눌 수 있다.

①에 대응하는 적성평가 단위로서는 자연적 조건 외에 사회경제적 조건이 대략적으로 등질인 것이 요건으로 되기 때문에 마을 정도가 적당하다. 이것을 「지구(地區)」라고 정의해 지구의 개략적인 토지이용 방향을 정하는 것을 목적으로 지구적성평가를 실시한다.

②에 대응하는 적성평가 단위는 도로, 수로 등으로 구획된 1~수ha 정도의 토지이용 조건이 균질한 토지의 일단(一團)이다. 이와 같은 개념을 「용지(用地)」라고 정의하고 이 용지단위를 바탕으로 하는 적성평가를 용지적성평가라고 하지만, 여기에서는 토지이용 질서의 형성을 겨냥해서 주로 자연적 조건을 중시한 토지적성평가를 실시한다.

③에 대응하는 적성평가 단위는 필지단위의 농지, 택지나 임지로 하는 것이 일반적이다. 이것은 개인의 사유자산에 밀접하게 관계하기 때문에 자연적 조건은 물론 주민의

의향이 중요시된다. 마을환경정비, 경지정비, 소유권 조정 등을 포함한 마을토지이용계획의 합리적 수립을 위한 토지적성평가로서 「필지(筆地)」를 단위로 하는 필지적성평가이다.

일반적으로 토지적성평가의 분석절차는 다음과 같이 크게 네 가지 과정으로 대별할 수 있다.

① 자료작성 : 기초자료로부터 적성평가 요인을 추출하고 자료화 한다.
② 요인분석 : 요인별로 필요한 자료를 가공한다.
③ 기준작성 : 주성분분석, AHP법 등 통계적 기법을 통해 객관적인 토지적성평가 기준을 작성한다.
④ 토지적성평가도 작성: 토지적성평가 기준을 바탕으로 등급화하고 토지적성평가도를 작성한다.

(2) 지구적성평가

지구적성평가는 지구(마을규모)별로 주로 농업적 토지이용과 도시적 토지이용상의 특성을 밝히고, 양자의 평가에 의해 지구특성을 종합하여 그 유형화를 꾀하고자 하는 것이다. 농업적 지구적성평가는 지구별 농업 및 농지의 특성을 파악하고 농업소득수준, 토지생산잠재력 구분, 토지기반 정비수준, 영농주체로서 농가의 현황 등 농업생산환경을 종합적으로 평가하는 것을 말한다. 도시적 지구적성평가는 지구별 토지의 자연적 조건, 도시화의 동향, 도시계획도로, 구획정리사업와 같은 도시적 기반정비 수준 등 생활환경과 도시화의 가능성을 종합적으로 평가하는 것을 말한다.

이렇게 농업적, 도시적 양 측면에서 평가한 지구의 특성을 검토해서 농업적 토지이용과 도시적 토지이용이 경합하는 지구의 위치, 범위, 성격을 명확히 하고 이를 바탕으로 하여 계획안 작성 단계에서 필요한 지구특성을 규명한다.

그림 4.6은 전라남도 승주군 지역(현재 순천시에 통합)의 158개 법정리를 평가단위로 하여 주성분 득점에 따라 3등급으로 분류한 것이다. 이상의 결과를 토대로 토지이용계획단계에서 각각의 지역 특성에 알맞은 토지이용계획을 수립할 수 있다.

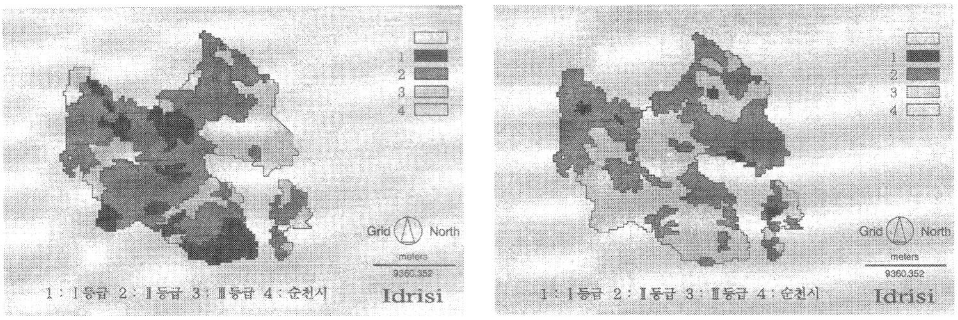

<농업적 지구적성평가>　　　<도시적 지구적성평가>

그림 4.6 지구적성평가 사례

자료 : 황한철 등(1995) pp.72-73

(3) 용지적성평가

용지적성평가는 토지이용적성을 토지이용종별로 파악하고 이것들을 종합하여 용지의 이용적성으로부터 유형화를 꾀한다. 주로 도시근교농촌에서 토지이용 경합의 초점이 농업적 이용과 도시적 이용에 있으므로, 용지적성평가는 농지적성평가와 마을용지적성평가로 구별될 수 있다. 용지적성평가의 단위는 부정형(不定形) 용지단위와 정형(grid, mesh) 용지단위의 2종류가 있고, 대상지역의 실정에 따라 용지단위를 설정한다. 부정형 용지단위는 용지의 상황이 비교적 균질한 지역이나 개략적인 용지적성평가를 행할 경우에 적용되고, 정형 용지단위는 용지의 상황이 복잡한 지역이나 높은 정도(精度)의 용지적성평가가 요구될 경우에 주로 적용되는데, 이는 GIS등 전산화의 응용이 쉬운 장점이 있다.

용지적성평가에 있어서의 평가요인으로서는 용지규모, 토지이용률, 지형, 토양, 교통입지 등을 들 수 있다. 적성평가 기준의 결정에는 수량화이론과 AHP법 등의 통계적 기법이 자주 사용되고 있다.

그림 4.7은 일본 교토부(京都府) 도시근교지역에 있는 440개의 용지에 대해 정형 용지단위(100m×100m)를 토대로 수량화 이론을 적용하여 토지이용적성을 평가하였으며, 농지적성평가와 마을용지적성평가 그리고 그것을 종합한 토지이용적성평가도이다. 토지이용적성평가도는 최종적으로 ① 농지적지, ② 마을용지적지, ③ 농지 · 마을용지 간 적성균형용지(경합지역)의 3종류로 구분하였다. 토지이용계획단계에서는 이상과 같은

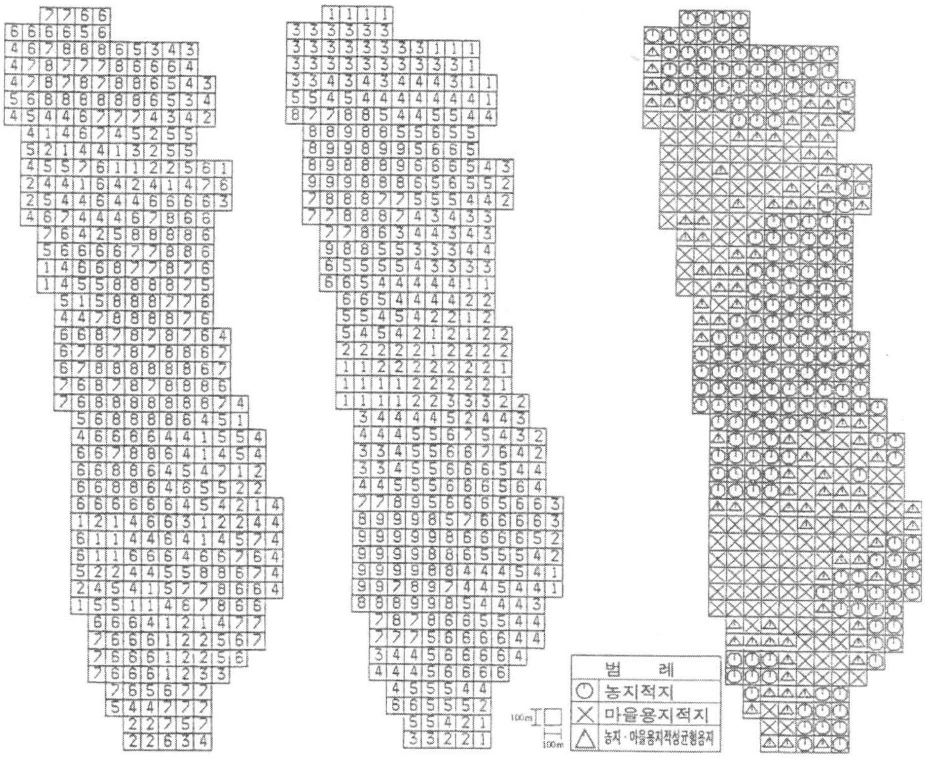

그림 4.7 용지적성평가 사례

자료 : 日本 農業土木學會(1992) p.69

결과를 토대로 계획목적에 따라 적절하게 조정할 수 있다.

또, 그림 4.8은 경기도 용인시 남사면의 1,480필지, 면적 1,884ha의 농지를 대상으로 (부정형 용지단위) 농지적성을 평가한 사례이다. 농지적성이 아주 우수한 1등급 농지가 전체 농지의 27%(면적기준)로 가장 많은 분포를 보이고 있다. 이와 같은 과학적인 농지 적성평가 결과는 농지이용계획을 합리적으로 수립하는데 매우 중요한 자료가 될 것이다.

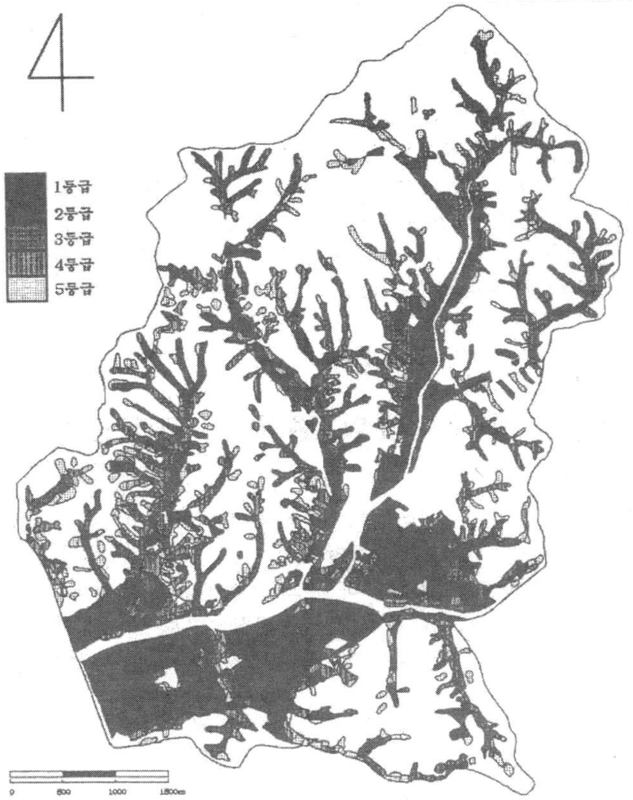

그림 4.8 용지적성평가 사례(농지적성평가도)

자료 : 황한철 등(1997) p.109

(4) 필지적성평가

필지적성평가는 마을토지이용계획을 지원하는 토지적성평가 기법으로서 계획수립에 지권자의 의향이 반영되고 개인의 권리가 명확한 필지를 평가단위로 하고 있다. 그 사례를 살펴보면, 시대적 요청에 따른 농업용 토지이용의 다양성을 고려하여 토지(필지)를 성격에 따라 네 가지 적성으로 구분하였다. 전업농가의 경제적 효율성을 중시한 「산업농지」, 주말이나 자가소비 정도의 영농규모를 갖는 겸업농가나 도시민, 퇴직자의 노후대책용 등을 염두에 둔 「비산업농지」, 지역의 생태계 및 자연환경보호, 지역 어메니티(Amenity)등의 중요한 기능을 갖는 「생태계 · 어메니티용지」, 그리고 주택 및 공공용지 등의 「시설용지」 등으로 나누어 각각에 대한 적성을 평가한다.

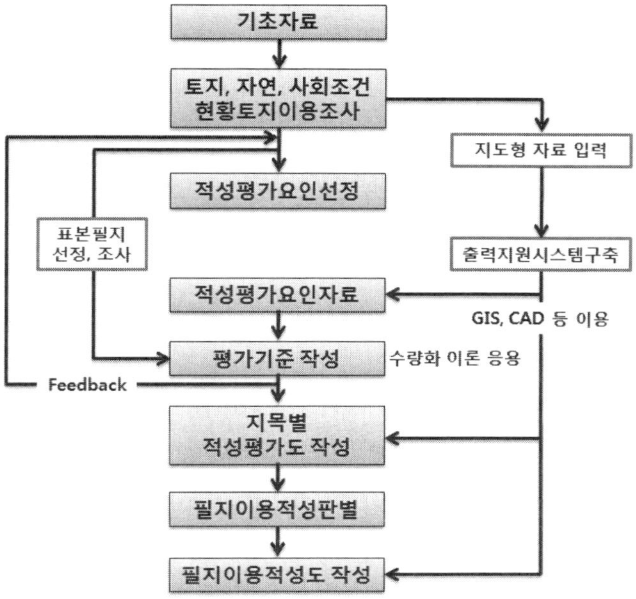

그림 4.9 필지적성평가시스템

자료 : 黃漢喆外(1993a) p.20

산업농지 및 비산업농지 적성평가 요인에는 필지규모, 토양조건, 필지형상, 현황 토지이용, 단지성, 용수 · 접도상황, 통작거리, 소유자의 영농형태, 소유자의 장래 토지이용 의향 등을 들 수 있다. 시설용지 적성평가 요인으로는 필지규모, 필지형상, 홍수피해상황, 버스정류장까지 거리, 초등학교까지 거리, 배수상황, 소유자의 장래 토지이용 의향 등 다양하다. 그리고 생태계 · 어메니티용지 적성평가 요인에는 토양조건, 식생자연도, 조류 분포상황, 파충류 분포상황, 지역경관 요소성 등이 있다.

필지적성평가시스템은 그림 4.9와 같으며 이 시스템의 골격은 앞서 설명한 지구 · 용지적성평가의 시스템과 전체적인 흐름은 비슷하다.

이러한 시스템을 통해 평가된 필지적성평가 결과 4종류(산업농지, 비산업농지, 시설용지, 생태계 · 어메니티용지)의 필지적성평가도를 구할 수 있고, 그 결과를 바탕으로 일정한 알고리즘을 구축하며, 이를 바탕으로 필지이용적성을 판별하여 최종적으로 토지이용적성을 평가한 것이 그림 4.10이다. 즉, 이 필지이용적성평가도는 4개 항목의 적성평가 결과를 종합화하여 ①산업농지, ②시설용지, ③생태계 · 어메니티 기능을 갖는 시설용지, ④비산업농지, ⑤생태계 · 어메니티 기능을 갖는 비산업농지, ⑥생태계 · 어메니티용지 등 6종류의 적성으로 평가 · 구분하였다.

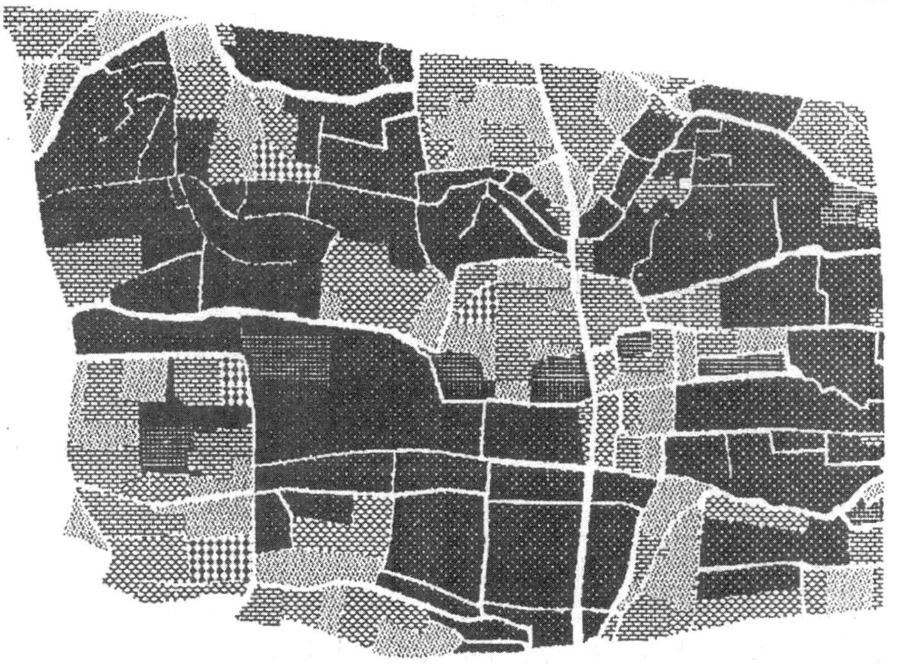

그림 4.10 필지이용적성평가도

자료 : 黃漢喆外(1993b) p.27

4.4 환지에 의한 토지이용조정

4.4.1 경지정리의 기능

경지정리사업은 토지 및 노동생산성을 증진시킴으로써 농가 소득을 증대시키고, 영농의 합리화를 기하기 위하여 구획, 도로, 용수, 배수 등 경지조건을 물리적으로 개량할 뿐만 아니라, 환지제도에 기초해 경지의 집단화 등 토지에 관한 권리관계를 특정의 목적에 맞도록 정비하는 기능도 지니고 있다. 이 기능은 최근 들어 더욱 확장되어 농업구조개선 목적에만 그치지 않고, 농업적 토지이용과 비농업적 토지이용의 조정이라고 하는 중요한 역할들도 담당하게 되었다.

첫째, 경지정리를 통하여 토지소유자의 의향에 따라 토지를 교체하고 장기간에 걸쳐 보전할 농지와 가까운 장래에 택지 등으로 전용할 농지를 합리적으로 배치할 수 있다. 즉, 경지정리구역 내에서 택지의 전용(또는 택지로 매각)을 희망하는 농지소유자가 있을 경우 그들의 토지를 집단화함에 따라 보전할 농지와 혼재되지 않도록 분리할 수 있다. 이와 같은 조정 없이 이용구분을 행하면 보전해야 할 농지구역에는 항상 전용의 불안을 지니고 있고, 한편 택지 예정지에는 언제까지도 전용이 진행되지 않는 등 쌍방간에 바람직하지 못한 사태가 발생할 수도 있다.

둘째, 경지정리사업을 통하여 도로, 하천, 학교, 공원, 시 · 군청 및 읍 · 면사무소 등의 공공시설, 미곡종합처리장(RPC)이나 농산물 집출하장 등의 농업공동이용시설, 혹은 주택단지나 공업단지 등의 용지를 합리적으로 창출하고 배치할 수 있다. 즉, 팔고 싶은 사람의 토지를 시설 예정지에 집단화시키거나, 또는 사업 참가자 전원이 조금씩 토지를 제공해서 시설 예정지에 집단화시키는 등의 방법에 의해 시설 예정지의 소유자로부터 용지를 전부 취득하는 것 보다 훨씬 순조롭게 용지취득이 가능하기 때문이다. 이러한 종류의 시설은 토지이용을 유도하는 효과가 크다. 이에 따라 필요한 규모의 용지를 적절한 위치에 확보할 수 있는 경지정리는 지역토지이용의 골격을 결정한다고 하는 점에서도 큰 의미를 지니고 있다.

상기의 두 가지와는 성격이 다르지만 경지정리사업의 또 다른 중요한 기능은 농업기계의 이용이 용이하도록 농지를 개량함으로써 장래에도 계속 농지이용이 유지되는 환경을 만들어 주는 점이다. 토지이용계획에서 농지를 보전할 구역으로 설정하였다 해도 경지정리가 되어 있지 않으면 농업기계의 이용이 불편하여 장차 휴경화가 되기 쉽고 타 용도로의 전용을 가속화하는 결과를 낳는다. 경지정리는 이와 같은 사태를 미연에 방지하고 목표로 하는 토지이용(이 경우는 농지)을 유지하는 데 도움이 된다.

4.4.2 환지에 의한 토지이용조정

(1) 환지처분

경지정리가 갖는 토지이용의 조정기능은 구체적으로는 환지라고 하는 수단을 통해서 발휘된다.

경지정리공사에 의해 도로나 수로의 배치는 대폭적으로 변하고, 종전의 구획도 상당히 바뀌게 된다. 이와 함께, 종전의 구획에 귀속해 있던 토지에 관한 권리(소유권, 지상권 등)도 새로운 구획 쪽으로 옮겨야 할 필요가 있다. 환지제도란 공사 전 구획의 토지(종전토지)에 대해 그 것에 대응하는 공사후의 토지(환지토지)를 법률상 동일한 것으로 보고 그간의 권리의 귀속관계를 일제히 확정하는 법률제도이다(농어촌정비법). 종전토지와 환지토지의 편성관계를 공권적으로 정하는 것을 환지계획이라 하고, 이 환지계획을 기초로 해서 각종 권리의 귀속을 확정하는 것을 환지처분이라 한다.

(2) 비농업용지 환지(창설환지)

지금까지의 환지제도는 대부분 농지만을 대상으로 하여 왔지만, 전국적인 도시화의 진전과 함께 농지 이외의 토지(비농지)도 취급할 필요성이 높아 가고 있다. 즉, 종전에 농지였던 토지를 환지 후에는 농지 이외의 용도(농가주택, 농업용 창고, 공공시설 등)로 이용할 수 있도록 하여 다양한 토지수요에 효율적으로 대처하고자 하는 것이다. 그리고 택지나 묘지 등 농지 이외의 토지를 사업구역에 편입하고 환지 대상에 포함시켜 경지정리사업을 실시함으로서, 주택지, 묘지 등의 위치이동이 필요할 때 비농업용지로 환지할 수도 있다. 따라서 이러한 비농업용지 환지제도는 농촌지역정비에 적용할 경우, 종합적인 토지이용계획을 도모할 수 있는 유용한 제도로 활용할 수 있다.

비농업용지 환지제도는 일본, 독일 등에서는 이미 오래 전에 도입되어 농촌토지이용계획에 효과적으로 활용하고 있다. 그러나 우리나라에서는 농어촌정비법(1995)의 제정으로 특정 용도의 창설환지제도가 도입되어 농업경영의 합리화 및 농수산업 구조개선을 목적으로 하는 시설 즉, 미곡종합처리장, 공동집하장, 저온저장고, 농기계보관창고, 산지농산물 공판장 등을 설치할 수 있도록 하였다. 나아가, 일정규모 이하의 농어촌주택단지, 마을회관, 어린이놀이터, 노인정, 읍면의 리 · 동사무소 등 농어촌발전과 농어민 복지향상을 위한 시설용지로도 환지할 수 있어 장차 합리적인 토지이용조정을 꾀할 수 있게 되었다.

(3) 환지에 의한 토지이용조정 사례

그림 4.11은 경지정리사업과 이에 동반되는 환지를 통해 토지이용을 조정한 사례를 개념적으로 예시한 것이다. 경지정리사업으로 논배미 규모의 대구획화, 용 · 배수로 및 농도의 정비, 농지의 집단화 등을 종합적으로 실시하여 농지를 대형 농기계의 이용과 적정한 물관리가 가능한 생산성이 높은 조건으로 정비함으로서 경영규모의 확대와 농

업경영의 능률화를 기하였다. 또한 마을을 포함한 영농지역 주변에 대한 합리적인 이용계획을 수립함으로서 농촌생활환경을 개선하고 영농에 필요한 공공용지를 확보하는 즉, 농지는 물론, 마을을 포함한 영농지역 주변의 전체 토지이용계획을 수립하고 이를 정비하는 이른바 경지의 종합정비사업이라 할 수 있다.

이와 같은 사업이 효율적으로 추진되면 농촌지역의 합리적인 종합적 토지이용계획과 더불어 효율적인 토지이용조정도 가능할 것이다.

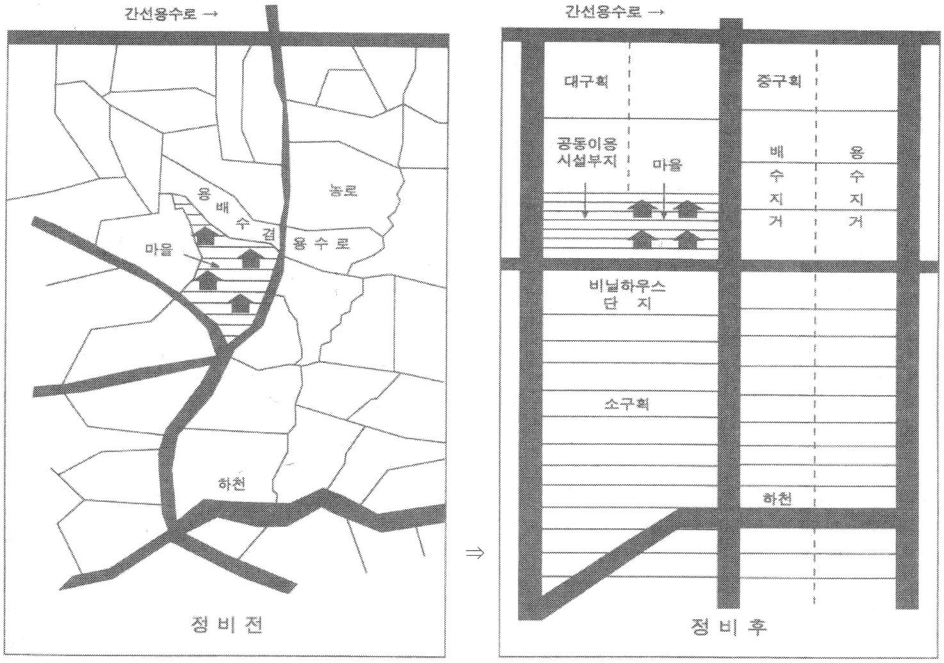

그림 4.11 경지정리사업시행(환지) 전후의 토지이용조정 개념도

4.5 농지이용계획

4.5.1 농지이용계획의 목표와 기본 방향

농지이용계획은 농지의 체계적이고 효율적인 이용을 도모하고, 농업구조개선사업의

중복 및 불필요한 투자를 방지하기 위하여 농지의 적성, 형상과 위치, 지역실정 등을 감안하고 지역주민의 합의를 바탕으로 수립하는 농지의 이용에 관한 종합적인 계획이다. 국가나 지방자치단체는 확정된 농지계획에 의해 농지의 이용 또는 개발이 적정하게 이루어지도록 노력하여야 하며, 농어촌발전대책 및 투자계획 수립 등 각종 농업구조개선 대책은 농지이용계획에 적합하게 투자 및 지원하여 투자효율을 높이고 농업경쟁력 강화에 힘써야 하다.

장래의 농지이용 용도에 맞게 생산기반정비, 농업기계화, 품목별 시설현대화, 축산업 구조개선, 유통시설확충, 전업농 육성 등 농업구조개선을 추진하여 투자효율을 높이고 농업경쟁력을 강화한다.

농업적 활용가치가 적은 지역 중에서 공장용지, 주택용지, 농어촌휴양지 등 다목적지구를 설정하여 농촌지역 활성화를 위한 농지 · 농업외 수요에 능동적으로 대처하고, 농지전용을 계획적으로 유도하여 농업환경을 보호하여야 한다. 즉, 농지이용계획은 농지의 용도제한이나 규제를 위한 것이 아니고, 농지의 특성 및 주민합의에 의한 계획으로 각종 농촌구조개선사업의 기초자료를 제공할 수 있다.

4.5.2 농지이용계획수립의 기본 내용

농지이용계획에는 농지법 제28조에 의해, 농지의 지대별 · 용도별 이용계획, 농지를 효율적으로 이용하고 농업경영을 개선하기 위한 경영규모 확대계획, 농지를 농업 외의 용도로 활용하는 계획 등이 포함되어야 한다. 구체적으로 농지이용계획의 목표와 기본방향에 관한 사항, 농지의 지대 및 용도 구분에 관한 사항, 농업생산기반의 정비방향 및 계획에 관한 사항, 농업경영규모 확대 목표 및 계획에 관한 사항, 농지의 농업환경보전에 관한 사항, 농지의 농업 외 용도로의 이용에 관한 사항, 농지이용계획의 집행 및 관리에 관한 사항 등이 포함되어야 한다(농지법 시행규칙 제12조).

농지이용계획을 효율적으로 작성하기 위해서는 이와 관련된 다양한 자료들이 필요하다. 농지이용계획 작성에 필요한 자료로는 행정구역면적, 가구, 인구 등 지역의 일반현황을 비롯하여 지목별 토지이용, 농경지분포, 농업진흥지역 지정 등의 토지이용현황, 지역농업의 현황과 발전방향, 경지정리나 배수개선 정도 등의 생산기반정비 현황, 농가의향 등 매우 다양하다.

이와 같은 자료를 토대로 농지이용계획을 수립하는데 그 근간은 농지의 지대 및 용도

구분이다. 먼저 농지의 분포지대는 농지법 제28조에 의한 농업진흥지역과 농업진흥지역밖의 지대로 구분된다.

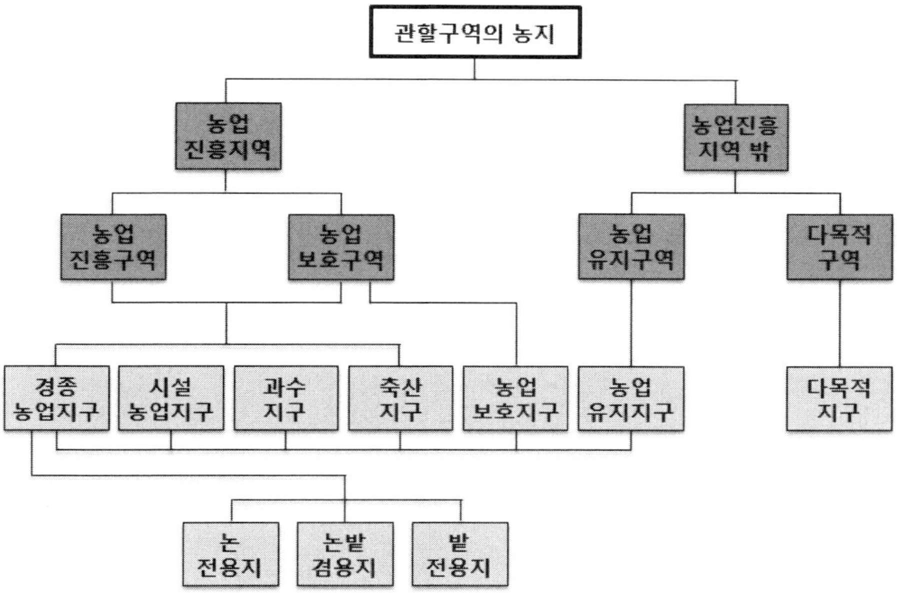

그림 4.12 농지의 지대별 용도별 구분도

농지의 용도구분은 경사도, 토성, 토양배수, 유효토심, 토지적성등급 등의 토양특성과 경지정리 가능성, 수리상태 등 자연적인 현황, 지역주민 및 관리기관의 의향 및 농지이용실태 등을 토대로 지역발전방향과 지역농업구조의 개선방향을 고려하여 농지분포 지대별로 다음과 같이 구분한다.

농업진흥지역은 경종농업지구, 시설농업지구, 과수지구, 축산지구 등 4개 지구로 구분한다. 다만 농업보호구역에 있어서는 이들 4개 지구의 하나로 구분이 어려운 경우, 유보지구를 지정할 수 있다. 또한 경종농업지구에 대해서는 논전용지, 밭전용지, 논·밭 겸용지의 3개 용지로 다시 세분한다.

농업진흥지역 밖은 우선 농업유지구역, 다목적구역, 유보구역 등의 3개 구역으로 구분하고, 농업유지구역은 경종농업지구, 시설농업지구, 과수지구, 축산지구로 다시 용도를 세분한다. 또한 경종농업지구는 논전용지, 밭전용지, 논·밭겸용지로 더욱 세분하여 적절한 이용계획을 수립하고 다목적 구역은 마을지구와 다목적지구로 구분한다.

참고문헌

국토해양부, 2010, 2010년 국토의 계획 및 이용에 관한 연차보고서

김수석 등, 2009, 경제 · 사회여건 변화에 따른 농지제도 개편방안, 한국농촌경제연구원

김정호 등, 1989, 농지보전과 농촌지역의 토지이용체계정립에 관한 연구, 한국농촌경제연구원, pp.205-226

김홍윤 등, 1993, 신농촌개발을 위한 농학 · 공학적 정주생활권 모형의 개발(II)- 토지이용계획, 한국농공학회지, 35(3), pp.63-73

김홍상, 2000, 국토이용체계 개편과 농지정책의 과제, 농정연구포럼

농림수산식품부, 2010, 농림수산식품 주요 통계

대한국토 도시계획학회, 2008, 토지이용계획론, 보성각

박석두 등, 2005, 휴경농지의 실태와 정책방향, 한국농촌경제연구원

송미령 등, 2003, 농촌지역 토지의 계획적 보전과 개발, 한국농촌경제연구원

주봉규, 2008, 토지자원환경 경제학 개론, 서울대학교출판부

채미옥 등, 2006, 토지적성평가제도 발전방향 연구, 국토연구원

채미옥 등, 2007, 선진사회를 향한 토지정책 방향 및 추진전략 연구(II), 국토연구원

최혁재 등, 2007, 농촌활력 증진을 위한 농촌토지이용의 계획적 관리 방안, 국토연구원

황한철 등, 1995, 군단위지역 토지이용계획의 합리적 책정을 위한 토지적성구분(Ⅰ)-토지적성구분의 방법론적 고찰, 한국농촌계획학회지, 1(1), pp.65-74

황한철 등, 1996a, 군단위지역 토지이용계획의 합리적 책정을 위한 토지이용적성구분(Ⅱ)-토지적성의 종합화 방안, 한국농촌계획학회지, 2(1), pp.31-37

황한철 등, 1996b, 일본의 토지적성구분론과 우리나라의 적용성 고찰, 한국농촌계획학회지, 2(2), pp.45-56

황한철 등, 1997, 농지이용계획의 합리적 책정을 위한 농지적성평가기법의 개발, 한국농촌계획학회지, 3(2), pp.102-111

황한철, 1997, 농촌토지이용계획, 한경대학교 출판부

황한철, 2004, 농촌계획 관점에서 본 국토계획법의 개선방안, 한국농촌계획학회지, 10(2), pp.51-60

황한철, 2006, 농촌토지의 계획적 관리방안, 국토, 국토연구원, pp.25-34.

金澤夏樹編著, 1973, 經濟的土地分級の研究,東京大學出版會

農業土木學會, 1992, 農村計劃學 -農業土木から農村整備への展開-

北村貞太郎外, 1980, 土地分級と土地利用計劃(1)-(7), 農村計劃 No.20 pp.1-66

西口 猛(監修), 1981, 土地分級,農林統計協會

石田憲治, 1987, 土地利用計劃調整のための用地分級手法に關する實證的硏究, 京都大學大學院

星野敏外, 1989b, AHP法を用いた評價手法の實證的考察, 農村計劃學會誌, 8(1)

星野敏外, 1992, わが國における土地分級硏究の系譜, 農業土木學會論文集, No.157

牛野正, 1979, 土地利用計劃と總合計劃, 農村計劃, No.16

井手久登・武內和彦, 1985, 自然立地的土地利用計劃, 東京大學出版會

和田照男, 1980, 現代農業と土地利用計劃, 東京大學出版會

和田照男編著, 1986, 地域農業振興と農地利用計劃,地球社

黃漢喆外, 1992a, 韓國の農村土地利用法體系に關する硏究 ,農村計劃學會誌, 11(1), pp.23-34

黃漢喆外, 1992b, 用途地域地區制とその問題點-韓國の農村土地利用規制手段について(1), 農村計劃學會誌, 11(3), pp.43-53

黃漢喆外, 1992c, 用途地域地區制以外の土地利用規制手段とその問題點-韓國の農村土地利用規制手段について(2), 農村計劃學會誌, 11(3) pp.54-63

黃漢喆外, 1993a, 4地目筆地分級の概念と性格-聚落土地利用計劃の合理的策定のための4地目型筆地分級手法の開發(1), 農村計劃學會誌, 12(1), pp.18-32

黃漢喆外, 1993b, 筆地利用適性判別論理の構築-聚落土地利用計劃の合理的策定のための4地目型筆地分級手法の開發(2), 農村計劃學會誌, 12(3) pp.20-29

黃漢喆外, 1994, 4地目筆地分級の土地利用計劃への展開 -聚落土地利用計劃の合理的策定のための4地目型筆地分級手法の開發(3), 農村計劃學會誌, 13(1), pp.9-18

Bibby,J.S. and Mackney,D., 1969, Land Use Capability Classification, Technical Monograph, No.1

Brinkman, R. and Smyth, A.J., 1973, Land Evaluation for Rural Purposes, International Institute for Land Reclamation and Improvement(ILRI), The Netherlands

Juergensmeyer, Julian Conrad and Roberts, Thomas E., 2007, Land Use Planning And Development Regulation Law, Gale Cengage

Platt, R.S., 2004, Land Use and Society(Geography, Law, and Public Policy), Island Press

Vink,A.P.A., 1975, Land Use in Advancing Agriculture, Springer-Verlag

Vu, Kim Chi, 2008, Land Use Changes, VDM Verlag

White, Richard and Cronon, William, 1992, Land Use, Environment, and Social Change, University of Washington Press

Chapter 05

생활환경정비계획

5.1 생활환경정비의 개념

5.1.1 생활환경정비의 특징과 필요성

이 장은 농촌마을종합개발사업편람(농림부, 한국농촌공사, 2007)과 농촌개발계획지침(안동만 등 8인, 1999)을 기준으로 인용 작성하였다.

농촌지역에서 생활환경을 개선하고 향상시켜 주민이 쾌적하고 행복하게 살 수 있도록 체계적이고 계획적으로 정비하는 것을 농촌생활환경정비라고 한다. 농촌생활환경정비는 농촌지역의 기초생활기반을 구축하는 것을 기본으로, 지역주민의 의향을 중시하며 농촌답게 개발해야 하고, 도시민의 수요도 개발내용에 포함시킬 수 있다.

2, 3차 산업 위주의 경제개발 정책에 의해 농촌은 식량생산의 공간으로서만 인식되어 왔으며 도시에 비해 상대적으로 소득과 생활수준이 뒤떨어져 있다. 대중매체의 발달로 도시의 풍요로운 모습이 과장 되어 전파됨으로서 상대적 박탈감은 더욱 심해지고 소외감 마저 커져서 도시를 동경하게 되어 농촌 인구는 점점 줄어들게 되었다.

국가경제의 지속적 성장에 의해 국민소득이 올라가면서 좋은 생활환경과 교육, 의료, 교통 서비스에 대한 수요가 늘어나게 되었다. 도시지역은 이러한 수요에 적극 대처하고 있으나, 농촌지역은 인구가 점점 줄어 모든 여건이 상대적으로 더 나빠져서 농촌주민은 좋은 여건을 찾아 도시지역으로 계속 이주하게 되었다. 이것이 도시산업화의 전형적 현상이다.

농촌지역 인구는 급격히 줄어 지역사회 기능수행이 어려울 정도인 반면에 도시지역에서는 인구가 급속히 늘어나면서 교통, 주택, 실업, 공해, 범죄 등 수많은 도시 문제가 생기게 되었다. 이제 도시와 농촌 문제는 불가분의 관계가 되어 농촌정주의 안정이 국가발전의 초석이 되고 있다. 농촌 지역에 주민들이 남아 생활하도록 하기 위해서는 소득의 향상도 중요하지만 도시보다도 더욱 쾌적하고 안락한 생활환경이 갖추어지고 교육, 의료문제가 해결되어야 한다.

따라서 농촌은 단순한 생산 공간에서 벗어나 농촌주민의 생활공간, 그리고 도시민과 교류상생의 공간으로 기능을 발휘할 수 있도록 보전과 개발이 균형되게 계획되어야 한다.

5.1.2 생활환경정비의 범위와 내용

농촌생활환경정비는 공간적 위계에 따라, 마을, 마을권역, 읍면, 군급 규모의 생활권 개발 범위가 설정된다. 생활권 개발 범위란 지형으로 산의 능선, 하천, 도로 등과 행정구역 경계 등으로 구분이 가능하거나 인문 사회적으로 역사, 문화적 특성이 같고 주민간 공동체 활동 등이 활발하게 이루어지고 있어 동질감과 유대감을 갖는 지역 단위를 말한다.

생활환경정비의 내용에는 지역적 특성에 따라 기초생활시설과 문화복지시설, 소득기반시설, 주거시설, 경관시설, 휴양운동시설, 방재시설, 농촌관광시설 등이 포함된다.

기초생활시설은 마을회관, 주민정보센터, 도서관, 공연장, 전시장, 건강관리시설 등이고 소득기반시설은 공동생산시설, 가공 · 저장 · 유통 · 판매시설, 체험시설 등이고, 경관시설은 주로 마을 숲, 보호수, 지붕, 대문, 담장 등이다. 운동휴양시설로서는 광장, 소공원, 공동쉼터, 어린이 놀이공원, 생활체육시설, 산림욕장, 등산로 등을 예로 들 수 있고, 방재시설은 소하천, 용배수로, 비탈면 옆도랑 등 재해 대비 시설이다. 농촌관광을 위한 조형물과 안내판 설치, 야영장과 체험장 설치 등도 생활환경정비에 포함된다. 생활환경정비는 생산기반정비와 기능적으로 서로 연관되어 있으므로 두 부문이 체계적으로 통합되어야 목적하는 성과를 거둘 수 있다.

5.2 농촌생활환경 조사 및 분석

농촌생활환경정비를 하기 위해서는 대상지역의 일반 현황과 가구 현황 및 주민 의향을 조사하여 지역의 현안 과제를 파악한다. 이를 바탕으로 정비의 구체적 내용을 파악한다.

5.2.1 생활환경 현황조사

(1) 일반현황

사람은 환경을 이용하거나 적응하며 살아가기 때문에 생활환경을 정비하고자 하면 현황조사는 꼭 필요하다. 지역마다 가지는 환경이 주는 기회인자와 제한인자를 파악하여 특성에 맞게 토지를 이용함으로서 우리가 필요로 하는 가치 및 체계와 조화를 이룰 수 있는 계획을 세울 수 있기 때문이다.

공식·비공식 통계 및 문헌 자료 등을 통해 지역의 일반현황자료를 최대한 수집하고, 부족한 자료는 현지 조사를 통해 보완한다. 조사 자료는 대상지역의 구체적인 특성을 분명하게 파악할 수 있도록 정리하는 것이 중요하다.

일반현황 조사항목은 자연환경, 인문환경, 역사문화환경 등으로 대분류할 수 있다. 자연환경 부문은 기상, 지형, 지질과 토양, 수문, 식생, 야생동물, 자연경관 등이고, 인문환경은 대상지역의 위치, 토지이용, 교통, 용도지역, 토지소유형태, 상수도, 하수도, 쓰레기처리시설, 분뇨처리시설 등이다. 대상지역 주민의 일상생활과 밀접한 관련을 맺고 있는 항목이므로 통계자료뿐만 아니라 필요한 경우 주민면담을 하는 것이 좋다. 역사문화환경 부문은 역사경관, 무형의 역사문화자원, 건축물 등이다.

표 5.1 자원분류표

대분류	소분류	항 목	내 용
기본 현황	행정 구역	행정구역	행정구역
		인구	인구 및 가구 수
	지역 기초 시설	도로	군도에서 마을 중심까지 거리, 접근 거리(접근성의 편의성 판단), 마을 우회도로 건설 유무
		대중교통	군내버스 운행횟수 및 노선수
		보건의료	의료기관수(병원+보건소), 의료진수
		복지시설	복지회관, 마을회관, 노인당
		여가시설	농촌공원, 어린이놀이터, 정자, 쉼터, 체육공원, 실내체육관, 수영장, 운동장, 전산시설
		교육시설	초·중·고·대학교 시설
	공급 처리 시설	상수도	상수도 종류, 상수도 보급률 (전체가구 기준)
		하수도	하수도 종류, 마을별 하수도 보급률 (수혜가구기준)
		쓰레기처리	쓰레기 발생량, 쓰레기 수거율

표 5.1 (계 속)

W. 수자원	1.하천 2.저수지 3.호수 4.약수터 5.공동우물 6.댐 등 친수공간을 제공해주는 지역 7.기타
G. 지형자원	1.습지 2.생물서식지 3.바위 4.절벽 5.봉 6.소 7.담 8.폭포 9.특이토양 10.미기후 발생지역 11.계곡 12.동굴 13.고개 14.기타
P. 식물자원	1.마을숲 2.비보숲 3.군락 등 일정면적을 갖는 녹지 공간과 4.보호수 5.노거수 등의 독립수
A. 동물자원	환경부, 산림청, 문화재청에서 지정한 천연기념물, 보호 및 희귀동물 등의 특정 야생동물 : 1.포유류 2.조류 3.어류 4.양서파충류 5.기타
E. 환경관리자원	대기질, 소음이 없는 환경, 비옥한 토양 등을 해치는 것을 지칭 1.경작지 2.축사 3.마을 4.업체 5.기타
T. 전통자원	1.전통건조물 2.신앙공간 3.전통주택 4.전통적인 마을안길 5. 마을 상징물 6.유명인물 7.풍수지리나 전설 8.유적지나 터
S. 특산자원	마을에서 생산되는 특별한 산물 1.수공예품 2.도자기 3.친환경 농법 4.특산식품 5.특용작물 6.섬유 7.기타
L. 경관자원	1.주거지경관 2.농업경관 3.산림경관 4.하천경관 5.해안경관 6.혼합경관 7.기타
F. 시설자원	1.공동생활시설 2.기반시설 3.공공편익시설 4.환경관리시설 5.정보기반시설 6.농업시설
C. 공동체자원	축제나 마을체육대회 같은 공동체 활동을 기본으로 하며, 그 안에 도농교류활동이나 마을문화마을활동을 포함 1.농업공동체활동 2.생활공동체활동 3.도농교류활동 4.마을 문화 활동 5.세시풍속놀이 6.마을 관리 및 홍보 활동 7.기타

자료 : 농촌진흥청 농촌자원개발연구소

(2) 상위 관련 현황

농촌생활환경정비와 관련된 상위 및 관련 계획, 법규를 조사하여 계획의 실효성을 높이고 추진시 발생하는 법적문제를 사전에 파악한다. 상위계획은 필요에 따라 수시로 바뀌므로 변경내용을 빠짐없이 파악하여야 한다.

(3) 가구현황

가구현황조사는 먼저 행정기관의 공식자료를 수집한 다음 부족한 자료는 주민 면접을 통해 보완하며 필요한 경우 현지 확인도 병행한다. 가족구성, 농경지 보유 및 영농규모, 소득구조, 영농분야, 농기계 보유현황 등에 대해 조사표를 주민에게 배부하거나 직접 면담하여 조사한다.

(4) 주민의향

대상지역의 현황을 알아서 문제점을 파악하고 잠재력 분석 및 도출에 이르는 과정에서 지역의 실태를 객관적 · 과학적으로 포착하고, 해당 지역발전의 방향성, 요망, 비전 등을 발굴하기 위해서는 주민의향 조사가 필요하다.

주민의향을 효과적으로 조사하는 방법으로는 설문조사와 마을이나 조직의 대표자들로 구성된 지역발전위원회의 의견청취가 있다. 설문조사는 호별 방문에 의한 개별가구 조사와 마을회의를 통한 집단 면접조사가 있다. 대상지역 가구 수의 40% 이상을 조사하고 가급적 호별 방문을 하며, 호별 방문이 어려운 경우 주민교육, 회의 등을 통하여 집단 면접을 한다. 표준 조사항목을 기준으로 활용하면서 대상지역의 특성에 따라 필요한 사항을 적절히 가감한다.

대상지역의 문제점과 개발 수요조사는 마을별로 주민 스스로 회의 등을 통하여 작성하도록 한다. 지형도 위에 자원의 내용을 표시하고, 각 자원에 대한 문제점과 개발계획 등을 자체 토론을 통해 도출하도록 하고, 문화 · 사회 · 복지 · 자연환경 · 소득원 등을 종합적으로 반영하도록 지도한다. 특히 소득기반시설을 계획하는 경우에는 참여주민들이 사업계획서를 작성하도록 하여야 출자계획이 제대로 진행되고, 운영관리가 명확해져 경제성 검토가 가능하다.

5.2.2. 생활환경의 평가분석

(1) 지역특성

자연특성으로 지형 특성 · 기온 · 강수량 · 습도 등 기후 특성 등을 분석한다.

인문 특성으로는 인구증감률, 경제활동인구유출입, 노령화정도, 청장년층 이동 등의 인구 특성과 도로망, 도로개량율, 상하수도 보급율 등 지역사회 기반시설 정비수준, 농업 및 기타 산업특성, 주민특성, 마을공동체 활동 등을 분석한다. 특히 풍수적 시각을 존중하여 생활환경정비계획의 적합성을 판단하는 것은 주민생활의 안위 측면에서 중요하다.

역사문화 특성은 역사, 문화, 전통 등의 계승발전 현황과 잠재력 분석이다.

(2) 상위계획 분석

생활환경정비와 관련된 상위계획인 국토종합계획, 도 종합개발계획, 시(군)장기종합개발계획 등을 검토하여 선택적으로 수용해야 한다. 행정기관에서 주관하는 농촌생활환경 관련 지원 사업에 대한 현황을 조사하여 중복투자를 방지하고 효율적인 계획 수립에 활용한다.

(3) 잠재력 분석

생활환경정비와 관련한 대상지역의 강점 · 약점 · 기회 · 위협(SWOT)요소를 분석하여 계획 수립에 활용한다.

일반현황과 가구현황, 상위 계획현황, 주민의향 등의 조사결과를 바탕으로 각 요소에 대한 지역의 제약요소와 기회요소를 추출하여 표로 만든다. 이 요소를 분석하여 SO전략(강점-기회전략), ST전략(강점-위협전략), WO전략(약점-기회전략), WT전략(약점-위협전략)을 수립한다. 수립된 분석결과를 종합하여 대상지역의 잠재력을 도출하고 정비방향을 선정한다.

5.3 농촌생활환경정비의 기본구상

5.3.1 생활환경정비계획의 의의

생활환경정비는 농촌주민의 생활에 널리 관련되는 시설의 정비로서, 농업생산기반시설과 밀접한 관계를 유지하면서 정비해야 한다. 이용자는 사용료를 부담하지 않는 농촌주민이라는 사실에 유의하여야 하고, 마을 중심으로 설계하는 것이 바람직하다. 생활환경정비계획의 의의는 농촌특성을 보존하면서 자연스럽게 정비하기 위해 시각적 영향을 최소화하는 것이다.

능선이나 개방된 지역에 시설 입지를 피하고 지형이나 식생에 의해 차폐된 곳에 시설물을 배치하는 것이 시각적 영향을 최소화 할 수 있다. 보존해야 할 농촌의 특성으로 열린 공간과 자연스런 지형, 전통적인 집과 담장 · 정자 · 우물 등의 각종 시설물, 골목길 · 고목 등의 전통적인 요소, 그리고 전설 · 민담 등의 무형 인문학적 요소 등이 있다. 이러한 농촌 특성은 그것의 정의와 보전 가치 등이 대상지역마다 다양하므로 융통성 있게 판단하여 계획에 반영한다. 농촌은 토지가 상대적으로 풍부하고 경관이 개방적이어서 멀리 조망되므로 산림, 과수원, 목장, 산봉우리, 하천 등을 설계요소로 반영하는 차경기법을 사용한다.

그림 5.1 농촌마을의 전통적인 요소

마을도로는 지형을 변화시키면서 직선으로 하는 것은 시각의 심미성을 저해하므로, 산림과 개방된 지역의 경계를 지나도록 계획하는 것이 바람직하다.

주거지역이 높은 능선에 입지하는 것은 시각(skyline)의 훼손을 초래하므로 지형의 특성이나 식생에 의해서 부드럽게 가려진 곳에 계획하는 것이 필요하다. 마을도로변의 전신주는 도로변의 가로수 뒤로 후퇴시켜 가로수의 충돌을 피하고 시각적 영향을 줄이도록 계획한다.

그림 5.2 마을 도로의 시각적 효과

그림 5.3 전신주의 시각적 효과

그림 5.4 주거지역의 시각적 효과

시설물의 부지를 계획할 때는 기존 지형을 최대한 살려야 한다. 절성토를 최대한 줄여서 환경적으로 건전한 설계가 되게 하면 자연스런 지형을 유지 · 보존할 수 있어 농촌의 특성을 살릴 수 있다.

건물은 기존 지형을 훼손하는 곳에 짓는 것을 피하는 것이 가장 바람직하고, 훼손이 불가피한 경우는 절성토를 줄일 수 있도록 테라스형 건물로 계획한다.

그림 5.5 부지개발의 지형보전 효과

그림 5.6 건물의 시각적 효과

그림 5.7 절성토를 줄인 테라스형 건물

5.3.2. 생활환경정비계획의 고려사항

(1) 농촌의 고유성

농촌은 도시와 근본적으로 특성이 다르다. 농촌 개발은 땅을 유기체로 보고 생산 활동을 존중 하면서 보존하고 개발하지만, 도시 개발은 이러한 고민없이 땅을 무기체로 보고 개발하고 이용에 치중한다. 여기서 농촌의 고유성은 인구·사회적, 물리적, 기능적 측면에서 다음과 같이 고려되어야 한다.

첫째, 인구·사회적 측면에서 보면 노인 인구가 많고(노령화), 농민과 일반 주민이 더불어 살고(혼주화), 마을이 작아지는 현상(과소화) 등이다. 농촌마을에는 젊은층의 대량 이촌으로 유년 인구는 줄고 노인 인구의 비율이 증가하면서 전체적으로 활력이 떨어지고 있다. 또한 농가는 줄어들고 비농가가구가 늘어 전통적인 농촌에서 다양한 인구·사회적 특성을 가진 농촌으로 바뀌어 가고 있다. 그리고 농촌 인구가 점점 줄어들어 마을의 규모가 축소되고 있다.

둘째, 물리적 측면으로는 토지이용형태, 정주양식 등의 과소화, 저밀도, 전통성 등에 관련된 현상이다. 토지이용 면에서 농지와 임야 비율이 도시에 비해 높으므로, 이러한 풍부한 자연환경 잠재력을 잘 활용한다. 과소화에 의해 발생되는 빈집과 빈터를 활용하여 민박시설로, 휴경지를 활용하여 관광농원, 전원주택, 실버타운개발 등도 구상할 수 있다.

인구밀도가 낮은 농촌의 주거시설은 저밀도 개발방식이어야 하고, 농촌마을은 전통적인 정주양식이 오랜 세월 지켜져 왔으므로 서구적인 계획 개념보다는 전통적인 계획 개념인 풍수적 관점이 고려되어야 한다.

셋째, 기능적 측면에서 공공·상업서비스는 중심지가 공급하고 배후마을은 공동체적 상호부조에 의존한다. 의료, 문화, 상업, 금융시설 등의 이용이 대부분 중심지에서 이루어지고 현장 밀착적인 마을 서비스는 일부 소규모(마을가게 등), 또는 복합적(마을회관)으로 제공되기도 하고 상호부조, 자원봉사(독거노인 돌보기 등) 형태로 상부상조하는 경우도 있다.

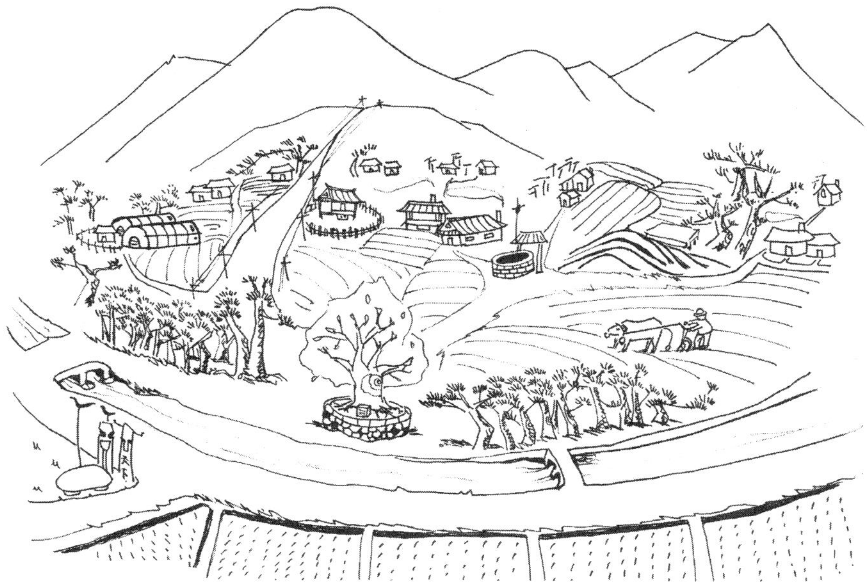

그림 5.8 전통마을의 풍수적 정주 형태
자료 : 김봉준(2011), 참고하여 새로 그렸음

(2) 농촌의 환경친화성

농촌의 주변 환경을 고려하는 것은 환경친화적으로 계획하는 것을 의미한다. 입지를 선정하거나 시서물 배치를 계획할 때에는 인간적 비례(human scale)와 경관요소를 고려하여 주변환경과 어울리는 자연스러운 개발을 유도한다.

새로운 건축물은 주변의 경관과 자연스럽게 어울리도록 설계되어야 한다. 나무를 심어서 가리는 것은 바람직하지 않다. 이는 세월이 지나면 나무에 의해 건축물이 지나치게 가려지거나 심한 경우는 손상을 입을 수도 있기 때문이다. 이러한 현상은 사찰에서 흔히 볼 수 있는데, 너무 커 버린 나무는 건물을 압도하고 햇빛도 들지 못하게 할 뿐만 아니라 자연재해가 발생할 경우 넘어져서 건물에 치명적인 손상을 입힌다.

주변 환경에 비해 너무 크고 전통성이 없는 도시형 건축물은 농촌에 생경한 느낌을 줄 뿐만 아니라 효용성도 크지 않다. 건축물을 계획할 때에는 인간적 비례를 기준으로 여러 요소로 분리시켜 알맞게 규모를 결정하여, 가능한 한 건물을 확산 배치하지 않고 집단화하여 더 많은 경관을 보전하고 건물의 효용성을 높이도록 한다.

모든 건물은 인간적 비례와 조화롭게 하고, 주변 건물의 크기와 모양, 그리고 주변

경관을 고려해서 설계해야 한다. 특히 농촌에 들어서는 건물은 농촌이 가지고 있는 고유한 느낌(어메니티)을 유지할 수 있도록 사람이 편안하게 느끼는 높이와 규모, 모양이 되도록 설계하는 것이 바람직하다. 농촌의 새 건물은 2층 정도의 높이로 전통적인 형태를 기준으로 설계하여 평면 이동동선이 사람 중심으로 이루어지게 한다.

전통적인 농촌마을은 풍수적으로 안정되어 있다. 이러한 특성을 설계 동기로 활용하면 건축물간의 조화 있는 계획과 설계가 가능할 것이다. 한옥, 골목길, 담장, 정자, 장승, 솟대, 성황당 등의 요소에서 찾아낸 기본적인 설계규칙이 경관요소와 조화되는 계획을 하게 해 줄 것이다. 이러한 조화는 마을을 산만하게 만들지 않고 질서 있는 개발을 할 수 있게 해준다(리신호 · 오무영, 2001).

(3) 공동체의 정체성

'마을'이라는 정주공간은 오랜 세월동안 주민이 환경과 교감 적응하고, 주민들끼리 서로 부대끼며 살면서 일정한 틀 속에서 형성되어 왔다. 어떤 특정인에 의한 힘의 논리보다 공동체의 상징적 의미에 의해 형성되었다는 데에 그 지역사회의 정체성이 있다. 이러한 요소를 찾아서 계획과 설계에 반영해야 된다.

우리 농촌은 논농사 위주의 농업생산활동이 갖는 특성에 의해 주민들은 마을이라는 집단 공동체 속에서 품앗이 형태로 노동 부하를 분담하였고 공동체의 일원으로 마을의 공동 작업에 참여해 왔다. 경제규모가 크지 않았으므로 공동작업을 하여도 작업장 규모가 크지 않았고, 농업용 작업도구도 간단하고 작은 것이었으므로 각자 보관하고 있다가 필요한 경우 가지고 나와 작업을 했다. 그러나 농업의 규모가 커지고 농기계가 보급되면서 공동작업장과 농기계보관소가 필요하게 되었다. 집집마다 농기계보관소와 작업장을 설치하는 것보다 공동시설을 설치하는 것이 경제적으로 효율적이고 공동체 문화가 형성되어 지역사회의 정체성 향상에 기여할 것으로 기대되기도 한다.

농업용 작업도구를 개인별로 소장하고 있던 오랜 관습과 농기계 임차작업이 보편화되어 공동 농기계보관소는 제대로 운영되지 못하였고, 공동작업장은 관리주체의 문제로 항상 분란의 중심에 있었다. 따라서 마을회관이나 노인정 같은 지역사회 시설은 마을이 운영 · 관리하지만 공동작업장, 공동농기계보관소 등은 영농조합 등을 결성하여 구체적인 운영방침을 결정한 후 설치하는 것이 바람직하다. 산업사회로의 진입과 함께 이제 농촌의 공동체 문화도 제도가 뒷받침 되지 않으면 형성되기 어렵기 때문이다.

농촌마을은 대부분 배산임수형태로 입지하여 풍수적으로 안정적이고, 교통량이 적어 혼잡하지 않다. 이러한 향토마을의 입지를 살려서 마을계획을 세워야 하며, 잘못된 계획은 풍수적 안정을 해칠 위험성이 크다. 마을 내부에 나무를 심을 때는 해당 지역에 개체수가 많고 자생력이 뛰어난 수종을 선택하고, 마을 주변의 산림에는 성숙한 낙엽수림을 형성하여 마을이 풍성해 보이도록 하고 풍수적 안정을 취하여 장기적으로 마을 소득이 될 수 있게 한다.

농촌주택은 전통적인 한옥과 어울리도록 규모와 지붕, 창 등의 형태, 벽의 질감 등에 대한 지침을 만들어서 계획하고 설계하도록 한다. 도시형 주택과 외국 모방 주택, 지붕이 없는 슬래브주택 등은 농촌의 마을 경관에 어울리지 않는다. 이러한 주택들이 일관성과 전통성 없이 농촌마을에 건축되면 생산공간인 들과 산림은 경관이 아름다운 반면 생활공간인 농촌마을은 전통성, 경관성, 일관성을 갖지 못해 경관이 조화롭지 않다(리신호, 1997).

그림 5.9 전통성, 경관성, 일관성이 있는 농촌주택

(4) 경관환경 연속성

농촌생활환경은 기존 주거지역을 중심으로 인근마을, 주변경관 등과 연속성을 유지하는 가운데 조화롭게 정비해야 한다. 마을의 물리적 규모, 도로체계, 주택부지의 규모, 주택 간의 관계, 경관과의 관계 등을 충분히 고려하여야 한다. 먼저, 마을 간의 적정거리를 고려해야 하며 마을간 경계는 자연스럽게 처리되도록 해야 한다.

마을도로의 경우 마을간 도로, 마을 안길, 골목길 등이 합리적으로 연결되어야 한다. 보행자의 인간적 비례를 고려하여 마을 도로를 설치하고 토지이용 밀도를 최대한 낮추어 복잡하지 않은 여유로움을 유지한다. 사적 공간, 반 사적 공간, 반 공적 공간, 공적 공간 등으로 분류하여 주거의 위계가 확립되도록 한다.

부지 규모는 건물간의 적정한 이격거리를 확보하고, 거리의 폭과 건물높이의 비를 적정하게 정하여야 쾌적한 주거환경을 조성 할 수 있다. 건물 입면의 향(도로와 면한 건물 입면)과 폭(최대, 최소, 평균), 전면 후퇴 정도 등이 부지 규모를 결정하는 요소이다.

5.3.3. 생활환경정비계획의 방법

생활환경정비계획은 대상지역에 대한 현황조사와 분석을 바탕으로, 지역 발전지표를 설정하고 지역정비구상과 주요시설의 개선 · 신설계획을 수립한다(리신호 등, 2006 참조). 이러한 계획에서 제시된 개별사업에 대하여 경제적 타당성 분석을 거쳐 사업비 투자계획을 수립하고 투자 우선순위를 결정한다. 필요에 따라 지역정비구역 지정, 사전환경성 검토, 사전재해영향평가, 문화재 지표조사 등을 실시하고 현행정비사업 관련 인허가 사항에 대하여 관련법을 검토하여야 한다.

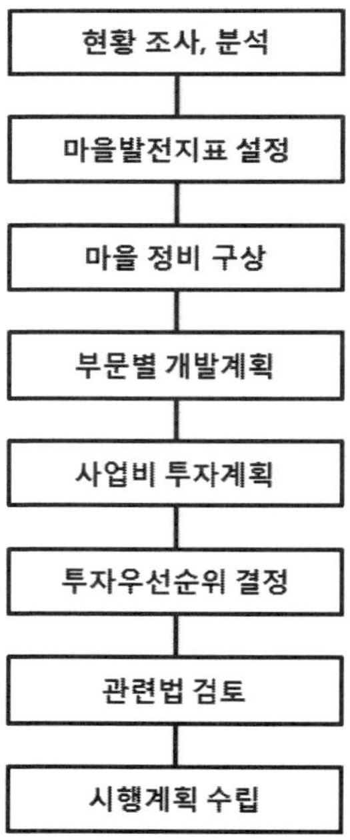

그림 5.10 생활환경정비계획의 순서와 내용

(1) 지역발전지표 설정

지역발전지표란 대상지역의 장기목표를 향한 진전도를 구체적인 수치로 표현한 것이다. 사람마다 관점이 다르고 단순화한 지표로 표현하는데 한계가 있으므로 훌륭한 지표를 찾는 것이 쉽지 않지만, 가능하면 많은 사람들이 선호하는 지표를 선택하는 것이 중요하다. 지표는 기준과 직접 관련될 것, 이해하기 쉬울 것, 정보가 이용 가능할 것, 사업활동이 결과에 영향을 줄 수 있을 것, 활동에 투입된 노력이 아니라 결과를 측정할 수 있는 것, 객관적으로 측정이 가능할 것, 짧은 기간 내의 범위일 것 등에 유의하여 선정한다.

성과를 측정할 수 있는 많은 방법이 있으나 각각의 기준에 대해서는 오직 한 개의 지표만을 선택해야 하며 계수화 하기 쉽다는 이유만으로 지표를 선택하는 것은 좋지 않다. 이런 경우 품질이 아니라 물량만을 측정하는 오류를 범할 수 있고, 특히 그 결과를 바로 계측하기 어려운 지역사회능력개발, 지속가능성에 관한 주제 등의 지표를 찾는 것이 어려울 수도 있기 때문이다. 사업시행활동의 품질을 측정할 수 있는 또 다른 방법은 현장조사로, 지역사회의 의견을 사업시행자에게 전달할 수 있는 아주 훌륭한 방법이다. 많은 기관들이 다년간 연구하고 사용한 성취도 높은 지표를 최대한 활용하는 것도 좋은 방법이다.

표 5.2 발전지표사례

목 표	기 준	지 표(측정단위)
건강관리개선	보건진료소 확충	외지진료 고객 수
상부상조하는 지역공동체	지도자 양성	교육과정 수료자수
깨끗한 환경	지표수 정화	오염도 수준
주거환경개선	주택개량 및 신축	불량노후 주택 수

자료 : 농림부, 한국농촌공사(2007)

(2) 부문별 개발계획

생활환경정비계획의 비전과 목표를 구체적으로 실현하기 위해서는 부문별 개발 계획을 수립하여야 한다. 환경적으로 건전하고 지속가능한 정비를 기본방향으로 한 정비계획은 기존시설을 개량하는 방식과 전면적으로 재개발하는 재배치 방식으로 나눌 수 있다. 가능하면 농촌마을의 정체성과 농촌다움의 보전을 위하여 개량 정비하는 방식이 바람직하다. 이 방식은 기존 요소와 새로 도입되는 요소간의 조화가 중요하므로, 계획과정에서 철저한 현황조사와 검토가 이루어져야 한다.

마을도로망계획의 기본방향은 절성토를 최소화하기 위해 등고선을 따라 계획하고, 주변의 산림 훼손을 최소화 한다. 접근성과 시설 간 연계성을 높이고, 마을간 도로, 마을 간선도로, 마을안길, 골목길, 경작로 등 도로간 위계를 확립하여 계획한다.

주거지 계획은 대상 마을의 수용인구, 주변 유사 개발지역의 사례, 인구 유입 가능성 등을 고려하여 가능한 풍수적으로 안정된 지역 입지를 고려한다.

공원녹지계획은 마을 숲, 정자, 고목, 성황당, 연못 등 마을에 있는 우수한 자연과 문화자원을 보전하고 연계시켜 산림지역과 연결한다.

(3) 사업비 투자계획

사업비는 각각의 공종에 대하여 순공사비, 용지매입비, 관리비, 잡지출, 예비비로 구성된다. 순공사비는 시설공사 사업비를 말하고, 용지매입비는 시설공사를 위해 편입되는 용지의 매입 및 지장물 보상비이다. 관리비는 사업시행 지침서에 의하여 해당 사업의 사전환경성, 사전재해영향 검토 비용, 문화재 지표조사비 등을 포함한 세부설계비, 공사관리비, 사업관리비, 유지관리비 등에 소요되는 사업비이다. 잡지출은 분할 및 확정측량비, 이전등기비, 토지감정료 등의 사업비이다.

투자계획은 전략별, 부문별, 재원별, 년차별로 작성되어야 하며, 합리적인 기준에 의하여 투자우선순위를 결정해야 한다. 성격이 유사하면서 분산 투자되는 사업은 부문간 투자계획, 정부 또는 지자체의 투자계획을 서로 조정하여 사업간 연계를 강화하여 투자의 효율성을 높인다.

마을단위로 특색 있는 경관형성을 위해 주택정비 및 신축, 가로 정비, 숲의 형성이나 정비, 조형물 설치 등을 하는 경우 보조금을 지원 받을 수 있다. 생활환경정비에 투자되는 사업은 국가기관과 지방자치단체의 특성에 따라 여러 유형이 있으므로, 계획중이거나 시행되는 사업을 잘 파악하는 것이 중요하다.

(4) 투자우선순위 결정

투자우선순위 결정을 위한 평가기준의 기본요건은 체계성, 완비성, 비중복성, 단순성 및 명확성 등이다.

첫째, 평가기준들 사이의 중복을 피하면서 가능한 모든 내용을 포함시킬 수 있도록 기준들을 체계적으로 계층화한다(체계성). 둘째, 목적을 달성하기 위해 필요한 모든 조건을 빠짐없이 포함하고(완비성), 셋째, 평가기준이나 항목이 서로 유사하거나 중복되는 경우가 없도록 하며(비중복성), 넷째, 너무 복잡하지 않고 다수가 수긍할 수 있는 단순한 개념을 갖고 있고, 명확해야 한다(명확성).

농촌지역개발에서 투자 우선순위 평가기준 체계는 일반적 목적성, 지역의 고유성, 사업의 효율성을 기준으로 하고 각각 3~4개씩 세부평가항목을 설정한다. 일반적 목적성은 사업이 목적에 얼마나 부합하는지 평가하는 측면으로 농촌다움의 유지보전, 타 사업과의 연계성, 주민의 사업 참여정도, 주민의 호응도 등이 세부기준이다. 지역의 고유성은 얼마나 지역성을 활용하는가를 평가하는 부분으로 지역자원의 활용성, 개발방향과의 부합성, 상위개발방향과 부합성 등이 세부기준이다. 사업의 효율성을 판단하기 위해 지역인구 정주효과, 주민소득 증대효과, 사업의 수혜범위, 유지관리의 효율성 등을 평가한다.

(5) 관련법 검토

생활환경정비 관련법 검토 내용은 마을정비구역 지정, 사전환경성 검토, 사전재해영향평가, 문화재 지표조사 등으로 이들 사항은 근거법령이나 시행근거가 되는 규정을 따른다.

(6) 시행계획 수립

시행계획은 사업의 우선순위 등을 감안하여 단계별로 수립하고, 여건에 따라 공종별로 분리하여 수립할 수 있다. 기본계획 수립에 참여한 계획수립가, 외부전문가, 지역주민의 의견을 수렴한다.

사업규모의 적정성, 경제성, 활용도 등을 신중하게 검토하고, 사업시행 시기를 고려하여 계획을 수립한다. 사업효과를 높이기 위하여 사업의 우선순위별 연계성, 지역역량강화사업과의 연계성 및 사업효율성 등을 고려하여 시행계획을 수립한다.

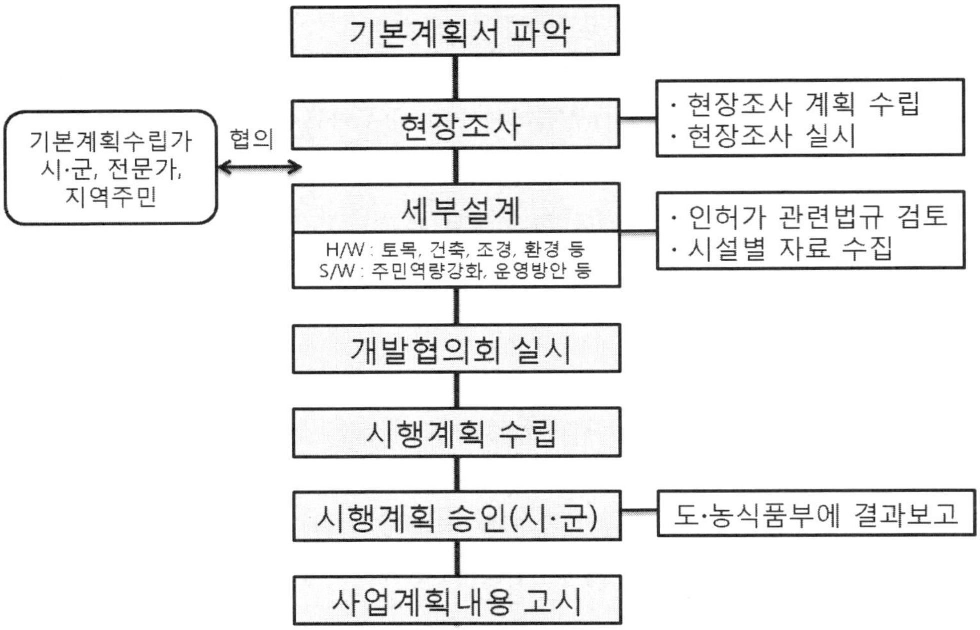

그림 5.11 시행계획 추진흐름도(예 : 2011년 일반농산어촌개발사업)

5.4 농촌생활환경시설의 정비계획

5.4.1 기초생활시설

기초생활시설은 현대적인 농촌생활에 필수적인 마을기반시설로서 도로, 주차장, 상수도, 하수도 등이 있다.

(1) 마을도로와 주차장

마을도로란 마을 내 또는 마을사이를 연결하여, 주민의 교통편의를 제공하고 농작업을 위한 통행이나 생산물의 운반 등에 이용되는 도로를 말한다.

마을도로는 일반적으로 마을 간 도로와 마을 내 도로로 분류된다. 마을 간 도로에는 마을과 마을을 직접 연결시키는 마을 간 연결도로와 마을에서 근접한 광역도로와 공동이용시설을 연결하는 연결도로가 있다. 그리고 마을내도로는 외곽도로와 마을안길로 나눌 수 있다. 외곽도로는 마을거주지역의 외곽부에 있어 경작로에 연결됨은 물론 마을안길을 서로 연결하는 길이고, 마을안길은 마을내부의 생활공간을 연결하거나 마을내에서 경작로로 이동하는 길을 말한다.

- 마을도로
  - 마을간도로
    - 마을간연결도로
    - 연결도로
  - 마을내도로
    - 마을안길
    - 외곽도로

농촌의 마을도로는 주민의 통행과 안전을 제일 먼저 고려해야 하고, 경관 가로로서 정비되어야 하며, 그리고 농기계와 자동차의 원활한 이동이 가능해야 한다. 현재 및 미래의 지역발전과 교통상황, 농기계보유와 운행상황 등을 기초로 하여 생산물의 운반, 생산 및 생활 활동에 따른 이동 등 각종 기능이 충분히 발휘할 수 있도록 재편성되고 정비되어야한다.

도로의 정비방법은 기존도로의 개량 및 확장·포장, 신설 등이 있다. 가장 기본적인 정비 방법은 현 상태로 포장하는 것이고, 도로 폭이 좁은 경우에는 도로용지를 확보하여 확장하고 포장한다. 밀집된 마을의 경우 골목길을 넓혀서 포장하는 것 보다 외곽도로를 새로 설치하고 공동주차장을 설치하는 것이 바람직할 수 있다. 도로의 동선계획은 지형과 산림훼손을 최소로 하기 위하여 등고선을 따라 계획하고, 도로간 위계를 확립한다.

마을 간 도로는 시각적인 안정감을 주기 위하여 개방된 지역을 피하고 경작지 진입로와 마을 진입로의 수를 가능한 최소화 한다. 개방된 지역의 경우 6m 간격으로 가로수를 심고, 산림을 따라가는 경우는 심지 않는다. 특히 도로변의 전신주는 가로수 뒤로 후퇴시켜 가로수와 충돌을 피하고 시각적 영향을 줄인다.

마을 내 도로 중 마을 안길은 보행자의 안전에 최우선을 두고 설계한다. 통과교통을 우회시키고 사람 위주로 계획하며, 아늑하고 친근한 느낌을 주는 마을 공간이 되도록 짧고 좁게 계획한다. 마을 안길의 형태는 막다른 골목길과 순환길이 있다.

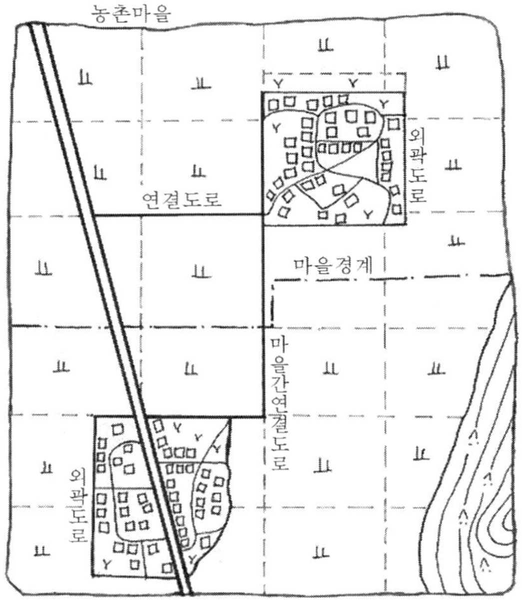

그림 5.12 마을도로의 개념도
자료 : 이근후 등 8인, (1995)

농촌의 마을도로는 사람과 자동차, 농기계 등의 통행을 위한 공간인 동시에 생산 장소와 건물, 수목이 만들어내는 자연환경과 사람의 교류공간이다. 농번기에는 일시적인 작업장이 되기도 하고 마을행사장소로 이용되기도 한다. 따라서 지역의 특성, 전통과 관습을 고려할 필요가 있다. 길 주변에 공터를 만들어 수목을 가꾸고 공동마당 또는 공동밭으로 활용하여 주민이 일상적으로 만날 수 있도록 한다. 주택지 근처에는 도로와 평행한 주차공간을 만들어 주차가 편리하도록 한다. 대체로 도록 폭은 8m 정도가 적당하고, 속도방지턱을 설치하는 대신 곡선형 도로를 계획하여 천천히 달리도록 한다. 마을간도로에는 정차대, 배수구조물, 안전시설 등이 필요하고 마을내도로에는 자연배수가 우선되도록 해야 하지만 부득이한 경우 배수로를 설치한다.

농촌에도 생산 활동과 관련된 차량과 승용차가 많아지고 도농교류에 의한 도시민의 방문이 많아져서 주차장이 필요하다. 주차장은 도로와 마찬가지로 농촌에서 일시적인 작업장, 마을행사장소 등으로 활용할 수 있는 공간으로 마을의 차량현황, 현재의 주차현황과 형태, 도시민 방문차량현황 등과 마을의 지형, 타사용용도 등을 고려하여 주차장의 위치와 규모를 결정한다. 주차장은 비어있는 느낌이 들지 않도록 하기 위하여 주변 지형의 형태에 맞추어 농촌답게 보이고 자연스러운 공간이 될 수 있도록 친환경적으로 계획한다. 주차장 바닥은 콘크리트나 아스팔트 포장 보다는 잔디를 심거나 잔디 블럭을 활용하고 나무를 심어 적절한 그늘이 생기도록 한다. 그 외 쉼터, 의자, 휴지통, 가로등, 화장실, 조경시설 등도 필요하다.

(2) 마을 상수도

농촌마을의 상수도는 먹는 물을 포함한 생활용수와 생산 활동에 필요한 영농용수를 공급하는 시설을 말한다. 상수도 시설의 목적은 주민에게 질적으로 안전하고 양적으로 충분한 물을 공급하는 것이다.

상수도 시설규모는 용수수요의 동향, 수원의 종류, 급수면적, 급수량, 원수의 수질, 계획기간 등을 고려하여 결정한다. 영농용수의 급수 대상은 영농형태와 영농계획 등을 고려하여 결정한다. 시설의 계획 및 설계는 기본적으로 상수도 시설 기준을 적용하는 것을 원칙으로 한다.

(3) 마을 하수도

농촌마을의 하수도는 마을에서 발생하는 오수의 배제를 처리하기 위한 시설을 말한다. 마을 하수도 시설은 생활 및 생산 활동과 깊은 관련성이 있으며, 농업생산성 뿐만 아니라 생활의 안전성, 쾌적성, 편익성 등의 환경조건도 좌우한다. 따라서 하수도 정비계획은 용수의 수질보전과 생활환경의 개선을 가져와 생산성 향상과 밝은 지역사회를 형성할 수 있게 한다. 마을의 환경보전을 위하여 빗물과 오수를 분리하여 처리하는 방법이 바람직하다.

빗물 배제에 대한 계획은 주거지역 내 또는 배후지에서 직접 주거지역 내로 들어오는 물을 모아서 주거지역 내를 통과시키거나 또는 우회시켜 하천, 농업용 배수로 및 기타 배수로로 배출시켜 마을이 침수되지 않도록 한다.

전통마을에서 오수는 자연정화형태로 처리되어 오탁부하량과 자연정화의 평형이 유지되었다. 생산 활동과 생태계가 지닌 정화기능을 효과적으로 이용하면 남는 오수의 발생을 최대한 억제할 수 있고 처리과정에서 생긴 부산물도 지속적으로 처리할 수 있으므로, 지역의 특성에 맞는 오수처리 및 재이용시스템을 선택하여 적용할 필요가 있다. 특히, 분뇨는 퇴비로 재활용할 수 있는 시설을 하거나 시스템을 갖추면 해결되고, 나머지 오수는 정화 연못이나 인공 습지를 조성하여 해결할 수 있다.

오수처리계획은 수질환경기준이 달성되면서도 오니 성상과 지역실정에 따라 오니가 가지고 있는 자원적 가치를 충분히 이용할 수 있도록 수립한다.

오수처리 방법은 물리적, 화학적, 생물학적 처리가 있다. 화학적 처리는 약재를 사용하므로 바람직하지 않고 비용도 많이 든다. 침전, 여과, 흡착 등을 통한 물리적 처리와 호기성 및 혐기성 처리에 의한 퇴비를 자원화하는 생물학적 처리가 바람직하다.

5.4.2 문화복지시설

농촌의 문화시설로는 주민정보센터, 문화원, 도서관, 박물관, 공연장, 전시장 등이 있고, 복지시설은 마을회관, 복지회관, 건강관리실, 찜질방, 목욕탕 등이 있다. 문화복지시설은 생활의 편익성과 쾌적성을 향상시키고 건강하며 문화적인 감성을 함양하는데 기여한다.

농촌마을 대부분이 고령화가 극심하여 노인부양 및 보호 프로그램의 구축과 노인친화적 주거 환경 개선 등, 노인 복지의 향상이 요구된다. 이를 위해 현재 마을의 공동시설 및 노인의 주거환경실태 등을 분석하고 이용에 대한 의식 및 의견조사결과를 시설계획에 반영하도록 한다.

다목적회관, 박물관, 복지회관 등의 건축계획은 반드시 활용계획을 구체적으로 수립하고 이와 관련된 프로그램을 설계해야 한다. 마을의 박물관은 이용대상자, 이용자수, 기대효과 등을 고려하여 계획하고, 다목적회관과 건강관리시설은 적정한 이용자수가 확보되고 다양한 연계 및 활용 프로그램이 준비되어야 한다. 특히, 마을단위에서 운영유지 관리가 가능하도록 계획을 수립해야한다.

5.4.3 주거시설

주거시설은 주민들의 일차적인 생활공간이므로 편리하면서도 농촌답고, 전통적이며 친환경적으로 계획해야 한다. 주거시설은 주택과 부속시설로 구성되며, 공동 공간에는 기초생활시설과 문화복지시설이 설치된다.

주거 계획인구는 기존인구와 추가 수용 가능인구를 고려하여 판단한다. 계획인구에 따라 계획 가구 수를 산정하고, 가구당 필요면적이 결정되면 개발면적이 정해진다.

(1) 주거지 계획

주거지 계획에서 검토해야 할 사항은 필지 크기와 형상, 주거공간 구성, 건물규모, 지붕, 마감재료, 대문 또는 현관의 형태, 마을안길 경관조성 등이다.

필지의 크기는 가구당 거주인구수, 건축물의 개수와 규모, 텃밭의 크기 등에 따라 결정된다. 농촌지역에서는 개별 거주지의 면적은 $800m^2$ 내외가 적정할 것으로 판단된다.

필지의 형상은 정사각형에 가까운 것이 좋다. 건축물을 앞뒤로 배치하는 경우는 길이가 긴 것이 좋고, 측면으로 배치하는 경우는 폭이 넓은 것이 좋다. 삼각형이나 삐뚤어진 필지는 피하는 것이 좋다.

주거 구성공간의 개방성 또는 폐쇄성을 고려하여 건물의 위치를 결정해야 한다. 개방적 건물(사랑채)은 대문과 연결된 건물이나 도로에서 바로 출입이 가능하도록 담장과 연계하여 배치한다. 반 개방적 공간은 폐쇄적 공간인 안채와 거리를 두고 앞이나 옆으로 대문과 가까운 곳에 배치한다. 폐쇄적 공간인 안방이 있는 안채는 후원을 뒤에 두고 전면은 다른 건물에 의해 보호되는 중앙 후면에 배치하는 것이 좋다.

건물과 지붕의 형태, 건물높이와 길이 등의 건물 규모, 대문과 외장재의 색과 질감 등이 주변의 자연환경과 조화로워야 한다. 택지구획 간 경계부에는 가슴높이 정도(1.5m 이하)의 자연친화적이고 전통적인 흙담이나 돌담, 생울타리 등을 설치하는 것이 바람직하다.

골목길은 차량통행 여부와 연관 지어서 사람 중심으로 폭을 정하고 연속성이 있어야 하며 경계석과 배수구의 위치는 필지의 형상에 따라 결정한다.

주거지 도로인 마을 안길에는 가로수를 심어 녹음이 우거지게 해서 자연 공간속 거주지의 모습을 가지도록 한다.

가로수는 주위의 녹지와 유기적으로 연결하여 녹지축을 형성하도록 한다. 가로수는 차도에서 일정한 거리 이상 떨어져 심어, 건물에 너무 접근하지 않게 하며 식재 거리는 나무가 충분히 성장한 때를 고려한다. 부지경계선과 관계없이 도로를 따라 일정한 간격으로 식재하며 3열 혹은 그 이상일 때는 서로 비껴 심어 나무의 배치가 자연스럽게 한다.

마을의 성격에 잘 어울리는 수종을 선정하여 장소에 따라 적절한 크기의 나무를 배치한다. 나무의 형태, 잎의 모양과 색, 새싹의 색, 낙엽의 색, 개화시기, 꽃의 색과 모양 등 그리고 겨울의 채광, 방음, 방진 등의 효과를 잘 고려하여 여러 가지 분위기가 연출될 수 있도록 한다.

(2) 부지계획

도로와 접하는 부지의 경계선에는 나무를 심어 녹음을 형성함으로써 주택의 안정성을 주고, 전면 건축선은 도로에서 바라보는 시각적 회랑(visual corridor)을 확보할 수 있도록 5~7m 이상 후퇴하도록 한다. 차고와 주차장을 부속사 근처에 함께 배치하여 공간 활용성과 이용성을 높이며, 부속사는 주택과 붙여서 짓지 않고 택지의 후면이나 측면 공간을 활용하면 좋다.

1층을 전통건축물의 기단 높이에 설치하면 부지의 정지선보다 45cm 이상 위치에 설치되므로 이상적이다. 정지선과 비슷하거나 약간 높은 정도에 건축하면 집의 경관성이 떨어지고, 바닥이 습해져서 건강에 좋지 않다.

(3) 주택계획

농촌주택은 반자연적 공간에서 생산활동을 하는 농민이 거주하는 곳이다. 따라서 주택은 생활공간이나 생산공간으로도 이용되어 농지, 작업장, 부속사 등과 밀접하게 연관된 곳이다. 전통한옥은 농촌주택의 대표적인 형태로서 반개방적인 공간을 형성하고 있어 생산 및 생활 활동이 함께 수용되고 있다. 1970년대 새마을 운동에 의한 주택개량사업과 취락구조개선사업이 이러한 주거원칙을 무시하고 추진되어 온전한 농촌주택이 없어져 가고 있다.

전통 농촌주택은 거주공간인 안채, 사랑채 및 행랑채로 분산되고, 변소는 생산시설과 같이 있거나 독립 건물로 설치되며, 마당은 작업장을 겸하였고, 부엌은 저장 공간을 겸한 형태로 되어 있다. 1950년 이후 근대 농촌주택은 거주공간이 단일 건물로 모아지고 부속시설은 복합시설로 종합화하는 형태로 변하였고, 지금은 전통 농촌주택이 변형되어 사용되거나 단일건물인 근대 농촌주택을 신축하여 살고 있다. 어떤 공간 활용이 합리적인지 아직 진지한 논의가 이루어지지 않았음으로 대토론의 장이 있어야 정리될 것으로 보인다.

농촌지역은 일반적으로 공동주택이 적합하지 않으므로, 단독주택의 개발 방식에 대한 위치별 목표와 달성 방법이 제시되어야 한다. 기본적으로 자연환경과 어울려 시각적 영향을 적게 받도록 하고, 부지 훼손을 가급적 줄이며 수질과 토양을 보전하고 농촌의 특성을 유지하도록 개발한다. 간단히 말하면 풍수학적 택지론에 입각한 주택 입지가 고려되어야 한다.

농경지가 있는 곳에 개발하는 경우, 건축물은 개방된 농경지에 설치하지 않는 것을 원칙으로, 산림과의 경계선 또는 농경지의 주변부로서 산림에 가까운 곳에 주택을 입지시킨다. 저수지, 호수, 연못 등의 수변부에 개발하는 경우, 주택부지는 물의 영향을 받지 않는 거리까지 물러나야 하고, 둑쌓기, 벽, 데크 등에 의해 훼손이 없도록 한다. 산림이 있는 구릉에 개발하는 경우, 건축물은 능선에 설치하지 않아야 하고 구릉의 산림을 가급적 제거하지 않아야 하지만 주택과 가까운 나무는 주택 높이보다 낮아야 한다. 급경사지는 피해서 지어야 하고 자연식생을 최대한 보존한다. 통과도로인 외곽도로에 직접 면하지 않게 하고, 농경지로 둘러싸인 곳에는 짓지 않아야 한다. 기존 등고선을 최대한 존중하여 주택 부지만 잘 다듬어서 집을 짓고, 마당은 집보다 등고선 아래에 있는 곳이 더 좋다. 진입로 개설과 배수로 건설을 위해 지형훼손을 되도록 적게 하고, 기존 경작로나 마을안길은 막지 않도록 해야 한다.

자연생태연못을 부지 내에 조성하면 오수와 생활하수처리에 효과적이다. 택지 내 잔디밭은 넓게 하지 않는 것이 좋으며, 건물 앞마당은 잔디를 깔거나 포장하지 않고 건물 뒤에 후원을 조성하는 것이 주거 환경에 유리하다. 그 이유는 흙마당은 여름에는 주택 내에 바람을 불게 하여 시원하게 하고, 겨울에는 열에너지 보존 역할을 하기 때문이다.

담장은 새마을사업으로 대부분 시멘트 블록으로 정비되어 농촌다운 멋을 잃어 마을 주민과 도시민들에게 친근한 느낌을 주지 못하고 있다. 농촌답고 자연스러운 분위기를 느낄 수 있도록 시멘트 블록담을 예전처럼 토담, 돌담, 생울타리 등으로 정비 하는 것이 좋다. 마을의 지형과 주변 환경, 집의 모양 등을 고려하여 재료를 선택하고, 주택벽면이 담장 역할을 하는 경우, 화분, 화단 또는 벽화 등을 조성하는 것도 필요하다. 투과성 재료를 사용하는 경우 1.2m 이하의 높이로 설치하여 심리적인 안정감과 친밀감을 형성하고 이웃과 소통하는 장소가 되도록 하는 것이 바람직하다.

경관을 고려한 주택 정비 방향은 생활에 편리함을 반영한 합리적인 공간 배치, 전통 농촌정서에 맞는 공간설계, 지역의 특징과 특성 등을 활용하는 것이다. 주거공간배치는 장독대, 수돗가, 창고 등의 기존 공간배치를 가급적 유지하고, 쓰지 않는 공간을 재정비하거나 철거하여 새로운 문화공간과 녹지공간을 만들어 주택의 내외부공간이 상호 유기적 관계를 유지하도록 동선을 연결하고 필요한 시설을 배치한다.

대지의 형태와 건물 배치가 풍수적으로 조화를 이루게 하고, 집안의 기존 수목은 보존하며 필요한 경우 전통적인 수종을 선택하여 식재 한다. 텃밭을 유지하고 자연경관과 조화로운 식물을 도입한다.

집과 너무 근접한 축사는 건강에 해로우므로 적당한 거리를 두어 설치한다. 산업적인 규모화 축산농가의 축사는 주거공간에서 완전 분리하여 마을별로 적당한 위치에 공동으로 설치한다.

기존 창고는 구조적 상태에 따라 철거하거나 보수 또는 유지하도록 한다. 농기계와 농자재 보관용 창고는 차고, 주차장, 작업 공간 활용성 등을 고려하여 배치하는 것이 좋다.

집 앞은 정원보다는 텃밭으로 활용하고 집 뒤에 후원을 두어 주변 자연경관을 끌어들이는 차경기법을 도입하는 것이 전통적인 주거 공간 배치이다.

5.4.4 휴양운동시설

농촌주민들의 일상적인 건강증진과 휴식, 농촌관광(녹색관광, 생태관광)활동에 필요한 휴양운동시설은 주민들의 삶의 질을 향상시키는 중요한 시설이다. 지역주민과 도시민들이 즐겁게 활용할 수 있는 휴양 및 체육활동공간을 만들고 관련 서비스를 제공하는 것이 휴양운동계획의 기본 방향이다.

시설부지는 환경을 훼손하지 않는 지역으로 경사가 15% 이하로 완만하고 남향인 지형을 선정한다. 접근성이 좋고 추가시설 용지의 확보가 쉬우며 토지소유 및 이해관계가 시설도입에 지장을 주지 않는 곳을 위주로 선정한다.

기존 휴양운동시설 지역은 정비하여 보전하고, 신규시설지역은 집약적으로 시설을 도입하여 토지이용의 효율성을 높이고 기존 시설지구와 연계성을 강화하여 이용률을 높인다.

광장은 주민의 휴식, 오락, 경관 등을 목적으로 설치한다. 이용형태와 규모 등에 따라 입지를 결정하되, 주민이 쉽게 이용이 가능한 주거지에 근접 배치하고 차량이 통과하지 않는 지점을 선택한다. 주민의 이동이 집중되는 노인회관, 마을회관 등의 공동시설이 있는 주변의 빈터에 조성하면 편리하다. 포장을 하는 경우에는 자연환경과 미관을 고려하여 잔디나 투수성 포장재를 사용한다.

공동쉼터는 자연경관을 보존 또는 보완하기 위한 열린 공간으로서 주민의 유희, 오락이나 공동체 활동을 위해 조성된 공간으로 광장보다 규모가 작은 공간을 말한다. 자연적인 요소가 많은 농촌공간에 인공적인 편익시설을 도입함으로서 도시적 성향이 강해지는 농촌생활의 수요를 일부 만족시킬 수 있는 방법이다. 위치는 통행량이 많은 곳에 설치하고, 주민휴식시설과 운동시설, 어린이놀이시설 등 종합적 옥외 복지시설의 역할을 할 수 있도록 시설을 배치한다.

어린이 놀이공원은 15세 이하 어린이가 이용하는 공간으로, 공동 쉼터의 공간 구성과 유사하므로 서로 연계하여 보완적으로 설치하는 것이 바람직하다. 유희시설, 모래, 물 등을 이용하는 동적 놀이공간과 잔디밭 등의 자유놀이공간, 휴식 등의 정적 놀이공간이 적절히 균형을 이루도록 조성한다. 위치는 주거지역내에 안전하게 도보로 이동할 수 있는 곳이 적당하다.

생활체육시설로서 배드민턴장, 옥외농구장, 게이트볼장 등을 설치한다. 각 시설은 규격에 맞게 설치하고, 광장, 공동쉼터, 어린이놀이공원 등과 잘 연계되는 것이 바람직하며, 주거지역의 빈 공간을 잘 활용하는 지혜가 필요하다. 마을의 규모가 커지는 경우는 테니스장, 미니축구장 등도 필요하다.

산림욕장과 등산로는 산을 질서 있게 개발하여 주민의 보건휴양, 정서함양, 산림교육의 장으로 활용한다. 등산로는 산의 정상을 오르거나 능선부를 이동할 목적으로 주민에 의해 자연발생적으로 생긴 길을 손질하여 이용하는 것이 제일 좋은 방법이다. 가벼운 산책을 겸하여 산림욕을 할 수 있도록 적절한 산림지역에 여러 갈래의 길을 조성하면 훌륭한 산림욕장이 된다. 곳곳에 나무의자나 자연 바위를 활용한 쉼터를 조성하고, 이용자의 안전과 생태계 보호를 위하여 목재 데크나 다리, 울타리 등을 설치한다.

5.4.5 방재시설

농촌의 방재시설은 미래의 자연 및 인위적 재해에 대한 안전 실현을 목적으로 하는 시설이다. 눈, 비, 바람, 해일, 파도 등의 자연재해 방지시설, 산사태와 사면붕괴 방지시설, 교통안전시설, 방범시설, 산, 건물 등의 소방시설 등이 있다. 시설의 정비와 설치는 지역의 조건이나 긴급한 문제가 무엇인지 잘 파악한 후 정비할 순서를 정해서 진행한다.

(1) 용배수로

용배수로의 주 기능인 통수기능을 살리면서 재해에 대비하도록 정비하고 안전시설을 설치한다. 용배수로 정비는 생태환경, 생활환경, 어메니티를 보전하고 창출한다는 기본 방향을 유지하고 환경친화적으로 접근하여야 한다.

마을주변의 수로는 지역의 생활환경이 개선되고 어메니티가 창출되도록 수로변의 환경을 휴식과 교육의 장으로 활용한다. 농촌관광과 연계될 수 있도록 친수시설 및 천변정비를 계획하고 사람과 차량 등에 대한 안전시설을 설치한다.

기존 수로에는 갈대나 부들, 억새 등 수질 정화능력이 있는 식물과, 제방에 있는 버드나무나 느티나무 등의 경관수종은 그대로 살려서 정비한다. 동시에 홍수 때는 범람이 되지 않도록 충분한 통수단면을 확보해야 한다.

(2) 소하천

수해가 반복되거나 예상되는 소하천은 충분한 통수단면을 확보하고 구조상 안전한 제방이 될 수 있도록 정비계획을 세운다. 상위 하천과 연계하여 수계별로 정비를 추진하고, 수해 발생 원인을 근원적으로 파악하여 피해가 다시 일어나지 않도록 소하천정비종합계획에 의해 체계적으로 정비하고 관리해야 한다. 특히 침수지역의 토지는 가급적 매수하여 습지나 하천유지 생태공간으로 활용한다.

용배수로와 마찬가지 방법으로 자연친화적으로 정비하여, 재해를 막고 하천 생태계도 보전하여 어메니티가 창출되며 경관자원으로 활용하도록 한다. 소하천은 전 구간을 산책, 자전거 타기, 승마 등의 활용 목적을 가지고 정비하면 지역의 훌륭한 기반 자원이 될 수 있다.

(3) 기타

산사태와 사면붕괴 방지시설은 눈, 비에 의한 재해 대비에 필요하다. 사면이나 지표면의 식생을 잘 유지하고, 필요한 경우 사면보호시설, 배수시설과 옹벽, 사방시설 등을 계획한다.

눈 피해 방지는 많은 적설과 빙판길에 대비하는 것으로서 도로에 모래를 준비하거나 제설차량으로 재빨리 눈을 치울 수 있는 제도적인 뒷받침을 해야 한다. 겨울철에 농업용 트랙터를 활용한 제설작업은 주민참여로 이뤄질 수 있도록 하는 제도의 도입은 추진해 볼만 하다.

그 외 방화시설, 교통안전시설, 방범시설 등도 지역의 안전을 고려하여 꼭 필요한 시설로써, 지역의 규모와 여건을 고려한 적절한 계획이 필요하다.

5.4.6 기타시설

농촌생활환경정비에 필요한 기타 시설은 경관시설과 농촌관광시설 등이 있다. 이들 시설은 직접 생활하는데 큰 영향은 없지만 좋은 생활환경을 조성하는데 필요하고, 농촌의 소득을 높이고 국민 휴양 공간을 제공하는 의미있는 시설이다. 경관을 가꾸는 목적으로 신설되거나 정비되는 경관시설은 제 6장에서 설명되며, 앞서 언급한 모든 시설도 경관을 고려하여 정비하는 것이 바람직하다. 농촌관광시설은 농촌의 체험활동과 도시민 유치를 위해 필요한 시설로서 경관을 고려하여 정비되거나 신설되며, 농촌의 소득증대에 기여할 수 있도록 해야 한다.

5.5 농촌생활환경시설의 유지관리와 운영방법

5.5.1 유지관리의 목적과 범위

농촌생활환경정비에 필요한 각종 시설물이 제 기능을 유지할 수 있도록 수시점검, 일상점검 및 정기점검을 하여 미리 유해요인을 제거하고 손상 부분을 복구하는 것이 유지관리의 목적이다. 이용자의 편의와 안정을 도모하고, 적절한 운영과 이용에 대한 관리사항을 체계화하여 효과적으로 관리 될 수 있도록 한다.

유지관리의 범위는 각 시설물을 언제나 최상의 조건에서 활용할 수 있도록 운영, 유지, 보수, 개량 등의 활동사항이 포함된다. 각 시설물의 기능유지, 이용자에 대한 안전관리, 위생환경에 관한 관리 등을 위한 수시 및 정기적인 점검결과 기록관리, 효율적인 활동, 홍보 · 마케팅 등이 포함된다.

5.5.2 유지관리체계

유지관리체계는 지자체와 마을 및 시설별 관리책임자가 협의하여 관리구분, 관리행위 등에 대해 조정하고, 관리 협정을 체결한다. 주민 및 이용자에 대해 시설의 목적 및 기능에 대하여 설명하고 유지관리 협의체를 결성하는 등 관리자와 이용자 사이의 협의체제를 구축 한다.

지역주민, 지자체 및 분야별 전문가가 참여하는 유지관리조직을 구성하고, 참여주체별 역할과 연락처 등을 명기하여 관리한다. 각 시설별로 유지관리 주체를 선정하고, 유지보수를 위한 지원기준을 정한다. 대부분의 경우, 주민자치조직을 운영주체로 하고 노인회, 청년회, 부녀회, 작목반 등 마을 고유조직을 참여시켜 적절한 유지관리임무를 부여한다. 예를 들면, 산책로, 꽃길, 가로수 조성 등을 구간별 또는 수목별로 관리자를 지정하여 지역주민 전체가 참여할 수 있도록 관리계획을 수립한다.

5.5.3 운영방법

건축, 조경시설, 역량강화 추진장비, 각종 운영 프로그램 등 지자체와 지역주민 간에 체결된 협약사항을 준수하여 철저히 관리하도록 한다. 시설물 유지관리는 결함사항을 사전에 정확히 파악하여야 가장 적절한 대책을 수립할 수 있으므로, 결함의 예측, 점검, 평가 및 판정, 대책, 기록 등을 합리적으로 조합시켜 순서를 정한다. 지자체, 주민자치조직 및 지원그룹이 역할분담을 통하여 유기적인 관계를 형성하고 유지관리에 참여하도록 하며, 유지관리에 소요되는 비용은 시설이용자가 부담하는 것을 원칙으로 한다. 노인, 어린이, 체험활동 참가자 등 시설 이용자에 대해서는 안전관리 교육을 실시하고, 응급조치 체계를 구축하고, 시설종합보험, 이용자보험 등에 가입하도록 한다. 사회적인 환경변화 등 이용자의 새로운 요구사항에 부응하기 위해 시설물을 개량하고 규격 및 기준을 변경할 때는 지자체, 지역주민 및 관련전문가와 협의 한다.

---

* 주 : 농림부(1999)와 농림부 · 한국농어촌공사(2007) 자료에서 인용된 부분들이 있음.

참고문헌

김봉준, 2011, 농촌, 그 희망의 길을 찾아서, 농촌과 선교 제 64호, pp.18

농림부, 1999, 농촌 개발계획 지침, 농림부, 농어촌 진흥공사, pp.263~307

농림부, 한국농촌공사, 2007, 농촌마을종합개발사업 편람, pp.35-154, 263-274

리신호, 1997, 전통 환경보전형 농촌주택 모형 개발 연구, 농림부

리신호, 2006, 농촌어메니티 자원을 활용한 농촌마을 모형설계, 농림부

리신호, 오무영, 2001, 농촌마을의 살림집 좌향에 관한 연구, 한국농촌계획학회지, 7(2), pp.27-31

리신호 등 5인, 2006, 어메니티를 기반으로 한 노산하석권역 농촌마을개발계획, 한국농촌계획학회지, 12(4), pp.43-51

이근후 등 8인, 1995, 농공학개론, 향문사, pp.183-202

정하우 등 7인, 1999, 농촌계획학, 동명사, pp.119-142

Chapter 06

자연환경보전과 경관형성

6.1 농촌 환경과 자원

6.1.1 농촌 환경을 둘러싼 동향

1960년대 초반부터 본격적으로 착수한 생산기반조성사업은 관련된 포장생산환경을 정비하여 토지 및 노동 생산성을 개선하는데 중점이 두어졌다.

1970년 새마을사업에 의해 전통적인 농촌생활환경은 마을 수준으로 대폭 정비되었으나 자연환경과의 조화·보전을 고려하지 않아 환경적인 측면에서는 많은 오류가 발생하였다.

이후 1980년대에 이르러 농촌주민의 정주생활권 형성에 바탕한 체계적 농촌정비 개념이 도입되어 농촌환경정비는 주로 생활환경을 대상으로 하였다. 이러한 생산기반 및 생활환경 정비는 효율성이 강조되어 집중적인 자원소비와 다량의 폐기물 배출이 수반되었다. 이에 따라 농촌정비는 적절한 기반정비를 통한 물질순환체계 구축의 측면보다는 이기적인 농업활동과 난개발로 인한 자연환경의 훼손이 부각되는 결과를 가져왔다.

그림 6.1 도로확포장공사 시행전후

2000년대 이후 국내 총생산에서 농업이 차지하는 비중이 적어지고, 농촌에서 겸업농과 비농업인의 비중이 늘어나며, 농촌의 깨끗한 자연에 대한 국민적 요구가 높아짐에 따라 농촌정비사업은 토지 및 노동생산성 향상과 우량농지 확보 및 유지라는 전통적 목표와 함께 농촌어메니티자원 및 국토보전, 농촌다움의 유지 및 생활환경 개선이라는 새로운 목표를 아우르는 다양한 목표를 설정하게 되었다. 이렇게 농촌공간에 요구되는 다양한 기능과 역할을 농업·농촌의 다원적 기능이라 칭하기도 한다.

6.1.2 농업·농촌의 다원적 기능

(1) 농업의 다원적기능

1) 홍수 조절 기능

우리나라는 장마철인 6월과 7월에 강우가 집중되고 있다. 산지가 많아, 지형은 경사가 심하고 하천유역은 넓지 않아 홍수에 태생적으로 노출되어 있다.

60년대 이후, 급속한 경제발전에 의해 경사지를 정지하여 공장과 택지로 개발하는 사례가 늘고 있다. 이로 인해 숲과 농경지가 줄어들어, 집중호우가 내리면 빗물이 한꺼번에 낮은 지형으로 몰려들어 홍수피해는 해마다 늘어나고 있다.

논은 항상 물을 가두어 둘 수 있도록 논둑을 쌓아 놓고 있는데, 이 논둑은 바로 거대한 댐의 둑과 같은 역할을 한다. 이러한 역할을 하는 논둑의 높이는 보통 27cm 정도이고, 벼를 재배하면서 평소 물을 담아 놓는 물의 높이(담수심)는 4cm 정도이다. 따라서 집중호우로 홍수가 발생하면 논에서는 23cm의 물을 가두게 되는데 이 물의 양을 우리나라 논 전체면적으로 환산하면 36억톤 정도 된다. 이 양은 춘천댐 저수량(1억5천만톤)의 24배에 해당한다. 뿐만 아니라 홍수를 조절하는 댐을 건설하지 않음으로써 얻어지는 경제적 이익도 크며, 댐 건설에 따른 수몰지역의 발생과 주민의 이주대책, 수몰에 따른 자연생태환경의 파괴 논란 해소 등 국가가 국토를 효율적으로 유지 관리하는데도 기여를 하게 된다.

2) 지하수 함양 기능

인간이 살아가는데 있어서 물의 중요성은 더 이상 말할 나위가 없을 것이다. 우리가 사용하는 물의 가장 큰 저장고는 지하수대이다. 벼는 기본적으로 담수 재배하고 이

담수량의 약 55%는 하천으로 흘러 내려가 생활용수나 공업용수로 쓰이게 되고, 나머지 45%는 땅속으로 스며들어 지하수로 저장되게 된다.

우리나라 논토양의 특성으로 보아 땅속으로 스며드는 물의 속도는 포화상태의 논토양 수리전도도(水理傳導度:토양이 물을 전달해 주는 능력)와 같다고 보면 하루 약 19mm 정도이다. 벼의 담수재배 기간을 약 137일로 보고 우리나라 논 전체 면적에 대해 계산하면, 논을 통해 땅으로 스며드는 물의 양은 약 158억톤 정도가 된다. 이 양은 우리나라 전체 국민이 1년간 사용하는 수돗물 양의 2.7배, 소양강댐 저수량의 8.3배나 되는 양이다.

우리나라는 비가 장마철에 집중되기 때문에 비가 내리는 양의 약 21%만이 생활용수와 공업용수 등으로 쓰이고 나머지 37%는 그대로 바다로 흘려보내고 있다. 그나마 강으로 흘러 들어간 물조차도 산업화에 따른 환경오염과 수질오염 등으로 수돗물로 사용하기에 부적합한 물이 점차 늘고 있어 앞으로는 물 부족에 대비해야 한다. 특히 앞으로 더욱 늘어날 물 수요량의 충당을 위해서는 지하수에 의존하는 비율이 점차 늘어날 수밖에 없으므로 논의 지하수 함양 기능은 더욱 소중해 질 것으로 보인다.

3) 대기 정화 기능

공기는 여러 성분으로 조성되어 있는데 그 가운데 질소가 78%, 산소 20%, 그리고 이산화탄소가 0.036% 차지하고 있다. 식물은 광합성 작용을 통해 이산화탄소를 이용하여 탄수화물을 만들어 냄으로써 대기 중의 이산화탄소의 양을 줄이고 대신 산소를 공급하는 기능을 한다.

산업혁명 이후 급속도로 진행된 산업화는 엄청난 양의 에너지를 필요로 하였기 때문에 장작과 같은 땔감으로는 에너지를 얻기 어려워 땅속 깊이 묻힌 석탄과 석유 등 화석연료를 개발 · 이용하고 있다.

하지만 화석연료가 연소되면서 이산화탄소가 발생하는데 그 양이 너무 많아 이미 생태계의 균형을 깨뜨리고 있어 문제가 되고 있다.

최근에는 각종 기상이변이 속출하고 있는데 그 원인이 대기 중에 이산화탄소 농도가 높아지면서 대기권 둘레에 이산화탄소 층이 형성되어 복사열 등으로 지구의 온도를 높이기 때문인 것으로 밝혀졌다. 세계는 지금 인류의 대재앙으로 표현되는 지구 온난화를 막기 위해 이산화탄소의 발생을 줄이자는 운동을 전개하고 있다.

우리나라에서 벼와 보리 등 작물을 재배하는 과정에서 식물이 이산화탄소를 흡수하는 양은 연간 616만5천톤 정도에 이르며, 산소를 공급하는 양은 연간 1,630만톤 정도나 되어 우리나라 국민 전체가 마시고도 남을 만큼 공급하고 있다고 한다.

따라서 공장이나 택지를 마련하기 위해 논과 밭을 없애게 되면 대기의 이산화탄소를 흡수할 식물이 부족하게 되어 인위적으로 이산화탄소를 제거해야 하는 상황이 발생할 수도 있다.

그림 6.2 식물인 농작물은 탄소동화작용으로 풍부한 산소를 공급

4) 토양 유실 방지 기능

우리나라의 지형을 살펴보면 산이 많고 경사지가 많은 것을 알 수 있다. 따라서 큰 비가 내리면 하천에는 온통 황토색의 흙탕물이 흘러 내려가는 것을 볼 수 있는데 그 흙탕물 속에는 식물이 자라는데 필요한 흙이 빗물에 씻겨 내려오기 때문이다.

이러한 흙의 유실은 경사지에 계단식으로 평평한 논과 밭을 만들고 작물을 심으면 방지할 수 있게 된다. 암석이 풍화하여 1cm 두께의 흙이 만들어지기까지 약 200년이 걸리게 되는데, 우리나라의 경우 연간 0.4cm 두께의 흙이 비가 올 때 유실되고 있다고 하니 200년 걸려 만들어진 흙이 불과 2~3년 만에 없어지는 일이 발생하고 있는 것이다.

그나마 비탈진 밭에서 씻겨 내려가는 흙을 논에서 받아서 보존하고 활용함으로써 흙이 하천이나 바다로 흘러 내려가는 것을 막아주고 있다. 이 같은 구실을 하는 논이 점차 줄어서 유실된 흙이 곧바로 하천으로 흘러 들어간다면 준용하천의 전체길이를 2만6천여 km로 보고 평균너비를 2m로 계산하면 41cm가 높아진다는 연구결과가 있다.

그림 6.3 토양 유실을 방지해 주는 경사지의 논

따라서 경사지의 논을 밭으로 바꾸거나, 주택을 짓거나 공장을 짓기 위해 경사지의 논을 없애는 것은 토양유실을 더욱 가속화시켜 하천이 평지의 논보다 높아지는 기이한 현상을 초래할 수도 있다.

그러므로 경사지 밭이나 과수원 등지에서 빗물에 씻겨 내려오는 흙을 받아내는 논의 기능이야 말로 우리 삶의 터전을 지켜주는 소중한 역할을 하므로 경사지의 계단식 논은 보존하고 유지해야 할 것이다.

5) 물의 정화 기능

벼가 자라는 논에는 항상 물을 대 주어야 한다. 이 논물의 일부는 벼가 흡수하거나 대기중으로 날아가고, 일부는 땅속으로 스며들기 때문에 논물은 줄어들기 마련이다. 이에 따라 줄어 든 만큼 물을 보충하기 위해 보와 저수지, 댐, 용배수로 등 수리시설이 정비되어 있다.

관개용수원인 하천이나 저수지의 물에는 공장폐수와 도시의 생활하수, 광산폐수 등에서 배출되는 질소, 인산, 황산 등 오염물질이 들어 있다. 이렇게 오염된 물이 논에

들어와 정화기제에 의해 깨끗한 수질로 회복된다.

6) 식량 안보 기능

농업은 원래 농가 자급용 식량 생산이 목적이었지만, 점차 생산물을 다른 생활 필수품과 교환하게 됨에 따라 상품성을 부여함으로써 상업농으로 전환되었다. 그에 따라 농산물의 수송, 교역을 위한 교통이 발달하게 되었다. 공예작물이나 축산물 등은 공업원료로 공급되어 관련 가공업이 발전하게 된 것이다.

식량의 안정적인 생산과 공급은 국가 경제의 안정화에 중요 요소이며, 장차 식량이 부족할 것이 예견되는 상황에서 식량의 안정적 생산기반을 유지하는 일은 국가를 유지하고 지탱하는 최우선 과제가 될 것이다.

식량을 외부에 의존해 오던 소련이 식량 문제를 해결하지 못해 붕괴된 사례 등은 식량이 나라를 유지하는데 얼마나 중요한 역할을 하는지 단적으로 보여주는 예라고 할 수 있다.

우리나라의 경우, 주식인 쌀의 자급률은 100%에 이르고 있으나 식량 전체 자급률은 25.3% 밖에 되지 않는 실정이므로, 농업기반을 유지하고 자급률을 높이는 일은 매우 중요한 과제라고 할 수 있다.

앞으로 기후변화에 따른 재해와 경제개발로 인한 농경지 잠식 등을 감안할 때, 우리나라의 농업기반을 유지하는 일은 장차 닥칠지도 모를 식량위기를 극복할 수 있는 열쇠가 될 수 있을 것이다.

7) 생태계 유지 및 서식처로서의 기능

생태계는 크게 자연생태계와 농업생태계 그리고 도시생태계로 나눌 수 있다. 농업생태계는 자연생태계와 도시생태계를 연결해 주는 고리이자, 생태계 전체를 보전하여 쾌적한 인간의 삶을 유지하는데 매우 중요한 구실을 한다.

농업 생태계는 식량생산을 위하여 자연생태계를 오랜 세월에 걸쳐 인위적으로 기후와 풍토에 알맞도록 개조하여 가꾸어온 것이므로 끊임없이 부지런하게 관리하지 않으면 쉽게 파괴된다. 더구나 얼마 전까지만 해도 굶주림으로부터의 해방이라는 커다란 명제를 안고, 앞뒤 살필 겨를도 없이 오로지 식량증산 목표에 매달려 온갖 증산수단을 농업생태에 쏟아 부어온 결과들이 이제 환경문제로서 나타나기 시작했다. 특히 논의 생태계는 우리의 기후와 토양에 가장 알맞은 농업생태계로서 매우 안정된 상태를 이루고 있다. 그런데 우루과이라운드 농산물교역 협상의 타결에 따른 파문으로 벼농사를 포기하는 논이 늘어가고 있다. 벼농사를 포기한 논은 앞서 살펴본 여러 가지 공익기능을 모조리 상실할 뿐 아니라, 여러 부작용을 수반함으로써 전체 생태계에 혼란을 가져와 우리가 살고 있는 땅과 물과 공기가 모두 변하게 되고, 그렇게 되면 생태계를 복원하기 위한 노력이 더 힘들 수밖에 없을 것이다. 만약 그렇게 되면, 생태계를 파괴하면서 누려온 번영의 몇 십배, 몇 백배에 달하는 노력과 시간, 그리고 재산의 손실을 가져올 것으로 예상된다.

논과 밭은 많은 동식물의 서식처이다. 모내기 전의 논에는 올챙이, 개구리, 우렁이, 미꾸라지 등 겨우내 잠들었던 생물들이 깨어나고, 장마 후에는 무당벌레와 잠자리 등 벼가 자라는 논에서 짝짓기와 알낳기, 부화, 애벌레, 성충 등으로 탈바꿈하는 중요한 삶의 터전이 된다. 가을에는 메뚜기와 사마귀, 방아깨비 등 곤충들이 논을 누비고 다니는 모습을 흔히 볼 수 있다.

따라서 농촌은 우리의 먹을거리인 쌀을 생산함은 물론, 자연과 인간을 연결하는 고리이며, 생태계의 균형을 유지하여 인간의 삶을 보다 윤택하게 해주는 중요한 역할을 수행하고 있음을 항상 유의하여야 한다.

(2) 농촌의 다원적기능

1) 전통 문화의 보전

농업마을은 단순히 영농활동이라는 경제적 측면만 있는 것이 아니라 전통과 사회, 문화, 교육의 배경을 이루고 있다. 나라마다 고유한 전통문화가 있다는 것은 그 나라의 정체성과 자존이 있다는 것을 의미하기 때문에 중요성이 더욱 크다. 나아가서 동일한 전통문화를 향유한다는 것은 국민의 동질감과 응집력, 자신감을 고양시킬 수 있는 무한한 힘을 가지고 있다.

우리의 생산, 문화 활동이 원시적인 농경정착단계에서부터 시작되었기 때문에 우리의 고유한 문화와 전통의 뿌리는 자연히 농업 · 농촌과 깊은 연관이 있다. 우리 농촌은 아름다운 전통문화를 많이 볼 수 있는데, 힘을 합하여 함께 농사를 짓는 품앗이와, 농악놀이, 농요 등은 농촌이 있어야 가능한 문화이다. 따라서 그 나라의 고유한 전통문화를 계승하기 위해서는 농촌을 보전하고 발전시켜야 한다.

2) 정서 함양의 기능

농촌은 문화적인 측면 못지않게 우리의 피곤한 육체와 정신을 건강하게 하는 심신함양의 장으로도 중요한 기능을 한다. 인간은 자연의 색깔인 녹색을 접함으로써 심리적 안정을 얻을 수 있기 때문이다.

인간이 자연에서 배울 수 있는 법칙과 지혜가 바로 농심(農心)인데 이는 아무리 강조해도 지나침이 없을 것이다. 즉, 농사하는 마음에는 정직, 근면, 겸손, 희생, 절제, 사랑, 철학 등 인간이 가져야 할 기본적인 모든 덕목이 내포되어 있다.

따라서 과도한 성장지상주의, 물질만능주의, 기계지상주의를 완화시키고, 물질문명에 찌든 도시를 살리기 위해서는 푸른 들녘과 인정 많은 농촌이 유지 · 보전되어 완충작용을 하지 않고서는 인간은 구심점과 목표를 잃은 영원한 방랑자 신세를 벗어나지 못할 것이다.

우리 농촌은 우리가 가꾸어야 할 결코 돈으로 환산 할 수 없는 귀중한 무형자산인 것이다. 따라서 현 단계에서는 농촌이 갖고 있는 국민정서상의 역할과 중요성에 대해 모든 국민들의 인식을 전환시키는 작업이 우선 과제이다.

3) 지역사회 유지기능

농촌의 지역사회 유지기능은 외부효과, 공공재 및 농업생산과의 결합성을 주 내용으로 한다. 즉 농촌지역사회가 활성화되기 위해서는 농촌주민들이 농업생산을 하거나 이로부터 파생되는 농업관련 업종에 결합되어야 하고 지역사회활동들은 공공재적 성격을 띠고 있어야 한다.

특히 농촌은 인구과밀, 교통난, 주택난 등 도시문제를 완화함으로써 국토의 균형발전을 도모할 뿐 아니라, 지역사회 활성화 및 유지기능을 가지고 있기 때문에 기본적으로 공익적 기능 유지 · 확보 차원에서 접근되어야 한다.

농촌의 지역사회 유지기능은 농촌지역의 고용촉진을 통한 농촌경제 유지 및 국토의 균형발전과 관련되는 여러 분야를 포함하여 발현된다. 그러나 이러한 분야는 명확하게 구분할 수 없다. 이는 대다수의 국민이 수혜자이며 기능 자체가 외부효과, 공공재, 결합생산의 성격을 가지고 있기 때문이다.

경제협력개발기구(OECD)는 이를 '농촌의 활력유지 기능' 으로 정의하고 있다. 우리나라에서는 농촌의 다원적 기능으로 정의하고 있는데, 도시문제해결, 노령인구흡수, 여론통합, 선진 자립국가의 기반, 지역경제 유지, 각종생활 및 산업자원 공급, 농촌활력 유지, 국토균형발전 등 다양한 세부기능으로 구성되어 있다.

4) 아름다운 경관제공기능

우리나라 농업은 벼농사 중심의 독특한 농업형태와 생산양식으로 아름다운 국토경관을 형성하고 있다. 벼농사의 경우, 봄에는 못자리를 만들고 모를 길러 모내기를 함으로써 생동감을 안겨주고, 여름에는 확 트인 녹지공간을 펼쳐주며, 가을에는 황금물결의 풍요로움을 선사한다.

또한 벼농사를 위해 오랜 세월 땀 흘려 이루어 놓은 수많은 냇가의 보나 저수지가 산과 들과 어우러져 우리 고유의 경관을 형성하고 있다. 농민은 벼농사를 통하여 논을 관리함으로써, 자연 현상에 인해 경관이 훼손되는 것을 방지할 뿐만 아니라 풍수해로 훼손된 곳은 복구하여 유지해 나가고 있다.

벼농사 중심의 우리 농업은 또한 간접적으로 산림과 야생동물을 보호하고 있다. 즉, 농산물을 거두고 남은 부산물인 볏짚, 왕겨, 보릿짚, 콩깍지 등이 농촌의 연료와 퇴비로 쓰임으로써 산의 나무나 낙엽이 훼손되지 않고 보존될 수 있도록 크게 돕는다. 더욱이 벼농사는 볏짚과 쌀겨와 같은 가축의 먹이를 부산물로 생산하고, 벼를 수확한 후 보리 등 사료작물을 따로 재배함으로써 산의 야생풀이 고스란히 남아 야생동물의 먹이와 서식지가 될 수 있도록 도와주고 있다. 결국 자연생태계 보전에 간접적으로 기여하고 있는 것이다.

6.1.3 농촌 어메니티 자원

(1) 농촌 어메니티의 개념

일반적으로 어메니티(amenity)는 라틴어의 아마레(amare: 사랑한다) → 아모에니타스(amoenitas: 쾌적한, 기쁜)에서 유래하여, 영어로는 쾌적성(pleasantness), 매력성(attractiveness), 그리고 장소나 기후 등의 매력적이거나 바람직한 성질 등을 느낄 수 있는 삶의 질을 의미한다. 이러한 어메니티는 매력적이고 기분 좋다고 느끼는 다양한 환경조건에 대해 소비자들의 소비욕구에 따라 지불용의성이나 기회비용으로 표현되는 경제적 가치를 지니고 있다. 구체적으로 OECD(1999)에서는 농촌 어메니티를 단순히 쾌적한 환경이라는 의미보다는 농촌지역의 정체성을 반영하는 요소로서 사회구성원들에게 사회적, 경제적 가치를 제공하는 자원이라고 본다. 즉, 농촌지역에 존재하는 생물종의 다양성, 생태계, 고건축물, 농촌경관, 농촌공동체의 독특한 문화나 전통 등에 의해 농촌고유의 가치와 정체성을 보여주는 유, 무형의 자원들을 의미한다.

농촌 어메니티는 농촌정책의 새로운 대상으로 기존의 농촌정책에 대한 반성에서 출발한다. 첫째, 농업·농촌정책이 기존의 생산위주 정책에서 벗어나 농촌의 다원적 가치를 나타내는 다양한 자원의 보전 및 개발을 도모한다. 새로운 시장을 창출하여 경제적 효과를 얻고, 이를 토대로 농촌 환경의 개선과 활성화, 농촌복지의 실현을 추구하게 된다. 둘째, 농촌 어메니티는 도시 어메니티와 달리 공간의 질을 높이는 개념이라기보다는 개개 자원이 가지는 경제적, 사회적 가치를 중시한다. 그래서 농촌 어메니티의 경우 도시 어메니티와 달리 경제성 추구를 강조한다(전영옥, 2003). 셋째, 도시 어메니티가 도시주민을 대상으로 한다면, 농촌 어메니티는 농촌주민과 도시주민의 공동의 자산으로 본다. 농촌 어메니티를 통해 농촌주민은 삶의 질을 높이고 경제적 혜택을 누릴 수도 있으며, 도시민은 도시에서 접하기 어려운 자연 및 전통문화 등을 체험하게 된다. 이러한 관점에서 농촌 어메니티는 지방화 혹은 장소화 측면에서 국내·외적으로 많은 관심을 받고 있는 고장판촉(place-marketing)의 실천적 전략이 된다. 고장판촉이란 농촌지역의 크고 작은 고장이 현지 생산물을 외부에 판촉하고, 또는 현장이 갖고 있는 생활여건이나 관광자원을 잘 가꾸며, 또 경쟁력 있는 볼거리와 좋은 생활여건을 새로 만들어 외부 사람의 삶의 터전이 되거나 즐길 수 있도록 하자는 노력이다.

(2) 농촌 어메니티의 정의

WTO 출범 이후 농산물 수입개방의 빗장이 풀리면서 농촌은 어려움을 겪고 있다. 이런 상황 속에서 농촌이 지니고 있는 여러 가지 다원적 기능이 상실될까 우려하는 목소리가 점점 커지고 있다.

국민 모두가 쾌적하게 살 수 있는 권리를 누리기 위해서는 농촌이 지니고 있는 다원적 기능을 인정하고 지켜야 한다. 따라서 국토의 환경보전과 전통문화의 계승·발전이라는 차원에서 최근에 농촌 어메니티(amenity)의 중요성이 강조되고 있다.

농촌 어메니티는 '친근하다' 또는 '쾌적하다'라는 의미를 지닌 말로서 우리나라에서 종종 "쾌적성"이란 말로 풀이되기도 하지만 뉘앙스에 차이가 있어 좀 생소한 측면은 있지만 원어음 그대로 사용되고 있다. 농촌 어메니티는 "우리에게 친근감을 주는 농촌공간의 모든 특성"들을 통틀어 일컫는 말이라 할 수 있다.

따라서 농촌 어메니티는 농촌의 쾌적한 농업경관과 자연환경, 전해 내려오는 지역공동체 문화, 농촌 수공예품, 농촌생활양식, 지역 특산물 등 다양한 차원에서 대중들에게 심적 만족감과 휴양적 효용을 제공하는 것들을 두루 총칭하는 용어라 할 수 있다.

그러나 아직까지 농촌에 산재하는 자원과 농업 농촌의 공익적인 가치, 그리고 인간에게 느껴지는 호감 등이 혼재하여 사용되고 있어 이를 정리할 필요가 있다. 농촌자원은 그림 6.4와 같이 기후, 지형, 문화재, 경작지, 식물, 동물, 인간, 토양, 물, 시설 등과 같이 농촌에 존재하는 물리적 실체로 파악하였다(정, 2005). 또한, 자원의 공간적인 구성만으로 파악되는 좁은 의미의 시각적인 경관적 가치와 마을유래, 유명인물 등 시간에 따른 역사적인 가치, 비오톱, 사회, 경제 등 내부의 자원들이 특정한 목적달성을 위해 구성하는 시스템적 가치 등을 포괄하여 넓은 의미의 경관은 물리적 실체이기 보다는 실체가 나타내는 가치로 파악할 수 있다(이, 2005). 한편 농촌어메니티는 물리적 실체인 자원과 그 가치인 경관에 대해 인간이 느끼는 호감으로 정의할 수 있으며, 따라서 이는 특정자원이나 가치에 대한 접근성, 활용가능성에 의존하게 된다. 정(2005)은 농촌어메니티 자원을 농촌자원이라는 물리적 실체 중에서 경관, 역사, 시스템 등 가치를 포함하고 있는 자원으로 정의하였다.

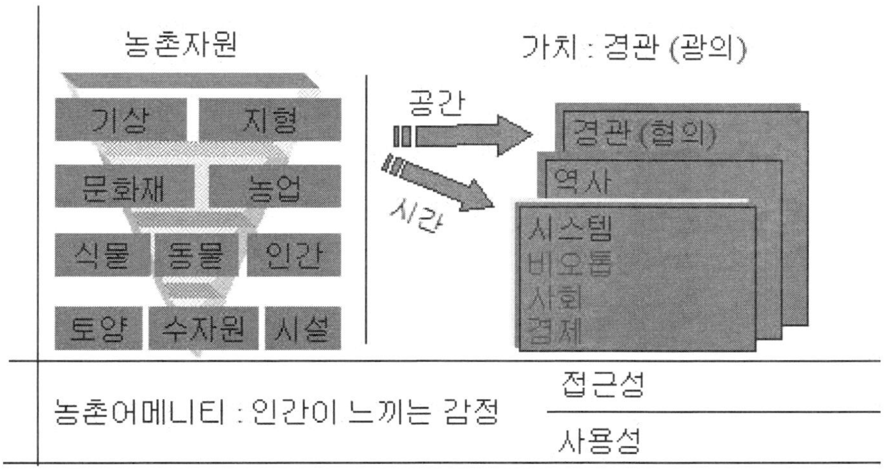

그림 6.4 농촌자원, 경관, 어메니티

(3) 농촌 어메니티자원의 종류

1) 자연자원

자연자원은 환경자원과 생태자원으로 나누어 볼 수 있다. 환경자원은 농촌이 지니고 있는 맑은 공기와 깨끗한 물, 소음이 없는 쾌적한 환경, 늘 푸른 녹지공간 등을 들 수 있다. 생태자원은 계절에 따라 변화하는 아름다운 풍경, 천연기념물 및 희귀동물, 저수지 등 수자원, 습지 또는 야생동물 서식지 등 생태계를 보호 유지하는 자원을 말한다.

2) 문화자원

문화자원은 역사자원과 경관자원으로 나눌 수 있다. 역사자원으로는 농촌지역에 있는 문화재, 사적, 정자나무, 오래된 전통주택과 건축물, 마을 상징물, 유명한 인물, 마을의 유래 및 설화 등을 꼽을 수 있다. 경관자원은 농업활동과정에서 자연스럽게 표현되는 서정적인 다랑이 논, 넓은 들판, 경사가 완만한 밭과 과수원, 갈대밭, 굽이쳐 흐르는 곡선이 아름다운 하천, 오밀조밀한 아름다운 산 등을 들 수 있다.

3) 사회자원

사회자원은 농촌생활의 편안함이나 안락함과 풍요로움을 제공하는 시설자원과 소득자원 그리고 공동체자원으로 나눌 수 있다. 시설자원으로는 농촌생활에 편안함과 편리함을 주는 마을회관, 마을공동쉼터, 농산물 공동작업장 및 집하장, 마을 공동창고 등이 있다. 소득자원으로는 도시민들의 휴양지로 운영되는 관광농원, 휴양단지, 민박시설과 지역을 대표하는 농특산물 및 가공품 등이 있다. 또한 공동체자원으로는 전해져 내려오는 씨름, 농악놀이, 강강술래, 윷놀이 등 민속놀이와 지역단위 문화와 체육행사 등을 들 수 있다.

(4) 농촌어메니티 자원조사

농촌어메니티 자원조사는 자원의 위치를 나타내기 위하여 GPS기기를 이용하여 좌표를 측정 · 입력한다. ArcMap 과 Mysql 등의 프로그램을 이용하여 자원의 좌표를 추출하고 지도에 도시화한 후, 좌표의 위치를 체크한다. 또한 구글어스에서 제공하는 위성영상을 이용하여 2단계 위치확인을 실시하며 이러한 작업을 통해 검토요청 대상으로 분류된 자료에 대해서는 조사반과 총괄팀의 상호 협조하여 수차례 검토하고 수정하여 자료의 좌표를 최종 결정한다(농촌어메니티 자원조사 보고서, 2010).

농촌경관은 자연경관을 배경으로 인간 활동의 구체적 모습이 구현되어 있는 경관으로 정의할 수 있으며 자연경관과 문화경관이 묶여지고 이에 지역특성이 반영된 경관이라고 할 수 있다(김상범, 2006). 즉, 농촌경관은 자연환경과 역사 · 문화환경이 집약된 전통적인 농촌경관과 현대적인 측면에서의 농촌경관이 상호 조화되면서 농촌다움이 가장 잘 나타나고 있는 경관으로 경관형태적 요소(점적요소, 선적요소, 면적요소)와 단일 경관자원(농지, 농업시설, 생활시설, 문화역사시설, 자연환경, 수자원 등)이 상호 복합적으로 나타나는 경관이라고 할 수 있다(김상범, 2009) 또한, 경지, 취락, 생활양식 등이 서로 긴밀한 관계를 맺으면서 형성되고, 이들 요소들이 누적되어 드러나 있는 모습으로 농업, 자연자원, 환경의 상호작용으로 나타나는 시각적 결과물로서 쾌적함을 비롯해 문화적, 사회적 가치를 포함한다.

현재 농촌진흥청에서는 농촌의 지역성을 보전하고 농촌경제 활성화의 기반을 조성하는 것을 목적으로 "농촌어메니티 자원조사사업"을 실시하여 전국 어메니티 자원을 조사 및 발굴하고 있다.

농촌어메니티 100선의 선정 과정은 농촌어메니티 자원조사팀의 현장 조사자료를 토대로 농촌어메니티 경관자원을 발굴하고 홈페이지를 통해 제출된 경관자원을 대상으로 심사위원별 평가 결과를 합산하여 평가과정이 진행되며 심사위원 구성은 농촌계획 및 경관관련 교수, 연구원 10인 이내로 구성된다. 평가의 요소로는 자원가치, 활용가치, 심미성, 고유성, 전통성, 지속성, 사진의 질 등을 고려하여 평가되며 농촌경관 사진을 중심으로 100가지의 우수 농촌어메니티 경관을 선정한다. 이를 통해 농촌 경관자원의 보전과 잠재된 부가가치 개발과 지속적인 사업진행에 의해 농촌경관자원의 가치와 도시민들의 농촌에 대한 관심을 증대시킨다(안명준, 2008).

(5) 농촌 어메니티자원의 활용 예

1) 자연자원의 활용

침엽수가 많은 숲에 삼림욕을 즐길 수 있도록 하며, 계획권역 내에 위치한 국립공원, 도립공원 등 자연공원, 자연휴양림 등의 맑은 공기를 순간압축 과정을 거쳐 산소통에 담아 마을 내에서 체험할 수 있는 행사를 개최하는 등 농촌 지역의 맑은 공기를 자원화 할 수 있다.

또한 세계적으로 물에 대한 우려가 커지고 건강에 대한 관심이 높아지고 있으므로 농촌의 맑은 물을 활용하여 상품화전략을 수립할 수 있다. 농촌의 맑은 물에 대한 홍보전략을 수립하고 방문객 등에게 권역 내 지하수 등을 활용하여 먹는 물, 차, 쥬스 등을 제공하는 방법이 가능하다.

생태환경에 대한 관찰과 생태현상에 대한 기초지식을 제공하는 관광상품을 개발하고, 개인이 청정자연지역을 직접 방문하여 일상적인 생활환경 속에서는 접하기 어려운 자연에 대한 향수를 충족시키는 생태관광도 가능하다.

자연생태계 현상을 설명할 수 있는 자연체험사 등을 양성하여 다양한 체험 프로그램을 개발하고, 숲 관찰, 소리로 느끼는 자연, 나무의 고동소리 듣기, 갯벌탐험 등을 활용할 수 있다.

2) 문화자원의 활용

농가에서의 숙박은 농촌다움을 핵심가치로 하여 민박의 형태로 숙박서비스를 제공하는 방법과 고급 펜션과 관광호텔 등과의 차별성을 가지기 위하여 여유, 편안함, 농촌의 정을 느낄 수 있도록 편의시설과 서비스를 제공하는 방법이 있다.

또한 세시 풍속과 같은 농촌의 전통문화를 놀이 및 체험의 형태로 방문객에게 제공할 수 있다.

3) 사회자원의 활용

농촌지역의 재래시장이나 농산물직판장은 도시민과 농촌주민들의 교류활동의 중심으로서의 역할을 수행할 수 있으며, 다른 일반판매점과 차별성을 가져야 한다.

정기적으로 신문이나 소식지를 발행하여 도시 소비자와의 교류의 장을 마련하고, 지역 특성별·계절별로 기획장터를 운영하여 특산물의 직판을 확대하며, 도시민들이 집중되는 주말에 소규모 농산물시장을 상시 개최하는 방법 등이 가능하다.

6.1.4 신재생 에너지와 녹색성장

(1) 신재생 에너지

우리나라에서는 신재생에너지를 “기존의 화석연료를 변환시켜 이용하거나, 햇빛, 물, 지열, 강수, 생물유기체 등을 포함하여 재생 가능한 에너지를 변환시켜 이용하는 에너지"로 정의하고 있다.

재생 에너지에는 태양광, 태양열, 바이오, 풍력, 수력, 해양, 폐기물, 지열 등 8개 분야, 신 에너지에는 연료전지, 석탄액화가스화 및 중질산사유가스화, 수소에너지 등 3개 분야가 있으며 이미 세계 각국에서 이를 다양하게 활용하고 있다.

(2) 세계 각국의 농촌 신재생에너지

최근 고유가와 함께 각광을 받고 있는 신재생에너지는 여러 종류가 있는데, 전체 에너지소비에서 차지하는 비중은 2006년 기준으로 18%에 달하여 그 중요성이 커지고 있다. 나머지 에너지 공급은 화석에너지가 79%, 원자력은 3%를 담당하고 있다.

신재생에너지의 대부분은 개발도상국과 프랑스, 스웨덴 등 북유럽 국가에서 사용하는 전통적인 땔감, 즉 바이오매스 에너지이다.

대부분이 전통적인 농업국가로 자급자족 경제를 형성하고 있는 개발도상국가의 바이오매스가 신재생에너지의 주공급원을 감안하면, 신재생에너지는 농촌지역의 에너지라 할 수 있다. 그리고 선진국의 신재생에너지 생산도 태양, 바람, 물 그리고 바이오매스 등 자연에너지원이 풍부한 농촌지역에서 주로 이루어지고 있다.

1) 독일의 농가형 바이오가스 발전

2006년까지 독일의 바이오가스 발전설비는 약 2,700기 정도이며 이중 1/4 정도는 도시고형 폐기물, 하수슬러지 등 유기성 폐기물을 사용하고, 나머지 약 2,000기는 축산폐기물을 활용한 농가형 바이오가스 발전시설이다. 발전용량은 약 650MW로써 개별농가의 평균용량은 약 240kW 정도인 것으로 추산되며, 생산된 전력은 모두 배전망에 연계되어 높은 가격으로 판매된다. 이러한 축산농가의 대대적인 메탄가스화 설비 도입은 고용과 부가가치를 동시에 창출하여 독일 축산업의 친환경적이고 건전한 발전을 보장하고 있다.

2) 스웨덴의 바이오연료를 이용한 지역난방

스웨덴에서 바이오 연료를 이용한 지역난방이 처음으로 생긴지는 이미 20년이 넘고 있다. 실례로 크로스노버주에서는 2010년까지 재생에너지 사용량을 50%까지 늘린다는 목표하에 총 25개의 소형 바이오연료 열병합 발전소를 건설하여 연간 250GWh의 전력

생산과 지역난방을 계획하고 있다. 이 사업에 의해 50~100명의 일자리를 창출하였으며, 총인구 175,000명인 크로스노버 지역사회의 주산업인 임업의 지속적 발전 토대를 마련하고 있다.

3) 영국의 지역에너지 공동체 활동(Community Action for Energy)

영국의 웨일즈 중부 해안에 있는 Dyfi 밸리는 12,500명의 주민이 살고 있는 전통적 농촌이다. 최근 관광과 여가 서비스에 대한 의존도가 높아지면서 에너지 사용량도 점차 늘어가는 추세이다. 지역 내의 상업적 풍력발전소가 역내 소비전력을 충당할 수 있지만, 난방 등에 사용되는 에너지는 대부분 역외에서 유입되는 형편이므로 난방에너지 자급을 위해 Dyfi Eco Valley Partnership 이라는 재생에너지 보급촉진기구를 결성하였다.

4) 유럽연합의 유채 재배에 의한 바이오디젤 보급

지구 온난화 문제에 가장 적극적으로 대응하고 있는 유럽연합은 온실가스 감축을 위해서 수송용 바이오연료의 보급 확대가 가장 필요하다고 판단하고 있다. 이와 같은 바이오연료의 보급 확대는 필연적으로 원료인 바이오매스의 수급에 불균형을 가져 오게 되며 최근 고유가와 함께 원자재 및 곡물가격의 상승으로 인한 생산비의 상승도 커져서 바이오 연료의 개발 보급은 면밀한 검토가 필요할 것으로 여겨지고 있다.

5) 개발도상국의 농촌 신재생 에너지

개발도상국의 농촌 신재생에너지는 선진국에서의 화석에너지 위상에 버금가는 위치를 차지하고 있으며 새로운 신재생에너지원의 개발은 독립 분산형 전화사업으로서 중요한 위치를 갖는 경우가 많다.

특히 중국, 인도, 브라질과 같이 급속한 경제성장이 진행되고 있는 대국들은 농촌도 에너지 수요가 급격히 증가하여 송배전망에 편입시켜 전화되기도 하지만 역내의 자원을 활용한 신재생에너지 독립전원으로 에너지를 공급하는 방식을 택하기도 한다. 따라서 이와 같은 국가들은 자원의 확보와 신재생에너지의 개발을 동시에 역동적으로 추진함으로서 농촌지역 신재생에너지 개발과 농촌경제개발을 함께 도모하고 있다.

(3) 우리나라의 농촌 신재생에너지

우리나라는 에너지 자원빈국이지만 산업화가 진전된 국가로서 에너지 수급 측면에서는 선진국형으로 변모되어 있다.

우리나라의 농촌 신재생에너지 보급은 정부 혹은 지자체 주도의 시범사업 단계로 그린빌리지 사업, 시설원예를 위한 바이오매스 난방시설 개발, 산간 농촌마을의 간벌목등 폐목재 이용, 보일러 개발, 농가형 축산분노 메탄가스화 시설 설치, 바이오연료를 이용한 에너지 작물 시범재배 등이 추진되고 있다.

(4) 농촌환경과 녹색성장

1) 녹색성장

녹색성장은 경제성장을 하되 경제성장의 패턴을 환경친화적으로 전환시키자는 개념으로서 환경적으로 지속가능한 경제성장을 추구하는 것이다. 녹색성장은 환경적 측면을 강조하는 경제성장을 통해 경제성장과 환경파괴 사이의 탈동조화를 실현하는 것이라 할 수 있다.

2) 농촌환경과 녹색성장

녹색성장의 개념을 농어업 분야에 적용하는 사례로는 친환경 농업을 들 수 있다. 친환경 농법을 통해 환경적으로 건전한 농업활동이 이루어지면서 안전한 먹거리를 선호하는 소비 수요의 증대에 따라 경제적인 수익성도 보장될 수 있는 녹색 성장인 것이다.

농림업을 통한 녹색성장은 공격적인 측면에서 신성장 동력을 확충할 뿐만이 아니라, 수비적인 측면에서도 탄소 흡수원을 확충하고 기후변화에 효율적으로 대응하여 안정적인 경제성장의 기반을 마련할 수 있다는데 큰 의의가 있다. 농림업은 기본적으로 국토이용면적 대비 온실가스 배출량이 적은 친환경적인 산업이며, 농촌은 환경부하를 줄이고 삶의 질을 높일 수 있는 생활공간이다. 나아가 온실가스는 농림분야가 2.5%를 배출하고, 산림분야는 6.3%를 흡수하므로, 농림업 분야는 탄소 흡수원을 제공하는 유일한 산업이며, 녹색성장을 위해 공수 양면으로 활약할 수 있는 산업이다.

6.2 농촌생태계의 보전과 관리

6.2.1. 자연을 배려한 토지이용에 의한 농촌환경 보전

(1) 자연입지적 토지이용계획

토지가 가진 자연적 잠재력을 가능한 유용하게, 그리고 자연적 재생산력의 범위에서 영속적으로 토지를 이용하여 자연의 다양성을 유지하면서 토지이용을 하는 것을「자연입지적 토지이용」이라 하며, 이를 위한 계획체계를「자연입지적 토지이용계획」이라 한다.

표 6.1 자연입지적 토지분류를 위한 조사항목

조사구분	조사 항목
지형조사	기복량, 경사, 절봉 · 절곡면, 수계, 곡밀도, 표층지질
토양조사	토층단면, 토양의 물리 · 화학성
식생조사	현존 식생, 잠재 자연식생

계획의 책정에는 자연입지적인 토지평가에 기초한 토지이용구분이 필요하다. 토지평가에는 다양한 방법이 있으나 여기서는 일본 농림수산기술회의가 제안한 개념을 바탕으로 개발된 지형분류와 식생학적 진단을 조합하는 방법(자연입지적 토지평가)을 소개한다.

(2) 자연입지적 토지평가

자연입지적 토지평가에서는 우선 토지를 2가지 지표, 즉 비생물적 지표(지형분류)와 생물적 지표(잠재자연식생)를 이용하여 등질의 토지단위로 분류한다. 이 방법의 이점은 토지에 관한 많은 지표를 이용하는 것이 아니라, 소수의 대표적인 지표에 기초하여 토지를 유형으로 구분할 수 있다는 것이다. 더불어, 농림업생산의 관점뿐만 아니라, 자연환경 보전의 관점에서 토지이용계획에 기여하는 정보를 제시할 수 있다.

자연입지단위별로 토지가 분류되면 그 토지의 이용적성이나 자연보호 관점에서 보전의 필요도를 진단할 수 있다(표 6.2). 여기서 1960년대 이전의 농촌에서는 대체로 자연적 입지조건에 기초하여 토지이용이 이루어졌다고 생각되나, 고도경제성장기 이후는 토지이용적성을 무시하고 자연입지와의 관계성이 희박한 토지이용이 많아졌다는 것을 알 수 있다.

표 6.2 각 자연입지단위의 이용적성과 보전분급의 예(일본 효고현)

입지단위	잠재 자연식생	토양	지형	토지이용적성			보전분급	1960년대 전반까지의 토지이용	1960년대 후반부터 발생한 토지이용
				농지	임지	택지			
1	적송-꽃이끼 군락	적황갈색 건성토양	산지	×	×	×	3	신탄재로서의 적송림	별장지
2	적송-꽃이끼 군락	회갈색 건성토양	고위 단구면	×	×	△	2	신탄재로서의 적송림	별장지, 골프장
3	Rhododendron reticulatum-적송 군집	적황갈색 약건성토양	산지	×	△	×	2	신탄재로서의 적송림, 생산성이 낮은 용재림	별장지
4	Rhododendron reticulatum-적송 군집	황갈색 약건성토양	구릉	×	△	×	3	신탄재로서의 적송림, 생산성이 낮은 용재림, 신탄재로서의 상수리-졸참림	별장지, 골프장, 주택, 공장
5	소엽맥문동-종가시나무 군집	암황갈색 적윤토양	중저위 단구면	○	○	○	1	수전, 논, 농가, 집락, 죽림, 삼목-노송식림, 상수리-졸참림	주택, 공장 도로
6	돌가시나무-오리나무 군락	글레이토양	저위	○	△	△ ※	1	수전, 논, 농가, 집락, 소규모의 공장, 죽림	주택, 공장 도로

자료 :
주 1) 입지단위는 주요한 것만 표시
주 2) 토지이용적성은 ○적합, △약간 적합, ×부적합, ※는 성토에 의해 적합한 것
주 3) 보전분급은 3보전이 매우 필요, 2보전이 필요, 1보전이 약간 필요

(3) 농촌자연의 보전을 위한 토지확보

농촌지역에서 자연환경이나 지역자원을 보전하기 위해서는 그 존재기반인 토지의 확보가 중요하다. 지금까지 농촌지역에서 책정되어 온 토지이용계획은 농지법, 도시계획법 등에 기초한 것으로 그 근거를 농림업의 생산성 또는 도시적 생활의 편리성에 두었다. 따라서 그 토지의 자연환경의 질은 묻지 않고 생산성이나 생활편리성이 낮은 토지가 자연환경이 입지하는 토지로서 우연히 남은 것에 지나지 않는다.

한국 및 일본 등을 포함한 선진국에서는 이미 손이 닿지 않은 자연이 거의 없다. 인위적으로 개변된 자연이나 농림지로서 생산이나 인간생활에 이용되고 있는 토지라도 다양한 생물의 비오톱으로서 높은 가치를 가진 곳이 적지 않다. 그러나 우리나라와 같이 토지수요의 경쟁이 심한 지역에서 우수한 환경을 보유하고 있는 토지는 철저한 계획이나 제도적 규제가 없다면 보존되기 힘들 것이다.

예를 들어, 독일에서는 모든 국토가 원칙적으로 개발행위가 금지되어 있어 연방건설법에 기초하여 시군조례로서 책정되는 지구상세계획(Bebauungsplan, B-plan)이 적용되는 구역에서만 농지전용 등의 개발행위가 허용된다. 또한 연방자연보호법에 기초하여 지정되는 자연보호구역(Natur-schutzgebiet) 및 경역보전구역(Landschaftschutzgebiet)을 포함한 토지이용계획(Flaechennutzungsplan, F-plan)이 시군조례로서 책정되어, 보전해야 하는 자연환경이나 지역자원을 보유하는 토지가 특정되어 행정의 개발계획행위를 규제하는 제도가 있다.

귀중한 농촌의 환경보전을 위해서는 자연입지적 토지이용계획수법을 이용한 토지이용계획이 책정되어 이것에 기초한 토지이용의 규제와 유도가 요구되고 있다.

6.2.2 생물 다양성과 농업생태계

(1) 생물 다양성

생물다양성(biodiversity)이란 생물학적 다양성(biological diversity)의 축약어로서 유전자, 종, 생태계 레벨의 3층 구조(그림 6.5)로 취급되고 있다. 즉, 자연사적 과정 속에서 우선 특정 생물종은 유전자 변이와 조직변환에 의해 유전적 다양성(genetic diversity)을 획득한다. 그런 다음, 유전적 다양성은 또 하나의 종의 개체군에 종 분화가 일어나 종다양성(species diversity)이 창출되고 다종 공존의 기구에 의해 종다양성이 유지되어 다수의 종으로 된 군집을 형성한다. 또한 공진화(coevolution, 생식격리가 일어남에 따라 각각의 종이 독립하여 유전적 변화를 축적하는 것)에 따라 기능적 다양성이 창출되고 다양화된 생물은 공생하게 되어 생태계를 형성한다.

생물학적으로 말하면, 「다양성의 시대」는 6억 년 전의 지구에서 일어난 생물계의 빅뱅이라는 동물군집의 폭발적 진화에서 현대까지를 말한다. 논생태계의 형성은 생물의 진화와 다양성의 형성이라는 시점에서 보면, 극히 단기간에 지나지 않는다. 또한 논생태계를 구성하는 생물종의 감소가 현저해진 최근 30~40년간의 변질은 생물의 진화와 다양성 형성의 역사의 길이에 비해 얼마나 순간적인 것인가를 인식하지 않으면 안 된다.

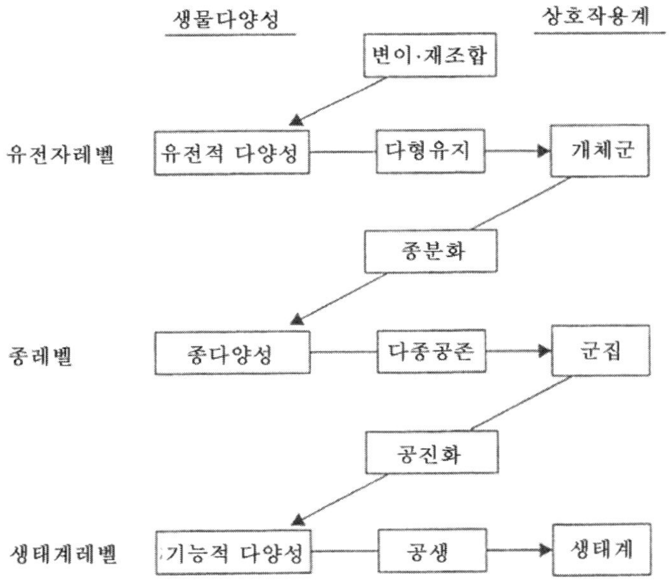

그림 6.5 생물 다양성 계층

(2) 농업생태계

농업생태계는 정기적이고 계속적인 경작에 의해 형성되는 고유의 생태계로 전, 답, 수로, 저수지, 논두렁, 주변농지, 임야, 하천, 후배습지, 원격지의 월동장이나 번식지와 직·간접적으로 연결되어 유지되는 개방적인 2차적 자연계이다. 이러한 농업생태계를 구성하는 자원은 농경지, 토양환경, 농업용수, 생물 등이 있다.

1) 농경지 자원

우리나라의 농경지 면적은 전 국토 면적의 21%를 차지하고 있다. 그러나 경지규모는 1970년 이후부터 비농업 용지, 도시계획구역, 도로, 공장부지, 댐 수몰지 등 공공용지로의 편입과 유실로 매년 1만ha 정도의 농경지가 전용되고 있어, 연평균 0.4~0.5%가 감소되고 있다.

2) 토양 환경

우리나라 논밭 토양의 약 32~42%는 보통 토양이고 사질토나 미숙토도 약 41~55%에 달한다. 사질토는 흡수성이 낮고 투수성이 크며 미숙토는 자연 토양을 개간하여 새로이 경작되는 토양이기 때문에 일반적으로 비옥도가 떨어지고 물리 화학적 성질도 좋지 않다.

3) 농업 용수 자원

우리나라의 연평균 강우량은 1,159mm로서 총 1,140억 톤의 수자원을 갖고 있다. 이 중 증발 및 지하 침투에 의해 약 42%가 손실되고 58%인 662억 톤이 하천으로 유출되는 가용 수자원량이다. 그러나 평상시 하천으로 유출되는 양은 257억 톤에 불과하다. 한편 전국의 각종 용수 이용량은 226억톤이며 이 중 농업용수가 전체 49%인 121억 톤을 차지하고 있다.

4) 생물자원

생물자원의 종류에는 식량, 해충, 식물병, 잡초, 유용생물 등을 들 수 있다. 첫째, 우리나라의 주요한 식량자원은 벼, 보리, 옥수수 외 8종이 주를 이루며 감자, 고구마, 콩 등의 서류와 두류, 담배, 뽕나무, 참깨, 무, 배추, 오이 등의 특용 작물 및 채소류 등이 있다.

둘째로 우리나라의 농업해충은 벼, 과수, 전작, 채소, 특용작물 해충 등 총 3,571 종이 알려져 있지만 최근에 농산물 수입 자유화로 인하여 수입 해충의 종수가 증가하고 있다.

셋째, 우리나라의 식물병은 1500여종이 넘는 것으로 알려져 있다. 이중 주곡류 식용작물 430 여종, 채소류 300여종, 과수 147여종으로 알려져 있으며 나머지는 수목, 관상식물, 온실식물, 목초류 등의 병들이다. 식용 작물병에서는 벼의 병이 46종으로 가장 많은 것으로 알려져 있다.

넷째, 우리나라의 잡초는 논 잡초가 120여종, 밭 잡초가 240 여종이고 40여종이 논과 밭에서 혼행하는 잡초로 알려져 있다. 그러나 잡초의 종수도 다른 병해충과 마찬가지로 계속 증가하고 있다.

다섯째 유용생물을 살펴보면 크게 해충을 죽이는 천적 생물, 화분 매개를 하는 방화 곤충, 식물병을 억제하는 길항 미생물 등으로 나눌 수 있다. 우리나라 식충성 동물은 도마뱀류, 개구리과 등 다양한 종이 있으며 식충성 곤충은 벌목이 356종으로 절대적으로 많고, 그 다음이 딱정벌레목으로 70여 종이 있다.

우리나라의 방화 곤충으로는 꿀벌, 꽃등에 등이 알려져 있으며, 식물 병원균에 대한 길항 미생물의 경우 고추역병, 오이시들음병, 인삼뿌리 썩음병, 담배세균성 시들음병, 균핵병, 모잘록병 등에 대한 길항 미생물이 많이 선발되었다.

(3) 농업생태계의 문제점

농업생태계는 타산업의 배출물 및 도시 폐기물의 유입, 공업단지 조성, 산업 기반시설 건설, 대규모 주택개발 등과 같은 도시 및 비농업 분야로부터 영향과 농업생태계 자체로부터의 기인한 영향으로 많이 훼손되었다. 농업생태계 자체로부터의 환경 영향은 농지조성이나 구획정리, 관배수 시설정비, 농업용수시설 설치, 대규모 농로정비와 같은 조성 · 관리 행위를 들 수 있으며, 작물의 단작 및 연작, 휴폐경지, 논의 전전환, 농약 및 비료의 이용 증가 및 유기물 사용의 감소와 같은 토지이용형태의 변화와 경종 · 관리 기술의 변화도 영향 요인이다. 그리고 그 결과는 크게 토양오염, 수질오염, 유해물질 잔류 등으로 나타나고 있다.

1) 토양 오염

토양오염의 경우 중요한 오염원으로는 농약과 비료 및 축산 폐기물을 들 수 있다. 농약 사용량은 해마다 크게 증가하는 추세이며 토양의 인산 함량과 치환성 칼리의 함량은 이미 상당한 수준까지 올라가 있다.

2) 수질 오염

농약과 비료의 과도한 사용은 이들 성분들이 배수되는 물에 의해 유실되며 침투수에 의해서도 용탈 가능성이 높기 때문에 지표수와 지하수의 오염을 심화시킬 수 있다. 축산폐수는 고농도의 유기물이기 때문에 심각한 수질오염이 될 수 있다. 상당수의 축산농가가 정화시설이 미비하여 가축 배설물이 유용한 유기물 자원으로 활용되지 못하고 환경오염을 유발하고 있다.

3) 유해 화학물질의 잔류

경작지 토양 내 농약의 잔류 현황은 유기염소계의 경우 사용이 금지된 이후 잔류량이 현저히 줄어들고 있는 추세이나 유기인계는 증가하고 있다. 일반적으로 과수원, 비닐하우스, 논, 밭 토양 순으로 잔류 수준의 차이가 있다. 국내 토양의 농약잔류 수준은 아직 위험한 만성적 위해 유발 수준까지는 미달된다고 추정되나 정확한 잔류수준 현황을 평가하기에는 관련 정보가 매우 부족한 실정이다.

(4) 농업생태계 보전을 위한 연구

농업 생태계는 주로 벼를 생산하는 장이므로 벼의 생산에 적합한 토지조건과 노동조건을 갖춘 생산기반으로서의 기능이 추구되어 왔다. 동시에, 농업 생태계는 단지 생산의 장이었을 뿐 아니라, 사람들이 평온하게 살아가고, 문화를 만들어 내고, 다양한 생명에 둘러싸여 인간사회를 형성해 온 장이기도 하다.

최근에 농업생태계에 서식하는 각 생물종의 개체 수 및 생물종의 수가 감소하고 있어 이대로 간과해 버린다면 생태계의 균형이 무너져 그것이 유적 자연으로서의 인간 존재 자체를 위협할지도 모른다는 우려가 커지고 있다.

따라서 농업생태계가 효율적으로 운영되고 각 자원들이 가진 효과를 극대화하기 위해서는 농업생태계에 대한 환경영향 평가체계를 확립하여야 한다. 이를 위해서는 농업생태계의 불안정화 요인을 구명, 분석하고 이들의 상호작용 결과를 분석해야 한다. 또한 생물다양성 연구를 통한 농업생태계의 생물학적인 평가도 이루어 져야 한다. 이러한 요인들의 영향 평가를 종합적으로 분석하여 앞으로의 동태를 예측하고 개선하기 위해서는 농업생태계의 시스템분석이 필수적으로 요구된다.

6.2.3 비오톱

(1) 비오톱의 의미

최근 소생물 공간의 생태적 가치에 대한 인식이 바뀌어짐에 따라 조류, 곤충, 어류, 양서류, 수생식물 등의 동식물 보전을 목적으로 한 서식공간을 의미하는 용어인 비오톱이 많이 활용되고 있다. 농촌지역의 생물상 보전을 생각할 때 개개의 서식지로서의 질을 향상시킴과 동시에, 서식지 상호간의 종의 이동과 공급을 보장하거나 생활사를 완결하기 위한 서식장소를 광역적으로 확보하는 환경구성요소의 배치계획이 필요하다. 환경구성요소란 택지숲, 잡목림, 밭, 논, 수로, 저수지 등 농촌환경을 구성하고 있는 균질적 통합 공간으로 그 곳에는 고유의 생물군집이 서식하고 있다. 비오톱(영 : biotope, 독 : biotop)이란 「특정 생물군집이 생존할 수 있는 특정 환경조건을 갖춘 균질적 · 한정적 지역」으로 정의된다.

(2) 비오톱의 도상화

오늘날에는 도시개발과 농지개량사업의 추진에 의해 많은 비오톱이 정도의 차이는 있지만 독립적으로 분단되어 있으며, 동물종 · 식물종의 서식 범위도 마찬가지로 상호 독립된 부분영역으로 분할되어 있다. 따라서 분단된 서식지는 이것과는 다른 생태적 성질을 가진 공간에 둘러싸여 있는 것이 보통이다. 즉, 비오톱은 인위적인 영향을 미칠 수 있고 생물의 서식에 적합하지 않을 수도 있는 공간 속의 섬(도상 비오톱)인 것이다. 따라서 개개의 개체군 사이에는 유전적으로 독립된 상태가 보이므로 종의 유지가 어려워진다.

도상 비오톱에 장기간 서식할 수 있는 종수를 유지 · 증가하기 위해서는 이와 같은 독립화를 방지 · 해소함과 함께, 생물의 서식공간의 적정한 면적(크기)이나 형상의 확보가 중요한 의미를 가진다.

(3) 비오톱 네트워크

비오톱 네트워크란 비오톱이 서로 유기적으로 연결되어 비오톱 간의 생물이동을 가능케 한 것이다. 개개의 비오톱은 특정 종에 있어서는 완결해 있지만, 계절에 따라 서식장소를 옮기는 종에 있어서는 1개의 비오톱으로는 불충분하여 비오톱 간 이동이 필요하다. 따라서 개별 비오톱이 이러한 다양한 조건을 만족하면서도 유기적으로 연결되어 있는 것이 생물의 다양성을 확보하는 조건이 된다.

비오톱 네트워크의 구성요소는 개개의 비오톱과 비오톱 상호간의 이동을 보장하는 생태학적 통로 및 디딤돌 비오톱 등이다(그림 6.6). 또한 도로, 낙차공 등과 같은 이동시의 장해물을 철거하거나 비오톱에 인접한 공간의 토지이용을 조방화하는 것은 통로 등을 만드는 것과 기능적으로 동등한 경우도 있다.

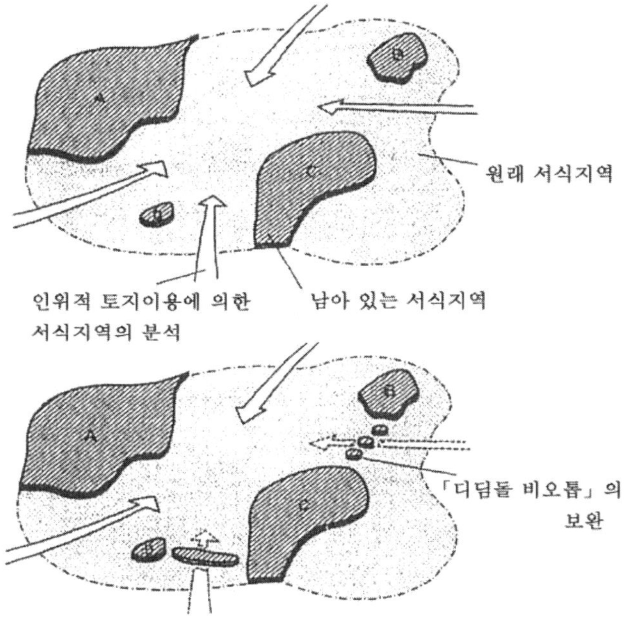

그림 6.6 디딤돌 비오톱 및 통로

비오톱을 네트워크화 함에 따라 발휘되는 주된 효과는 다음과 같다.

① 동종의 타집단과 교류가 일어나므로 유전적 변이의 다양성이 유지된다.

② 생식지가 개변되어 어느 종이 소멸됐다 하더라도 네트워크를 통한 이동에 의해 주변에서 개체가 이입되므로서 종이 복원된다.

③ 성장단계에 따라 생식지나 계절적 이동이 필요한 동물의 경우, 유형이나 규모가 다른 비오톱을 건전하게 결합시킬 수 있기 때문에 생활사의 완결이 가능해 진다.

(4) 비오톱계획

비오톱 보호계획 작성에 있어서 형태 · 배치에 관한 원칙을 모식적으로 나타낸 것이 그림 6.7이다. 개별 비오톱의 형태 · 배치 원칙은 다음과 같다.

① 면적을 가능한 한 넓게 하여야 하는데, 비오톱의 면적을 10배로 확대하면 종수가 약 2배가 되는 것이 경험적으로 알려져 있다.

② 생식지의 윤곽은 가능한 콤팩트한 형상으로 하고 가장자리 대비 부분 핵 부분의 비율을 크게 한다.

③ 완충대는 비오톱에 대한 주위에서의 악영향을 줄이기 때문에 충분한 넓이를 확보한다.

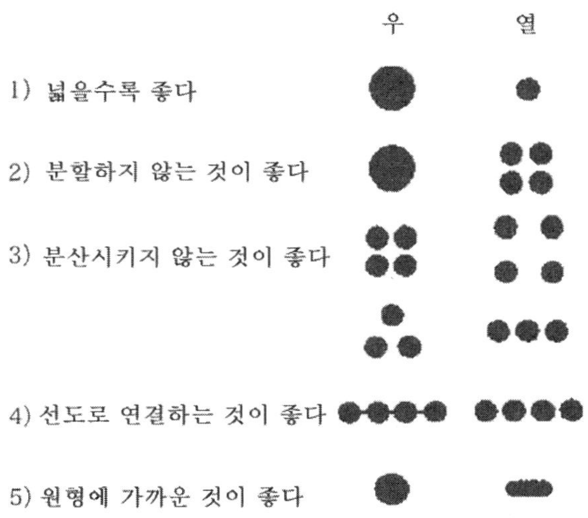

그림 6.7 비오톱 계획의 일반 원칙

또한 복수의 비오톱에 대해서는 다음과 같다.

④ 섬의 수가 충분히 확보되고 공간적으로 밀집한 결합을 유지하여야 종의 유전자 흐름이 가능해 진다.

⑤ 통로와 디딤돌 비오톱을 가능한 많이 확보하여 비오톱의 공간적 독립화를 저하시킨다.

⑥ 종과 비오톱의 다양한 연결을 보장하기 위해 일시 서식지 간의 충분한 공간적 결합성을 확보한다.

6.2.4 자연형 하천 및 복원

(1) 자연형 하천

하천은 인간생활과 자연환경에서 다양한 기능과 역할을 하고 있다. 그러나 과거의 하천관련 사업은 인간을 중심으로, 즉 이수 기능과 치수 기능을 중심으로 수행되어 왔다. 하천은 용수공급, 수운, 수력발전, 어업, 골재 채취 등을 통해 인간에게 물질적 풍요를 가져다주었다. 또한 하천의 직선화, 하폭의 확대, 제방 및 호안의 축조, 하천 바닥의 준설 등을 통해 하천의 배수능력을 확대하여 홍수, 오·폐수 토사, 비점오염원 등 인간을 위협하는 재해 및 환경오염으로부터 안전을 유지하고 그 피해를 최소화 할 수 있었다.

하지만 이수 및 치수기능에 편중된 하천계획은 하천이 갖고 있는 또 다른 기능인 환경 및 친수기능을 고려하지 못한 문제점이 있었다. 하천의 자연정화기능은 흐르는 물과 하천바닥에 깔려있는 모래, 자갈, 미생물 등에 의하여 하천에 유입된 오염물질을 자연적으로 분해, 흡수, 제거 혹은 변화시킴으로서 오염물질의 독성을 제거하거나 약화시켜 수질을 개선시키는 기능이다. 그리고 하천 주변의 토양과 식생 등에 의하여 오염물질이 오염원으로부터 유수에 도달하기 전에 분해, 제거되어 오염원의 유달율을 현저하게 떨어뜨릴 수 있는 것이 대표적인 하천의 자연정화기능인 것이다. 하천의 자연보전기능은 어류, 조류, 수서곤충, 수생식물 등 하천생태계에 서식공간과 먹이를 제공함으로써 하천의 생물 다양성을 유지하며 하천경관을 보전하는 기능이다.

하천의 친수기능은 도시지역에서 더욱 요구되는 기능으로 도시민들에게 주는 정서적, 심리적, 환경적 영향은 대단히 크다. 특히 인구밀도가 높고 고도로 인공화된 도시지역의 하천은 수질악화에 의해 혐오스런 공간으로 전락하기 쉬운데 이것은 하천이 갖고 있는 환경 및 친수기능을 잘 살리지 못했기 때문이다. 도심을 관통하는 하천에 환경 및 친수기능을 복원시켜 하천의 생명력과 생동감에 의해 도시민들에게 정서적인 안정감과 편안함을 제공하는 휴식공간으로 만들어야 한다. 보다 구체적으로 친수기능은 물놀이, 낚시, 기타 위락 등으로 시민의 정서를 함양하고, 하천과 인간과의 친근감을 증대시켜 심리적 충족감을 주는 기능인 것이다.

우리나라는 1970년대 초 이수와 치수기능에 중점을 둔 하천법을 제정하여 하천정비를 시작하였으나 서구 선진국가들은 이미 그 때부터 환경에 대해 고조된 관심을 바탕으로 하천 환경보전과 생태계복원에 중점을 둔 하천계획을 수립하여 하천관리를 하여 왔다. 우리나라와 자연환경이 유사한 일본도 1980년대 후반에 스위스와 독일의 근자연형 하천공법이 소개되면서 하천의 환경기능에 중점을 둔 하천관리가 본격적으로 이루어지고 있다. 우리나라에서는 1990년대 중반부터 '도시하천의 하천환경 정비기법 개발'에 의해 처음으로 양재천의 학여울에 자연형 하천공법을 적용하여 정비하였고, 여의천, 학의천, 수원천, 전주천, 온양천 등 여러 곳에서 자연형 하천공법을 적용한 사업이 계속 추진되어 왔다. 일본의 경우 다자연형 하천조성은 공공사업 가운데 가장 먼저 자연환경 보전에 착안한 사업이었다. 이렇듯 하천의 환경기능이 보전되는 범위 내에서 친수기능을 보강하는 것이 하천생태계의 보전 차원에서 바람직하며 하천의 자연환경을 고려함으로써 하천정비가 보다 본질적으로 이루어지는 계기가 마련되었다.

(2) 하천계획의 기본 개념

자연환경 보전 및 복원에 의해 인간에 의한 자연훼손이 전혀 일어나지 않은 상태를 유지하거나 완전한 자연상태로 복귀하는 것은 거의 불가능하고, 다만 자연의 교란과 갱신, 생태계의 공간적 연속성, 서식지의 다양성에 착안하여 현재의 상태를 개선시키는 것이 목적이다. 그러므로 자연을 이해하고 재연하는 능력이 가장 중요한데, 하천의 자연환경을 보전하고 복원하기 위해서는 먼저 하천 생태계의 구조와 기능에 대해 기초지식을 충분히 쌓아야 한다.

(3) 하천 환경보전 및 복원방향

현재의 하천정비사업은 크게 두 가지로 분류할 수 있다. 하나는 자연환경이 양호한 하천인 경우라도 치수기능을 더욱 확보한다는 측면에서 하천개수를 하는 것이고, 다른 하나는 획일적으로 정비된 하천에서 볼 수 있듯이 인공적인 하천시설에 의해 거의 사라진 하천환경의 자연성을 복원하는 것이다. 후자의 경우가 하천 환경보전 및 복원 방향으로 현재의 자연환경이 양호한 하천에서는 자연성을 최대한 보전하고 부득이 손을 대야 하는 곳은 본래 하천이 갖고 있는 고유성, 개성을 잘 살려서 원래의 환경으로 복원하는 것이다.

현재 남아 있는 자연 상태에 가까운 하천이나 수변, 하도내호, 배후습지 등은 보전하여야 하는데, 이는 중요한 생태학적 기능을 가지고 있을 뿐만 아니라 경관요소로서도 가치가 있으며, 실제적으로 복원이나 대체가 어렵기 때문이다. 또한 침식과 퇴적작용이 반복되어 일어나는 하천에서는 고유의 역동성을 살리기 위해 호안을 축조하는 개수공사를 자제하고, 유로를 확장하거나 좁히는 등 수면 폭을 다양하게 하며, 자연소재를 사용하여야 한다. 특히, 하도내호는 저서생물과 치어들의 서식공간으로 중요한 기능을 하며, 수생식물을 이용하여 수질정화기능을 유도할 수 있다.

자연형 하천공법의 적용에서 고려해야할 사항은 다음과 같다.

① 수리 · 수문학적 치수관리 : 하천 수심, 유량, 폭, 홍수의 발생 빈도나 홍수터 및 범람의 형태 등을 파악해야 한다.

② 하천의 특성(고유성, 개성, 복원성)

③ 하천 생태계의 구조와 기능 등 종적구조 : 하천의 연속체 개념에 의하면, 상류역의 낙엽이나 나뭇가지를 갉아 먹는 쇄설자, 조류의 광합성이 활발한 중류역의 초식자, 저질토양의 유기물이나 동식물의 사체를 먹는 하류역의 포식자 등 하천생물물군집이 안정적인 하천생태계의 종적 구조를 이루어야 한다.

④ 생물서식처의 복원 · 창출을 위한 연속성 : 생물의 서식에서는 서식지의 크기나 서식지 사이의 연결이 중요하다. 하천림이나 절벽지, 어느 정도의 크기를 갖는 연, 하천의 종단 방향의 연결, 지천이나 하도내호, 주변의 절벽, 하천 중의 육역과 수역 등 횡단방향 연결성을 확보하는 것이 중요하다.

⑤ 자연적인 복원력 : 하천형태는 유수의 소류력과 상류로부터 유입되는 토사에 의해 자연적으로 만들어지며, 하천을 개수한 후에도 스스로의 힘으로 본래 하폭으로 회귀할 수 있다. 즉 하천은 스스로가 원래의 상태로 되돌아가려는 복원력을 가지고 있다. 하천 개수의 계획 포인트는 하천의 폭을 넓혀 자유도를 높이는 것이며 큰 돌을 적절히 배치함으로써 하천에 절묘한 사행점을 부여하게 되고, 하천 스스로의 침식과 퇴적을 촉진시키며, 여울이나 연을 만들어 다양한 환경을 창출할 수 있게 하는 것이다.

⑥ 하천의 동적 특성(역동성) 허용 : 하천은 역동성을 지니고 있어 살아 움직이고 있는 생명체와 같다. 역동성은 하천의 자연환경보전을 위한 기본원칙 중 하나로 당초의 형태가 변화되는 것을 허용해야 한다는 것이다. 유수의 작용에 의해 하천에 생물의 작은 서식처인 미지형이 많아지고 이에 따라 식생천이가 이루어지며 홍수에 의한 침식과 퇴적 등에 의한 교란 빈도와 형태, 그리고 강도에 따라 변화해 가므로 이를 고려해야 한다. 하도와 범람원, 하안단구를 포함하는 하천의 횡적 구조

는 포괄적인 하천환경 복원이라는 측면에서 식생 조성과 특히 관련된다. 하천의 미지형에는 하도를 비롯하여 하중도, 사주, 하안, 범람원, 구하도, 하안단구 등이 존재하는데 그에 따른 식생유형은 각각 다르다. 그러므로 올바른 식생천이를 기대하기 위해서는 반드시 하천의 미지형을 고려할 필요가 있다.

6.3 농촌경관의 형성 및 보전

6.3.1 농촌경관의 특성

(1) 경관의 개념

경관이라는 용어는 독일어의 Landschaft를 번역한 의미로 사용되었다. Landschaft(영어로는 landscape)의 Land는 토지, 지역, 전원을 의미하여, 지역과 마을의 토지와 관련된 개념이다. 따라서 경관이란 지역의 생산 및 생활 활동을 통해 표현되는 토지의 모습이며, 사람을 주체로 지역에 대한 환경인식의 정도를 나타내는 것이다. 환경의식을 확대 해석하면, 경관이란 시각적으로 보이는 것만이 아니고 청각을 포함한 오감(취각, 촉각, 미각 포함)으로 받아들이는 역사는 물론 사회분위기를 포함한 개념이며, 역사적 · 사회적 존재로서 인간이 몸과 마음 모두로 느끼는 것이다.

이는 풍경을「풍토에 의해 표출되는 심미적 현상」 또는 「지역에서 공유되는 것」으로 보는 개념과 관련된다. 이와 같이 경관과 풍경의 구별은 반드시 명확하지 않으며, 같은 의미로 사용되는 경우가 많다. 경관은 다양한 분야에서 다양한 관점에 따라 다르게 볼 수 있으므로, 통일된 정의를 내리기가 어려운 특성이 있다. 경관과 유사한 용어의 개념를 요약하면 다음과 같다(2003. 농촌계획학, 일본농업토목학회).

- 경색(景色) : 자연의 모습, 특히 감상할 만한 자연사물의 모습
- 경역(景域) : 경관의 개념을 지역적 범위 및 환경질서를 크게 의식하는 생태적 개념으로 취급할 때의 명칭
- 원풍경(原風景) : 유소년~청년기의 자아형성시기에 일상적으로 접한 토지의 기억과 연관된 마음으로 느끼고 간직하고 있는 풍경

• 풍토(風土) : 토지의 기후, 지질, 지형, 경관 등 자연현상과 풍습, 생활관습, 사물의 인지 및 사고방법의 총칭

경관은 다양하게 분류할 수 있으며, 대상에 따라 분류하면 인공경관(인문경관)과 자연경관으로 구분된다. 이때, 인공경관으로 분류되는 농지 등 농업공간을 반자연공간으로 부르는 경우도 있다. 경관은 시점과 대상사물의 거리에 따라 근경(소경관), 중경(중경관), 원경(대경관)으로 분류하며, 경관형성방법 및 수단도 분류기준에 따라 다르다.

(2) 농촌경관의 구성

급격한 사회변화에 따른 도시공간 요소의 농촌공간 유입, 지역공간의 여가적 이용 및 농촌 거주자의 도시지향 경향 등에 의해 농촌공간의 환경도 크게 변화하고 있다.

농촌공간은 건축공간, 도시공간, 농업공간, 자연공간으로 나눌 수 있다. 이 공간을 연출하는 대상은 건축물, 조경 · 녹화, 토목시설, 농지, 산림 등으로 나누어진다. 이와 같이 건축물로부터 산림까지 설계대상이 다양하게 분포하고 있는 것이 농촌공간의 특징이다.

일반적으로 평탄지에서 농지정비가 이루어진 지역은 개방된 경관을 나타내지만, 부근에 구릉, 산 등이 없는 평야지는 단조로움을 나타내게 된다. 이 경우, 농촌경관의 구성요소 중에서 방풍림과 같은 구성요소는 방풍이라고 하는 물리적 효과와 함께 대구획 농지에서 공간을 연출하는 기능을 발휘하여 농촌경관 형성에 주는 영향이 대단히 크다.

농촌공간 내부에는 도시공간에서 접할 수 없는 여러 가지 사물과 상황이 있으며, 특히 장기적 변동(계절과 기후의 변화)과 더불어 시각적으로 공간을 재구성함으로서 주변 자연 및 구조물의 형상적 변화와 조화되는 모습을 나타낸다.

자연으로 둘러싸인 농촌공간은 여러 가지 변동 및 이동 요소를 갖고 있고, 큰 시간축에 따라 끊임없이 시각적으로 변화하고 있다. 이러한 공간내의 변동을 나타내는 시각적 요소의 존재는 농촌공간 만이 갖고 있는 큰 특성이라 할 수 있다.

일반적으로 농촌경관의 시각적 요소는 다음과 같이 6가지 계열로 분류된다(표 6.3).

① 농업생산 계열 : 농지, 재배경관 등 농업생산 활동에 직접 관계되는 것

② 자연지형 계열 : 산 · 하천 등 인위적이 아닌 것

③ 구조물 계열 : 주택 · 도로 · 전신주 등 인위적으로 설치하는 것

④ 색채 · 광선 계열 : 적, 청, 녹, 황색 등 색채에 관한 것
⑤ 심리 계열 : 평범함, 정 · 동, 명 · 암 등 보고 느끼는 심리적인 것
⑥ 선적 구성 계열 : 수직, 곡선, 고립 등 점 · 선 · 면 에 의해 도형적으로 구성되는 것

표 6.3 농촌공간에서의 시각적 경관구성요소

농업생산 계열	자연지형 계열	구조물 계열	색채 · 광선 계열	심리 계열	선적구성 계열
논 · 밭	삼 림	주 택	반 사	평 범	수 직 적
난 가 리	산 · 산맥	전 신 주	적 색	정 적	수 평 적
농 작 업	구 릉 지	울 타 리	청 색	넓 음	투시도적
채 소	가 로 수	자동차	녹 색	아름다움	곡 선 적
비닐하우스	황 무 지	탑	백 색	화 창 함	평 면 적
소, 초 지	낙 엽	공 장	황 색	해 방 적	점 적
목초, 건초	들 판	교 량	갈 색	폐 쇄 적	고 립 적
논 두 렁	하 늘	철 로	흑 색	명	
밭 두 렁	하 천	원예시설	회 색	암	
그루터기	눈	학 교		과 소	
작 업 기	숲	울 타 리			
울타리말뚝		지 붕			
사 일 로		전 선			
수 로		제 방			
도 로					
방 풍 림					
축 사					
농 산 물					

이러한 6계열의 구성요소를 종합화한 개념으로 파악함으로써 농촌공간은 시각적으로 구성된 입체로 생각할 수가 있다. 이러한 계열파악은 다른 조건하에 있는 공간요소에 대해서도 확장이 가능하게 된다.

이 6가지 요소계열이 유기적으로 결합되어 농촌공간을 구성하고 있는 것으로 생각되지만, 색채 · 광선, 심리, 선적구성 계열은 농업생산계열, 자연지형계열, 구조물계열과

시각적 구성이 근본적으로 다르다. 농업생산, 자연지형, 구조물 계열은 물적으로 존재하지만, 색채 · 광선, 심리, 선적 구성 계열은 서로 종합화됨으로서 나타나게 된다. 즉, 시각심리적인 공간구성은 색채 · 광선, 심리, 선적 구성계 요소를 제외하고 생각 할 수 없다. 특히, 공간의 시각적 전달을 생각할 때, 색채 · 광선계열 요소의 의미를 파악하고 다른 요소와 어떤 관련성을 갖는가에 대하여 검토하여야 한다.

농촌공간을 시각적으로 구성하는 다양한 사물을 농촌공간의 구성요소라고 한다면, 실제 전개되는 공간은 이들 요소의 연결 상태에 따라 공간의 특성이 결정된다. 즉, 어느 공간에서 사일로 · 초지 · 젖소를 시각적 구성요소로 하면 낙농지대를 의미하게 되며, 수로, 구획 정리된 논, 황금색의 벼 등은 논 중심의 지역공간을 나타낸다.

농촌공간의 시각적 구조에 대한 분석결과, 시각적으로 단조로운 것에 비해 구성요소가 다양한 공간이 지지도가 높은 것으로 나타나고 있다. 따라서 대규모이고 단조로움을 주기 쉬운 논의 경관에서는 방풍림 및 농촌주택의 색채 등이 중요한 구성요소로 된다.

일반적으로 단조로움을 가진 농촌공간을 계획할 때는 크고 작은 나무를 심거나, 수직적 요소가 강한 구조물을 설치하여 농촌의 시각적 환경을 개선한다. 또, 농촌경관은 자연조건, 지형 등과 함께 농지이용형태에 따라서도 큰 영향을 받게 된다.

(3) 농촌경관의 특성

자연환경보전에 대한 사회적 관심이 커짐에 따라 삼림, 호수 등 생태학적으로 보전되어야 하는 자연공간, 그리고 경관이 뛰어난 지역 등은 보호 및 보전 체제가 어느 정도 정비되어 있다. 이에 비해 농촌공간은 도시공간과 자연공간의 중간에 위치하여 주로 식량생산의 장으로서만 인식되고 있으나, 앞으로는 다양한 특징적 요소를 발휘하는 방향으로 발전하여야 한다.

우리나라 농업은 오랜 역사를 갖고 있으며, 최근에는 높은 생산성을 추구하는 상황에서, 농업이 경관형성에 미치는 영향에 대한 새로운 평가가 필요하게 된다. 녹지는 경관보전과 대기정화, 심리적 안정 효과 등을 들 수 있는데 비해, 농지는 역사성을 가진 작물이 생육하는 반자연적 경관임과 동시에 선조 농민들의 노력이 어우러진 반인공적 경관이기도 하다.

삼림을 중심으로 하는 자연공간과 유사성이 많은 농촌공간은 대체성이 있는 중간형태의 자연공간으로 생각할 수 있다. 농촌공간에서는 경관과 같은 공간의 질적 문제는 물론이고 공간의 미화, 쾌적함에 대해서도 배려하여야 한다. 국토를 풍요롭게 가까기 위해서는 국토의 17%를 점하고 있는 농지가 64%에 달하는 삼림의 근경, 중경적 역할을 할 수 있도록 세심한 노력을 기울여야 한다.

도시적 요소가 농촌공간으로 빠르게 유입됨에 따라 농촌의 내부와 외부가 조화된 공간으로 만들기 위한 노력이 요구된다. 최근 들어 농지의 개발 및 정비사업 시 기계화 시공에 의해 생태학적으로나 경관상으로 급격한 질적 변화가 일어날 수 있으므로, 농촌공간은 개발과 보전이 서로 조화되어야 함에 유의하여야 한다. 따라서 농촌공간 정비 시 경관에 대한 관심이 높아지므로 농촌정비사업 관련자들의 종합적인 판단력이 중요해진다. 표 6.4는 농촌경관 형성 시 나타나는 다양한 의의를 요약한 것이다.

표 6.4 농촌경관 형성의 다양한 의의

구 분	의 의
자연환경	• 생태계 보전, 다양한 생물 보전 • 지형, 風 · 水 · 土의 보전과 조화 • 자연환경의 적절한 관리
공 간	• 생산기능의 다기능화, 생산문화공간 • 정주공간의 다양화, 고유화, 문화성 향상 • 자연 풍부한 생활공간 형성
사 회	• 전통문화의 소생, 보전, 계승 • 지역 주체성 함양 • 고향의식의 배양 • 도시주민과의 교류 (농촌사회의 개방화)와 정주화 촉진 • 지역에 대한 인식변화
경 제	• 관광여가시설 등 농촌경제 활동의 다양화 • 지역 농산물 등의 고부가가치화
도시주민	• 자연과의 시각적 접촉에 의한 정신적 함양 • 지역문화의 접촉 • 청소년에의 교육적 효과

표 6.5 농촌경관의 구조 및 특성 파악 시 고려사항

대 상	내 용
마을 위치	• 지형, 수계(水系)와의 관련성 • 기후, 식생, 토양과의 관련성 • 마을 형태
토지이용	• 농지 구성(논, 밭, 초지 등) • 영농 형태와 작부 체계 • 수로 등 수리 시스템 • 농지정비 상황 • 산림지 현황
마을의 공간구조	• 기념비, 기념물의 배치 • 회관, 광장 등 공동시설의 배치 • 도로 및 주택지 현황 • 마을의 경계
마을의 역사	• 전통 주택 현황 • 구 도로, 하천의 현황 • 마을 행사 현황
생활 및 농업생산	• 주택부지의 구성현황 • 농작업, 생활과 관련된 관습 • 특산물, 농산물 가공, 공동 작업
마을 고유성	• 마을 상징 수목 • 전통, 민속 • 기타 특징 요소(돌담, 생울타리 등)

이와 같이 농촌경관을 구성하는 요소는 다양하며, 토지이용형태, 마을의 역사적 배경 등 자연·사회적 영향요소에 따라 달라질 수 있다. 따라서 농촌경관을 형성하기 위해서는 먼저 표 6.5에 나타난 바와 같이 농촌고유의 경관구조와 특성을 충분히 파악하는 것이 중요하다. 농촌경관 형성 시 주요 고려사항은 다음과 같다.

① 생태계의 유지 및 보전 : 농촌경관의 아름다움을 나타내는 가장 큰 구성요소는 녹(綠)자원으로, 상태 여하에 따라 경관의 아름다움(景觀美)이 크게 달라진다. 농촌공간 생태계가 불건전한 상태가 되면 사람에게 좋지 않은 느낌을 주게 된다.

② 농촌사회의 정비 : 농촌주민의 사회생활은 토지이용, 건축물 및 도로 등을 통해 외부적으로 나타난다. 지역주민이 협력하면서 생산 및 생활 활동을 영위하는 지역사

회의 경관은 청결하고 질서 있게 정리되어 있어 보는 사람에게 호감을 주게 된다.

③ 농촌문화의 유지 및 보전 : 농촌의 전통 문화 및 시설물 등을 보전·정비하는 것은 경관형성에 좋은 영향을 준다. 이에 비해 새로이 건축된 주택·건물, 넓은 도로 등으로 구성된 농촌경관은 아름다움이 결여되어 있는 경우가 많다.

6.3.2 농촌경관의 형성 및 보전

(1) 농촌경관 형성 및 보전의 필요성

농촌공간은 농지의 조성과 유지관리, 농업생산활동 등 인간의 각종 활동이 이루어지는 장소이며, 자연과의 공존을 기본으로 하는 생활 터전이다. 시대변화에 따라 농지 및 자연과의 공존관계가 점차 악화되고 있는데, 이러한 경향은 주로 경제성장에 따른 사회정세의 급속한 변화에 의한 것이라 할 수 있다. 즉, 도농 간의 사회경제적 격차가 커짐에 따라 도시로의 인구유출이 일어나고, 농촌근대화 과정에서 경제성이 중시되었는데, 이로 인한 농촌노동력의 감소에 의해 농촌공간에 대한 적절한 유지관리·보전 활동이 위축되어 농지와 자연의 공존관계가 약화되었기 때문이다.

앞으로, 농촌지역에서는 도시근교 농촌지역의 도시화, 농지정비 등 생산활동의 다양화에 대응하기 위하여, 농촌정비사업은 농지의 생산성 향상과 함께 경관을 포함한 농촌환경의 체계적 정비도 함께 이루어져야 한다.

농촌공간 구성에서 가장 중요한 요소인 농지는 인간의 필요에 따라 용도·구조 등 외적인 변화가 가능하기 때문에 농촌경관 형성에도 큰 영향을 미치고 있다. 최근 들어 농지는 정비사업이 대형화하고 대형기계가 투입됨에 따라 생산효율 만을 추구할 경우 경관에 대한 배려를 소홀하게 되어 농지가 중심이 되는 농촌공간은 심미성을 상실하게 된다. 이에 따라 경관 형성 및 보전은 농민은 물론 정비사업에 따른 토지의 관리와 조직화에도 영향을 주게 된다.

각종 농촌정비사업은 농촌공간에 대한 『농촌=고향』의 이미지에도 커다란 영향을 미치게 된다. 즉, 농촌 이미지는 자연적 요소 등과 같은 전통적 농촌 이미지와 단조로움·풍요로움 등의 근대적 농촌 이미지로 구분되는데 이 두 가지 이미지가 조화를 이루는 농촌정비가 필요하다. 구체적 정비방향을 들면 다음과 같다.

① 농지와 마을, 주택가 주변공간이 자연감을 상실하고 있으므로 야산 및 유휴농지 등의 공간에 대해 친근감이 느껴지는 적절한 경관형성방안이 필요하다.

② 과거에는 지역의 자연 재료를 사용하고 전통식 구조를 추구하여 일체감과 안정감 및 자연성이 높은 경관을 형성하였으나, 최근에는 대량으로 생산되는 외부 재료를 주로 사용하고 조립식 시설이 증가하고 있으므로 자연미를 살리는 경관정비가 요구된다.

③ 농지정비는 토지이용의 극대화를 추구하여 대구획 중심으로 이루어지고, 각종 정비사업에서 미이용 상태의 공간뿐만 아니라 경사면, 하천부지 등 여유공간 까지 개발하여 농촌경관의 조화성이 떨어지고 있으므로 경관을 고려한 정비계획으로 전환되어야 한다.

④ 식량생산기능과 함께, 경관형성, 국토환경의 보전 및 유지 기능 등 농촌의 새로운 역할 및 기능에 대한 국민적 인식의 전환이 필요하다.

농촌경관 변화에 크게 영향을 주는 요인으로는, 주민의 생활형태 변화와 도시화 추세, 농지정비 등 생산기반의 정비 및 각종 여가시설의 개발 등을 들 수 있다. 이들 요인들을 지역공간 속에 어떻게 받아들이는가가 경관형성의 핵심이 되는데 자연경관이 훼손되지 않으면서도 변화에 적응할 수 있는 새로운 경관형성이 요구된다. 이에 따라 농촌의 경관과 환경에 미치는 영향요인을 파악하고 경관훼손을 효율적으로 규제하기 위해 농촌경관 유지관리체제 및 환경영향평가 등을 도입하여야 한다.

21세기 농촌은 경제지상주의적 관점에서 탈피하여 자연환경과의 조화 · 공생, 전통문화의 계승, 도농교류 등을 통한 지역의 창조성과 독자성이 중시될 것이므로 농촌경관의 형성 및 보전이 중요한 과제가 될 것이다. 표 6.6은 농촌경관 형성 및 보전에 있어 대상지 유형별 경관형성의 기본방향을 나타낸 것이다.

표 6.6 대상지 유형별 경관형성 방향

구분	내용
주택지내	• 농촌경관에 맞는 색채, 건축 재료의 검토 • 주택지내 부속시설의 정비 • 주차공간의 확보 • 정원단장
주택지 주변	• 콘크리트 블록벽의 철거와 생울타리 조성 • 주차공간 확보 • 쓰레기 방치 금지 • 간판 · 광고의 정리, 통일 • 수로청소 • 잡초류 제거 • 진입로 개선(농지) • 전신주 · 철탑 등 설치위치 변경
마을거주지역	• 도로 및 하천주변, 공공시설의 식재 • 폐가 등의 철거, 정리 • 노상방치물, 노상주차 금지 • 간판 · 광고 · 표지의 정리, 통일 • 공원정비 • 공공시설의 디자인 검토와 조경 • 주차장 설치 • 전신주 · 철탑 등 위치변경 • 주택, 시설의 형태, 위치, 색채, 재료 등의 검토 • 공장주변의 조경과 주변과의 색채 등 조화
농업생산공간	• 용배수로 정비와 청소 • 비닐하우스 배치 검토와 주변 조경 • 대규모 시설의 배치, 형태 검토 및 주변 조경 • 농지정비 추진, 미정비 농지와의 경관면 조성, 보전 • 축사환경의 개선과 주변 조경 • 경사지 농지의 방재, 조경
지역전체	• 농지와 거주지역과의 경계부 조경 • 산림의 보전관리, 식재 • 붕괴지역의 방재사업 • 하천의 청소 • 하수처리시설의 설치와 하수도 정비

(2) 농촌경관의 형성방법

농촌은 지역별로 자연 및 환경이 매우 다양하므로, 다음에 제시한 주요요인별 관점을 고려하여 지역특성에 적합한 경관형성 방법을 적용하여야 한다. 주민과 행정조직이 일체가 되어 대상지역에 대한 경관 및 토지이용현황, 시설 정비현황에 대해 검토한 다음, 경관의식조사, 경관시설 조사 · 분석, 조례 · 협약 등의 검토를 거쳐 경관계획을 수립한다.

1) 생태계와의 조화방법

건전한 생태계 유지는 건전한 농촌경관 유지에 기여한다. 독일 등 선진국에서는 자연생태계를 배려하여 생산기반을 정비하고 있는데, 정비계획 단계부터 조경 · 생태학자가 참여하고 있다. 스위스에서는 하천 · 용수로 정비 시 가능한 한 자연에 가까운 새로운 자연을 창조한다는 목표로 친환경적 공법이 적용되고 있다. 인간이 자연을 인위적으로 개변할 때 대상 자연의 가치를 높게 평가하는 것이 경관형성의 주요 관점이 된다.

2) 시각적 관점의 도입 방법

농촌이 도시와 시각적으로 다른 특징을 가지고 있는 점을 활용한 심미적 방법이다. 경관에 대한 분석시점은 대경관(원경) · 중경관(중경) · 소경관(근경)에서의 시점으로 단계화 할 수 있다. 원경에서는 농촌이 가지고 있는 광대하고 개방된 경관을 유지하기 위해 특히 인공구조물의 도입 · 배치에 유의한다. 논밭을 포함한 자연형상을 충분히 활용하여 아름다운 농촌경관을 창출하여야 한다(표 6.7, 그림 6.8).

3) 생활문화의 창출방법

농촌생활과 관련되는 요소를 경관형성에 반영하는 방법이다. 농촌지역의 각종 행사나 모임시 활용되는 도로와 부지공간을 여유로운 공간으로 정비하는 것으로, 지역의 생활환경 개선사업에서 도농교류를 고려하여 공간을 정비하고 경관을 형성한다.

4) 역사문화의 보전계승방법

역사 문화적 가치가 있는 유산 중 농촌경관 형성에 적합한 것을 활용하는 방법이다. 초가집 · 기와집 등 전통주택, 창고 · 수차 등 농업생산시설 중에서 현재는 거의 사용하지 않는 것 등을 현대적 관점에서 경관형성자원으로 이용한다. 이는 농촌고유의 독자적 경관을 형성하는 것으로써 보전과 동시에 효율적인 이용전환을 추구하는 것이다. 이렇게 하여 전통적 농경문화를 계승하고 있는 구조물에 대한 보전대책을 수립함으로써 농촌고유의 경관형성이 이루어지고 지역 활성화에도 기여하게 된다.

5) 재생방법

시대적 변화에 의해 없어진 것 또는 없어져 가는 것을 재생시키는 것으로 농촌고유의 자원을 재평가하여 다양하게 활용하는 방법이다. 재생대상은 지역에 따라 다르지만 생태계의 다양성을 보전함으로서 잠자리 등 동식물이 부활되어 활력있는 농촌경관을 형성하는 방법 등이 사례이다. 경관형성 시에는 지역의 정체성(identity)이 중요하므로, 지역의 고유성을 살리는 지역계획수법을 도입하여야 한다.

6) 제거방법

경관의 어메니티 향상을 위해 농촌 경관형성에 장애가 되는 요소를 제거하는 방법이다. 유럽 등 선진국에서는 전신주 · 전선 · 전화선 · 간판 · 교통표지 등이 장애가 되지 않는 도로경관을 만들어 주변 농촌경관과 잘 조화를 이루고 있다. 불필요하게 많이 설치된 간판 등을 철거 또는 정비하여 지역단위에서의 아름다운 마을 환경을 조성하는 것도 하나의 방법이다.

7) 지역재료 및 특성의 활용방법

농촌지역 특유의 자연재료인 석재 · 나무 · 흙 · 물 · 식물을 활용하여 지역의 독특하고 개성 있는 경관을 형성하는 방법이다. 농촌에서는 인공적인 경관이라고 하여도 자연감이 풍부한 재료를 사용하여야 농촌다운 풍요로움을 표현할 수 있다. 예로써 도로옹벽을 콘크리트 옹벽 대신 석축으로 하여 농촌경관 형성에 기여하고 있다. 또한, 농지정비사업 시 용수로를 관수로로 만들 경우, 마을을 통과하는 구간에는 개수로로 전환하여 마을 내에 친수공간을 조성하여 농촌다운 고유의 경관형성에 기여하고 있다.

8) 주변과의 조화 및 상징물 활용 방법

주변의 자연풍경과 농촌경관이 조화되는 것이 농촌경관 형성 시 매우 중요하다. 특히, 새로운 건축물과 도로 등 인공구조물을 설치할 때는 이들이 기존 경관과 어떻게 조화되는가가 중요하다. 1차적인 방법은 용벽에 자연녹화를 하는 등 가능한 한 자연재를 사용하는 것이다. 한편, 경관대상물의 조화성을 위해 유지측면을 너무 강조하게 되면 농촌경관의 발전은 기대하기 어려우며, 새로운 차원에서 지역주민에게 자긍심을 주기 어렵다. 새로운 건축물이 지역의 상징물이 되고 지역 활성화에 크게 기여하는 경우도 많은데, 상징적인 건축물이 농촌 활성화의 중심이 되는 경우에는 독창적이며 예술적이고 건축적으로 뛰어나 새로운 농촌경관을 형성하게 만든다.

그림 6.8 경관유형과 경관구조의 관계

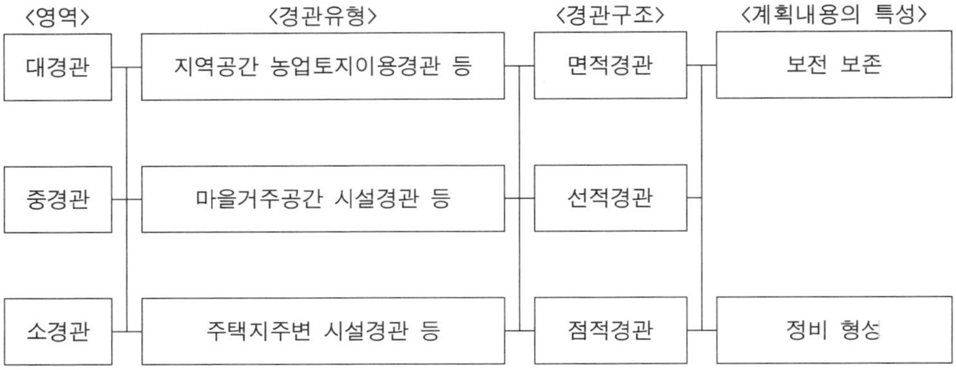

표 6.7 마을경관의 구성요소

	근 경	중 경	원 경
생활시설	주택, 화단, 울타리, 정원나무, 대문	마을도로, 전신주, 택지숲	마을, 마을숲, 주택단지
사회시설	마을회관, 학교, 관공서	광장, 공원	건물, 시설단지, 간선도로
생산시설	과수원, 축사, 비닐하우스	농지, 수로, 연못	집단화 농지, 평지숲, 대지, 밭, 공업단지

6.3.3 농촌경관과 농촌정비

앞으로 농촌발전은 농촌 어메니티 창출과 깊은 관련을 가지게 된다. 즉, 어메니티가 높은 지역은 생태적으로 건전하고 인간에게 안전하며 쾌적한 공간을 제공해 주므로, 아름다운 농촌공간의 정비 및 복원이 필요하게 된다.

과거 식량생산에만 치중했던 농촌에서도 소득 수준의 향상에 의해 물질적 여유가 있는 생활로의 변화가 나타나게 되었다. 그러나 도로 · 용배수로 · 주택 등 농촌경관을 구성하는 요소는 편리성만을 추구하고 자연환경과 조화를 이루지 못하고 있어 어메니티가 오히려 크게 훼손되었다. 생활의 편리성을 추구하는 농촌정비는 불가결하지만, 앞으로는 쾌적한 농촌공간을 형성한다고 하는 관점에서 환경 및 경관을 정비 · 재생하여야 한다.

농촌은 단순히 시각적인 아름다움만 추구하는 것이 아니다. 물질, 에너지, 엔트로피의 흐름이 원만하여 복잡한 자연생태계와 인문적 환경이 잘 조화를 이룬 기능적 아름다움을 추구하여야 한다. 도시적인 아름다움과의 근본적인 차이는 인간 활동과 자연 · 생태계와의 조화 있는 아름다움에 있다.

농촌정비를 통해 형성된 풍요롭고 아름다운 농촌경관은 인간 활동을 자연생태계에 조화시킨 결과이다. 농업생태계와 자연의 상생적 조화를 위해 인류는 오랫동안 농업생산활동을 통해 많은 지식을 축적하여 왔다. 농업생산활동을 통해 축적한 고도의 지식을 활용하여 진정으로 풍요롭고 아름다운 농촌으로 만들어 가는 것이 농촌정비의 현대적 과제이다.

(1) 농촌수로의 경관

1) 경관수로 정비방향

경관수로는 농촌지역에서 경관적으로 아름답고 친숙하게 수변(水邊)을 정비한 수로를 의미한다. 경관수로의 기능은 다음과 같이 3가지 분야로 대별된다.

① 환경기능 : 생태계, 경관, 환경유지 등

② 이용기능 : 각종 행사, 여가, 운동, 생활, 생산 활동 등

③ 정서기능 : 교육, 예술, 문화 활동 등

농촌다운 경관수로공간은 가능한 한 자연에 가깝고, 그리고 지역 고유의 풍경을 표현할 수 있어야 한다.

농업용배수로의 경관수로화 정비사업은 쾌적한 농촌환경을 제공함과 동시에 유지관리의 효율화를 함께 하여야 본래의 기능을 유지하면서도 아름다운 경관을 제공할 수 있다. 경관수로공간정비에서는 다음과 같은 기능을 갖도록 배려한다.

① 물과 관련된 자연공간을 재생(자연성)

② 물과 사람을 연계시켜 인간관계를 회복(사회성)

③ 지역의 물과 관련된 역사와 문화를 계승 발전(문화성)

경관수로시설의 설치 · 이용은 생산시설과 달리 강한 임의성을 가지고 있다. 따라서 효율적인 관리를 보장하기 위해서는, 경관수로공간에 대한 개념 및 설치방법을 체계적으로 설정하여야 한다.

경관수로공간의 설계 시에는 가능한 한 자연에 가까운 수변을 만들기 위해 다음과 같은 사항을 배려한다.

① 지역고유의 특징을 살린다. 다양한 기능과 의미를 가지고 있는 경관수로공간은 지역고유의 역사적 특징을 살려서 설계한다.
② 물과 생태계를 보존한다. 경관수로공간의 기본적 존재 의미 가운데 하나가 동 · 식물이 서식할 수 있는 환경의 제공에 있다. 이에 따라 경관수로공간을 설계할 때는, 사람과 생물 또는 농업과 다양한 동 · 식물과의 공생시스템을 만드는 것이 중요하다.
③ 아름다운 농촌경관을 창출한다. 경관수로공간은 지역의 특성을 나타내는 기능을 가지고 있어 지역에 대한 애착심도 유발할 수 있다. 경관수로공간의 설계는 지역의 풍경을 만들어 내는 것이므로, 충분한 시간을 가지면서 생산 및 생활공간으로서 주변경관과 조화를 이루도록 한다.

2) 경관수로 정비계획

경관수로 정비계획 수립에 지역주민이 참여하는 것이 중요하다. 지금까지는 실무자가 몇 개의 대안을 주민에게 제시하고 그 중에서 선택하는 방법이 대부분이었다. 이 방법은 사업추진 측면에서 효율적일 수 있지만, 타협안이 되거나 지역주민에게 한정된 정보만을 제공하여 편의적인 다양한 가능성에 바탕한 의미있는 대안들이 사실상 봉쇄되는 결과를 초래하기도 하였다. 이에 따라 주민의견 조사와 같은 준비단계를 거친 후에 전문가와 행정실무자가 참여하여 다양한 대안을 작성한 다음 토의를 거쳐 좋은 대안이 선택되도록 노력하여야 한다.

지역주민이 주체가 되는 계획수립은 사후관리면에 있어서도 중요하다. 경관수로 조성을 위해 흙 또는 석축수로, 목재 방호시설 대신 유지관리가 용이한 콘크리트시설로 만드는 경우가 많은 것이 이 때문이다.

경관수로공간은 농업용배수로의 일부 구간을 이용하더라도 그 자체는 생산시설이 아니어 반드시 적용해야 하는 강제성이 없다. 즉, 경관수로공간시설의 설치 · 이용은 생산시설과는 달리 강한 임의성을 가지고 있다. 따라서 효율적으로 관리되는 경관수로공간으로 만들기 위해서는 「모두에게 이용되고 친숙한 경관수로공간은 어떤 것이며 어떻게 설치할 수 있는가」에 대한 해답이 제시되어야 한다.

이를 위해서는 경관공간적 기능과 함께 용배수로로서의 시설기능도 만족시키면서 지역주민이 주체가 되는 구상 · 계획이 중요하다. 이 과정에서 지역주민은 지역과 수로에 대한 애착심을 갖고 계획과 사업추진 시 적극적으로 협력하여야 한다.

경관수로 정비계획은 기초조사, 기본구상, 기본계획, 실시계획의 단계를 거쳐 수립된다. 계획수립자와 행정 측은 어느 단계에서든지 지역주민과 다양하게 접촉하여야 하며, 각 단계에서 지역주민의 참여를 극대화하여야 한다.

경관수로공간은 가능한 한 자연에 가깝게 정비하여야 한다. 자연환경에서 수로는 주변환경과 복잡한 연결구조를 가진다. 물과 수로 · 공기와의 접촉면이 넓어서 다양한 미생물, 동식물이 서식하여 풍부한 생태계를 창출함과 동시에 물의 자연정화작용에도 크게 기여한다.

자연에 가까운 수로는 수로를 곡선화 하거나 수로 폭에 변화를 주거나 하상을 높이는 등 변화가 많고 복잡한 하상구조로 만든다.

농촌의 수로공간을 포함한 경관에는 지역의 독특한 기후풍토와 문화가 반영되어 있다. 경관수로공간을 만드는 경우에도 이질적인 공간이 되는 것을 피하고 지역경관과 잘 조화되도록 한다. 이를 위해서는 호안재로서 나무, 돌 등 지역에서 생산되는 자연재료를 적극적으로 사용하고, 지역에 전통적인 공법이 있는 경우에는 적극 도입하여 전체적으로 지역의 역사와 문화를 계승할 수 있도록 계획한다. 수로공간에서 물 · 흙 · 생물과 접촉하면서 놀이를 하는 것은 어린이 성장에 있어서 중요하다. 따라서 경관수로공간을 계획할 때는 풍부한 자연 속에서 자유로이 놀이할 수 있는 공간을 어린이에게 제공해 줄 수 있어야 하므로, 변화가 많은 자연에 가까운 수로공간으로 만들기 위한 계획이 필요하다. 호안을 포함한 수로주변 공간에서는 기존의 자연을 최대한 살리는 자연경관이 되도록 한다. 나무가 만들어 주는 그늘은 방문하는 사람만을 위한 것이 아니고 어류나 곤충 서식에도 기여하게 된다. 그림 6.9, 6.10은 친수형 경관수로의 정비사례를 나타낸 것이다.

그림 6.9 친수형 경관수로 정비사례(1)

그림 6.10 친수형 경관수로 정비사례(2)

(2) 농촌도로의 경관

농촌도로는 국지도로(local road)로서 농촌지역의 토지이용과 시설배치에 밀접한 관계를 가지고 있으므로, 단순히 자동차의 원활한 통행만이 아니고 안전하고 쾌적한 도로 이용조건을 포함하여 다양한 기능의 발휘가 요구되고 있다.

1) 농촌도로경관의 정비방향

농촌 도로 공간은 사람과 자동차의 통행을 위한 장소이면서, 인접한 농지와 건물, 자연환경과의 교류장소이다. 따라서 농촌도로를 계획할 때는, 구조적 측면에서 도로관리의 용이성과 함께 아름다운 경관을 갖추도록 정비한다.

농촌에서는 도로공간이 다양한 용도로 이용된다. 일시적인 작업장소가 되기도 하고 마을행사 장소로 이용되기도 한다. 따라서 지역의 특성, 전통과 관습을 고려하여 다양하게 정비되어야 한다.

도로공간은 주민이 일상생활에서 가장 많이 접하기 때문에 적극적인 조경이 필요하다. 여기서 도로공간의 식수에 의한 녹화는 조경뿐만 아니라 녹음, 차단, 완충, 사면보호 등과 같은 기능도 발휘하게 된다.

또, 교량과 농업용수로를 겸한 배수구 등의 구조물과 곡선부, 교차점 등은 도로공간을 다면적으로 정비함에 있어서 중요한 요소가 된다.

2) 농촌도로의 경관계획

농촌의 혼주화 및 토지이용의 집약화 추세에 의해 농촌도로 이용의 다양화, 쾌적한 도로 및 주변환경의 창조 보전에 대한 요구가 높아지고 있다. 도로공간은 지역의 개방된 공간(open space)으로서 전체 농촌경관 형성에 밀접한 관계를 가지고 있을 뿐만 아니라 일상생활에서도 가장 밀접한 관련성을 가지고 있는 생활공간이기 때문에 질이 높고 이용이 용이한 형태로 계획 · 정비한다.

농촌지역의 역사와 자연, 토지이용과 지형 등을 고려하여 시설 · 마을의 배치와 유기적으로 연계된 농촌도로망이 되도록 체계적으로 계획 · 정비한다. 예를 들면, ① 어린이와 부녀자의 통행을 고려하여 마을과 학교 · 공원 · 공공시설 등을 연결해 주는 녹지도로와 자전차도의 가로수 식재, ② 마을의 정적 분위기를 나타내 주는 물이 가득한 배수구와 식재의 연속, ③ 식수대 및 자전거 보관소가 설치된 버스 정류장과 마을 사이의 연결도로 배치, ④ 역사적 유적의 보전과 근대화된 농지정비가 조화된 도로의 배치 등 지역특성을 반영한 정비계획이 요구된다.

농촌도로 공간은 사람과 자동차의 교통을 위한 공간이며, 인접한 토지와 건물 · 수목이 만들어 내는 환경과의 교류장소이다. 공공적인 도로공간을 계획적으로 정비함으로써 도로관리를 용이하게 하며 안전하고 쾌적하며 아름다운 경관을 가진 공간으로 정비한다.

① 농촌도로공간과 정비 : 농촌도로공간은 농촌도로의 도로부지로 확보된 공간을 가리키며, 기존 도로의 선형개량을 통해 남는 부지도 포함된다. 보행자 전용도로를 제외한 다른 차량통행 도로의 공간 대부분은 차도에 속하므로 차도부분을 주변과 조화된 공간으로 정비하는 것이 중요하다. 갓길, 보도, 측구 등을 녹지공간으로 만들거나 식재에 의해 조경하는 등 다양한 정비계획이 필요하다.

② 도로공간의 조경 및 녹화 : 도로공간에 식재하여 녹화하는 것은 단순한 조경 목적뿐만 아니라 표 6.8에 나타난 바와 같이 다양한 기능을 추구하고 있다. 각각의 기능에 적합한 식재 공간과 수종을 선택하여야 한다.

다양한 기능을 발휘하기 위해, 통학로 및 수로 부근, 농촌공원 및 농촌환경시설 주변도로에 식재하는 것이 바람직하다. 사례로 표 6.9, 6.10에 나타난 바와 같이 지역의 토양 · 기상 조건을 고려하여 식재장소에 맞는 수종을 선정한다. 식재간격은 장소에 따라 다르나, 일반적으로 5~10m로서 8m 정도가 표준이다. 식재를 하는 경우 도로시야를 확보하고 안전성을 배려하며, 주변농지에 그늘을 만들어 피해를 주지 않게 한다.

도로공간에 설치되어 있는 전신주, 공중전화 등은 도로안내 표지와 가로등과 조화를 이루면서 도로구조물의 조경과 함께 경관시설로서 정비한다. 예를 들면, 간벌재 등 현지에서 구입이 가능한 재료를 이용하여 조경하는 것을 고려한다. 또한, 가로수, 표지석 등을 도로공간에 배치하여 풍요로운 도로환경이 되도록 배려한다. 그림 6.11은 농촌마을 내 간선도로, 6.12는 지선도로, 6.13은 마을내부 도로를 경관도로로 정비한 사례를 나타낸 것이다.

그림 6.11 농촌마을간선도로 정비사례

그림 6.12 농촌마을지선도로 정비사례

그림 6.13 농촌마을내부도로 정비사례

표 6.8 도로녹화의 기능

기 능	내 용
경관향상 기능	• 장식기능 : 형태가 아름다운 식물 도입으로 경관향상 • 차폐기능 : 경관에 좋지 않은 대상물을 식물로 차폐 • 경관통합기능 : 장식 · 차폐 양 기능이 통합하여 경관으로 표출 • 경관조화기능 : 도로와 주변자연과의 경관상 동화융합
생활환경 보전기능	• 교통소음 감소기능 : 식재가 장벽이 되어 소음감소 • 대기정화기능 : 식물의 호흡 · 흡착 작용에 의한 대기정화
녹음형성 기능	• 수목의 줄기 · 잎이 지면을 덮어 지온, 습도를 조절
교통안전 기능	• 차광기능 : 전조등의 광선을 차단하여 눈부심 방지 • 시선유도 기능 : 운전자에게 주행도로의 선형을 알려줌 • 교통분리기능 : 보행자등을 자동차 교통으로부터 분리 • 지표기능 : 식재하여 도로이용장소를 알려주는 기능(랜드마크 기능) • 충격완화 기능 : 도로부지 이외로의 이탈, 충돌 충격방지
자연환경 보전기능	• 도로주변 식재로 도로건설과 교통영향을 완화
방재기능	• 식재로 황사, 눈보라 등의 방지 및 화재연소 방지 등

표 6.9 식재 장소와 기능과의 관계

식재장소 기 능	보 도	중앙분리대	도로주변	경사면	환경시설대
조 경	○	○	○	○	○
녹 음	○				
차 단	○				
완 충	○		○	○	○
차 폐	○		○	○	○
표 식	○	○	○		○
유 도		○	○		○
눈부심 방지		○	○		
경사면보호			○	○	○
방 충	○		○		○
방 화	○				○

표 6.10 식재기능 발휘를 위해 필요한 수목의 특성

기 능	필요한 특성
녹 음	낙엽, 고목, 수관이 크고 고를 것
차 단	저목, 줄기, 잎이 많을 것
완 충	줄기, 잎이 많고 상록수일 것
차 폐	〃
표 지	고목
유 도	상록수, 중저목, 줄기·잎이 많을 것
눈부심 방지	〃
경사면보호	저목, 건조한 토양에서 잘 자라며 뿌리가 잘 내린 것
방 충	고목, 바람에 강하고, 줄기·잎이 훼손되지 않을 것
방 화	고목, 내화성(耐火性)이 클 것

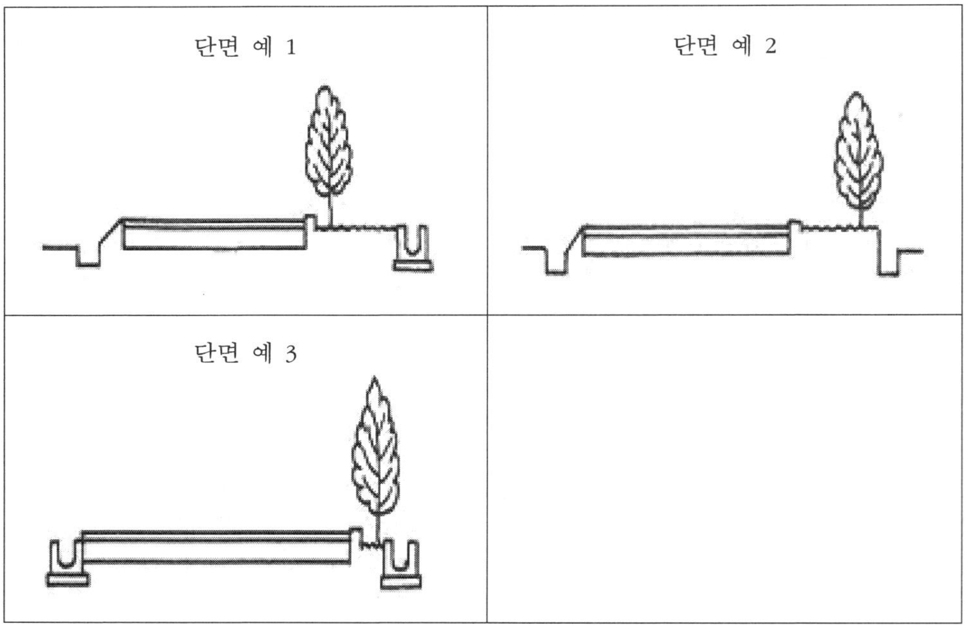

그림 6.14 도로 식재 사례

주 : 공간이 충분히 있는 경우의 식재 예는 1,공간이 별로 없는 경우는 예3, 중간 정도인 경우는 예 2로 한다.

3) 도로구조물의 경관, 정비

교량과 농업용배수로를 겸한 측구 등의 구조물, 그리고 곡선부 · 교차점 등의 공간은 도로공간의 경관형성에 중요한 요소가 된다.

교량은 도로와 물이 만나는 곳이며 경관발휘 효과가 높은 곳이다. 이를 고려하여 교량을 석재로 축조하고 지역을 상징하는 조형물을 배치하며, 교량주위에 식재를 하면 뛰어난 경관이 형성될 수 있다.

농촌에는 농업용배수로를 겸한 도로측구를 자주 볼 수 있다. 측구 주변을 식재하거나 석축 호안공을 축조하고, 암거를 설치하여 보도로 이용하는 경우 등이 경관을 고려한 예이다.

도로 곡선부는 도로의 기하학적 아름다움을 나타내고, 운전자의 시선을 유도하는 포인트이다. 따라서 시선유도 표지와 방호시설에만 의존하지 않고 식재를 하여 안전성과 미관을 겸비할 수 있게 하는 것이 중요하다.

교차점은 사람과 차량이 만나서 교차하는 장소이므로, 안전하고 원활한 통행이 일차적으로 중요하고 상징물이나 도로표지가 설치되며, 평탄지에서는 멀리서 위치를 확인할 수 있도록 고목 등을 배치하는 경우도 있다. 한편, 교차부 또는 분기점의 미이용 공간을 이용한 식재는 뛰어난 경관형성방법이 된다.

(3) 녹지공간의 정비

녹지계획은 도시계획에 있어서는 일반적인 용어로 사용되고 있어서 녹지 기능을 가진 공간형태에 대해서는 공통적인 인식을 가지고 있다. 그러나 농촌계획에서는 녹지에 대해 공통적 인식이 아직은 불충분하다. 이는 도시계획과 농촌계획의 대상공간의 차이, 토지이용의 차이, 계획기술적 차이 등에 의한 것으로, 도시는 녹지공간정비의 필요성을 높게 인식하는 있는 반면, 농촌에서는 정비 필요성은 크나 녹지공간에 대한 인식이 낮기 때문이다.

1) 녹지의 기능

녹지라는 용어는 두 가지 의미로 사용되고 있다. 하나는, 넓은 의미로서 건축물과 구조물이 차지하고 있지 않은 공간으로 주로 식물로 피복되어 있는 공간이다. 또 하나는, 좁은 의미로서 계획공간으로서의 녹지공원과 보존녹지 등이 있다. 계획공간이란 녹지로서 목적이 부여되어 녹지로서의 다양한 기능 발휘가 요구되는 공간이다.

지금까지 농촌정비에 있어서 녹지는 농촌공원 등 제한된 시설에만 중점을 두었으나, 앞으로는 광역적 이용시설로서의 녹지, 그리고 방풍림 등 생산 환경을 보전하는 녹지, 정원 등 생활환경 속의 녹지도 포함된다. 표 6.11은 농촌지역의 녹지를 분류한 내용을 요약 제시한 것이며, 농촌녹지의 주요기능은 다음과 같다.

첫째, 여가 기능으로 농촌주민의 여가활동 장소로서, 공원, 광장, 운동장 등의 시설이 해당된다. 이러한 여가기능은 특정시설을 설치하거나 하천에서의 낚시 등 기존 여가자원을 활용하여 달성될 수 있다. 주민의 생활권이 광역화됨에 따라 마을과 소지역을 넘어 광역적인 대책의 수립이 요구되고 있다.

둘째, 생활환경보전기능으로 마을 내 생울타리, 방풍림 등이 이에 해당하는 사례이다. 이는 방풍 · 방음 · 방화 등 다양한 기능을 수행하며, 방재기능은 일상적으로 필요한 것과 재해 발생 시 필요한 것으로 구분된다.

셋째, 생산환경보전기능으로 농지 · 초지 · 임지 등 농촌의 대부분을 차지하고 생산공간을 보전하는 기능이다. 농업생산활동 자체를 생산기능으로 보고 녹지기능에 포함하는 경우도 있으나 여기서는 별도로 취급한다. 농업생산활동이 이루어지는 환경을 보전하는 것이 생산환경보전기능이다. 예를 들면, 기상재해 방지를 위한 경지방풍림, 방조림 등과 하천 · 수로 제방에 심어져 있는 수방림, 그리고 수원지의 수원함양림 등은 생산환경을 보전하는 녹지이다.

넷째, 자연보호 및 문화재보호기능이다. 원래 농촌은 자연공간으로 다양한 동식물 서식장소 이었으며, 현재에도 생물이 다양하게 서식하고 있어 수로와 수림지 등을 자연보호지대로 설정할 필요가 있다. 또한, 농촌은 자연과 인간이 오랫동안 교류를 계속해 온 장소로서 주변 자연을 보호하여 문화재를 보호하는 경우가 많다.

다섯째, 조경기능으로 농촌에는 지역의 고유한 특성을 보여주는 수목과 경관이 많다. 조경기능을 극대화하기 위해서는 기존의 것을 보존하는데 그치지 않고 가로수의 식재, 산업시설주변의 녹화 등 적극적인 경관창출 방법을 도입하여야 한다.

표 6.11 농촌 녹지의 종류

종 류	내 용
녹지도로	식재된 보행자도로, 자전거 도로 등을 학교, 마을회관, 공원, 녹지 등과 연결하여 마을경관의 향상과 통행자의 안전을 도모함
경관보전 녹지	지역의 랜드마크가 되는 경관목, 사찰 등의 부속녹지, 기타 마을의 경관을 보전하기 위해 필요한 녹지
여가활동 녹지	주민의 여가활동에 관행적으로 이용되어 온 여가공간(open space), 물놀이 장소, 전망대, 꽃밭, 마을의 행사공간 등
환경보전 녹지	방풍 · 방사림, 방재림, 소음 · 진동등의 완충녹지, 농촌의 생활환경 · 생산 환경 · 자연환경 보전에 필요한 녹지
시설부속 녹지	마을 배수처리시설 등 농촌시설공간, 마을도로에 부설된 대기소 · 휴게소 등과 농촌생활의 중심이 되는 학교 교정 등에 부속된 녹지

2) 녹지정비계획 방법

(가) 생활환경정비를 위한 녹지계획

농촌의 생활환경정비는 농촌계획에서 제일 먼저 해결해야 할 과제로서, 생활환경정비를 위한 녹지계획의 과제는 다음과 같다.

① 농촌의 주거환경 보전

농촌마을은 풍부한 자연환경을 배경으로 형성되어 왔으나, 생활형태의 현대화에 의해 마을내 토지이용이 변화하고 토지기능이 세분화 · 단순화되어 다양한 기능을 발휘하는 자연환경이 점차 감소하고 있다. 극단적인 경우, 도시에 비해 자연환경이 뒤떨어진 농촌마을도 생겨나고 있으므로, 도시와 같이 주거환경 보전을 위해 체계적인 녹지정비가 요구되고 있다.

② 일상적인 야외 휴식환경정비

농촌에서는 어린이 놀이장소와 공원으로 이용되는 장소는 농업용 토지이용에도 적합하여 기능상 중복되는 경우가 많다. 생산기반정비가 진행되면서 토지기능이 세분화 · 단순화되어 야외 휴식기능을 발휘하기가 어려운 상황에 있으므로, 어린이공원, 운동공원 등의 도입을 위하여 시설녹지 정비가 필요하게 된다.

③ 농촌에 대한 도시주민의 여가

농촌의 도시화 및 혼주화에 따라 농촌 내 비농가의 증가와 함께 도시민의 농촌방문이 증가하여 전원공간에서 여가를 즐기려는 수요가 늘어나고 있다. 이는 선진국에서 공통적으로 나타나는 현상으로, 미국의 개방된 공간(open space)보전 제도, 영국의 지역공원(country park)제도, 독일의 농촌여가공간에 대한 배려 등이 사례로서, 농촌공간계획에 있어서 공통 과제로 되어 있다. 또한, 전원 및 삼림 지역에서의 휴양시설 정비와 같은 맥락이다.

(나) 생산환경정비를 위한 녹지계획

농지정비와 용 · 배수로정비 등 농지개량사업에서 환경보전에 대한 인식부족으로 녹지면적이 감소하는 경우가 많다. 또한, 수리시설이 대규모화함에 따라 주변의 소규모 수원함양림의 역할이 없어지는 경우도 있다.

이러한 현상은 생산환경 보전기능을 충분히 인식하지 않은 상태에서 계획수립을 한 결과이므로, 농촌토지이용계획 시 수림 · 수목이 수행하는 다양한 기능을 고려하여 생산지원환경을 분석하면 녹지의 필요성을 인식하게 된다.

생산환경 보전을 위한 녹지계획은 주요 선진국의 농촌계획에서 규정되어 있다. 독일에서는 생산환경보전을 위해 농지정비계획 수립 시에는 과수 · 생울타리 · 농지 · 수로주변 등에 있는 모든 수목이 등록된다. 이러한 수목은 농업활동에 피해를 주는 경우에 한해서만 관계기관의 허가를 받아 제거할 수 있으며, 위반 시에는 관계기관에서 추가식재를 요구하며, 방풍림 조성 등을 위해 소규모 용지를 제공할 수 있다. 도로 · 수로 · 토지개량을 위한 공공시설을 계획할 때는 경관보전계획이 함께 수립된다. 이와 같이 방풍림, 수방림, 도로주변과 해안보호 수림대 등 다양한 기능을 가지고 있는 수림이 보호 · 조성되어 생산 환경보전을 하고 있다. 일반적으로 농지에서 보호식재를 하는 목적은 다음과 같다.

① 풍해방지 : 풍식 및 건조 방지, 풍속감소, 종자의 비산방지 등
② 수분의 보전 : 침식방지, 양분의 유출방지, 대기습도의 유지, 수원함양, 수분수지의 개선 등
③ 기온의 완화 : 열수지의 개선, 어린식물의 보호, 방한 등
④ 생태계의 유지 : 생물학적 평형의 유지, 천적의 서식환경 제공으로 해충방제

⑤ 생물학적 생산 : 목재 및 과실 생산

수로주변 식재를 통하여 토양보호, 물고기의 먹이 및 부화환경 제공, 그늘에 의한 수중·육상의 잡초방제, 목재생산 등 생산환경 보전에 있어서 수목의 역할이 크다.

(다) 자연보호 및 역사적 경관의 보전

농촌의 토지이용은 오랜 기간을 거치면서 역사적으로 형성된 것이 대부분이어서 자연적·문화적으로 다양한 모습을 보이고 있다. 인간과 자연이 다양한 관계를 맺어 원시적 자연에서 인공적 자연에 이르기까지 다양한 자연 및 반자연적 경관이 형성되어 왔다. 특히, 자연성이 풍부한 자연은 문화적·학문적·교육적·여가적 목적에 의해 보호되어야 한다.

종래에는 법제도로 지정된 것만 보호되었으나, 지정되지 않았더라도 지역의 귀중한 생물과 생태계는 물론 지질·지형은 자연보호 차원에서 보전한다. 오랜 역사를 가진 농촌에서는 주택 등의 건축물, 수리시설, 비석 등 많은 문화재가 남아 있으므로, 역사적 경관으로 보전하기 위해 주변 환경과 함께 보호한다.

(라) 생태학적 질서의 유지

생활환경정비, 생산환경의 보전, 자연보호 및 역사적 경관의 보전 등은 각 분야별로 별도의 계획적·기술적 관점에서 접근하는 것이 아니고 전체가 서로 관련성을 유지하면서 종합적 관점에서 접근하여야 한다. 즉, 녹지계획을 구성하는 개별과제를 종합화하여 전체 녹지를 체계적으로 계획·정비하는데 다음의 세 가지 측면을 고려하여 계획을 수립한다.

첫째, 기능과 형태에 따라, 농촌녹지를 분류한다. 농촌녹지가 수행하는 하나의 기능이 여러 가지 형태로 표현될 수 있고 하나의 형태가 몇 가지 기능을 가지고 있어 기능과 형태는 서로 복합적인 관계를 맺고 있으므로 기능과 형태를 종합화하는 방법이 필요하다.

둘째, 농촌의 토지이용은 농업적 토지이용을 주체로 하고 있어서 토지자원에의 의존도가 높다. 특히, 자연환경은 농촌의 각종 토지이용과 밀접한 관계를 가지고 있어, 자연환경의 보전은 전체계획의 통합구조 속에서 자연보전계획을 위치시키는 것이 필요하다. 또한, 농촌에서의 토지이용이 경관형성에 미치는 역할을 고려하고 농지는 환경자원으로서의 성격도 가지고 있으므로 광역적인 환경보전기능을 발휘해야 한다. 이와 같이 환경적인 연속성 하에서 국토보전 기능이 발휘될 수 있으므로 자연보전적 토지이용을 고려한 종합적인 자연환경보전계획이 수립되어야 한다.

셋째, 녹지의 기능과 형태를 제대로 파악하기 위해서는 녹지가 생태학적 기반을 가지면서 형성되어 있다는 점을 인식하는 것이 중요하다. 녹지계획은 생태학적 기초지식에 근거하여야 하므로 계획과제를 단순한 기술적으로 해결하는 것이 아니라 생태학적 기초 하에 일관성과 통일성을 가진 계획기술로 해결해야 한다.

종합적인 녹지계획을 수립하는 것은 궁극적으로 지역의 자연환경 보전을 통하여 경관의 생태학적 질서를 만들어 내는 것이다. 이에 따라 인간과 자연이 조화 있는 관계가 형성되어 아름다운 농촌이 만들어지는 것이다.

6.3.4 경관계획수립 관련 지침, 법규

(1) 농어촌경관계획수립 업무편람과 경관법의 특성

우리나라 농촌공간은 농지, 마을, 자연환경 등 자연 또는 반자연적 요소와 건축물, 시설 등 인공적 요소가 함께 존재하는 다원·복합적인 공간 특성을 가지고 있다. 따라서 농촌 경관에 관한 계획적 접근 및 경관형성을 위한 다양한 법률 및 제도가 운용되고 있다.

경관보전과 관련된 법률로는 「국토이용 및 토지이용에 관한 법률」, 「수도권정비계획법」, 「건축법」, 「자연환경보전법」, 「문화재보호법」, 「환경·교통·재해 등에 관한 영향평가법」, 「농어촌정비법」, 「농어업·농어촌 및 식품산업 기본법(2009년 5월 27일 농업·농촌기본법 전부개정)」, 「농림어업인 삶의질 향상 및 농산어촌지역개발 촉진에 관한 특별법」, 「경관법」 등 약 30여개가 있다. 이 외에도 개별 광역 및 기초 지방자치단체에서 제정한 자연경관보전 및 경관형성에 관한 조례와 최근 난개발 방지를 위해 국토해양부가 마련한 경관관련 지침들이 있다.

우리나라에서 농촌경관계획은 다음과 같이 두 가지로 구분하여 수립할 수 있다.

첫째, 2007년 제정된 경관법에 근거한 경관계획수립지침에 따라 수립된 경관계획이 있다. 이 경관기본계획은 시·도 및 시·군 단위로 수립되며, 지역경관계획의 기본방향을 제시하고 있다. 농촌지역에서 권역과 마을 등의 경관계획이 필요한 경우, 「경관법」

에서 제안하는 「특정경관계획」을 수립하게 되어 있는데, 경관법의 성격상 도시(군)기본계획에서 대략적인 농업발전방향을 정하고 도시(군)관리계획 안에서 농림지역 등을 지정 · 관리하고 있으므로 농촌공간의 다양성을 수용하는데는 한계가 있다.

둘째, 농촌마을 종합개발사업계획의 부문계획으로 수립되고 있는 농촌의 권역단위 경관기본계획으로, 장기적 관점에서의 도 · 시 · 군별 경관기본계획과는 달리 현실적인 측면에서의 실행적 내용을 담고 있다.

이와 같이 농촌경관계획기법이나 경관의 기초단위별 구분은 주로 도시경관에 적용되고 있다. 이를 근거로 제시된 기법들은 자연발생적으로 형성된 농촌에 적용하는 것은 한계가 있으므로, 농촌경관계획을 삶의질법에 근거하여 작성하게 되었다.

「농촌경관계획 수립 및 경관관리업무 편람」에 근거한 농산어촌경관계획은 경관법에서 제시하는 경관계획의 특정경관계획으로 이해되고 있으나, 삶의질법과 경관법 각각의 경관계획 절차에서 제시되고 있는 기본 목표 및 방향, 경관현황조사, 농어촌경관평가 및 과제도출, 농어촌경관 기본구상은 경관법상의 기본경관계획과 같은 방향성을 가지고 있다.

그러나 농어촌 경관유형별 계획과정에서 두개의 경관계획은 차이를 보이고 있다. 농촌경관법에서 경관의 기초 단위별 구분은 도시경관 관련 내용이 포함되어 있어, 자연성 중심의 농촌공간에 그대로 적용하기에는 한계가 있다. 또한, 경관유형별 계획과정에서 삶의질법을 근거로 한 경관계획은 농업경관, 생활경관, 자연경관으로 구분하며, 모든 경관자원들이 하나의 경관으로 인식하고 있다.

반면에, 경관법에 근거한 기본경관계획이나 특정경관계획은 시 · 군 또는 관할지역의 일부분을 경관권역, 축, 거점 등으로 경관관리단위를 설정하여 계획하고 있다. 경관계획 시 구분된 권역, 축 안에서 조사된 자원들로 한정되어, 거점 이외의 지역에서 조사된 자원과 같은 권역 내 다른 유형의 경관자원의 많은 요소들이 누락되는 경향이 있다.

(2) 농어촌경관계획수립 업무편람

농림수산식품부에서는 농촌의 특성을 최대한 반영한 실행적인 농촌경관계획 방안이 삶의질법의 관련 내용에 근거하여 제시하고 있다. 즉, 삶의질법에 규정된 농산어촌지역 개발 기본계획(법 5조), 농산어촌지역 종합개발계획(법 38조), 농산어촌 자연환경 및 경관보전시책(법 30조 및 시행령 12조) 등의 조항에서 농촌경관계획 관련사항을 정리하여 업무편람으로 제시하고 있다.

농어촌경관계획은 지역의 영농조건과 경관의 조화를 기본원칙으로 하여 농업경관(경작지경관, 농업생산시설경관), 자연경관(자연도입경관, 자연생태경관), 생활경관(건축경관, 가로경관, 역사문화경관) 등과 농어촌경관요소를 체계적으로 보전 · 형성 · 관리하기 위한 기본 및 실행 방안을 제시하기 위한 계획이다(그림 6.15).

농어촌경관은 대상지의 입지적 특성에 따라 도시근교, 산간부(또는 원격지), 평야부 경관 등으로 구분하며, 입지 유형별 경관계획의 주요 관점은 다음과 같다.

첫째, 도시근교 농어촌경관은 도시와 농어촌의 특성이 혼재되어 농어촌의 고유성이 훼손될 가능성이 있으나 접근성이 좋아 농어촌 관광 및 도농교류활동이 비교적 이용한 장점을 살리는 특성화 계획을 수립한다.

둘째, 산간부 또는 원격지 농어촌경관은 다른 유형에 비해 자연경관의 비중이 높아 농업생산경관 자체의 고유성이 높은 점에 유의하며 특성화 계획을 수립한다. 그리고 인공시설물 조성계획 시에는 능선 등 원래의 지형을 훼손시키지 않도록 하여야 한다.

셋째, 평야부 농어촌경관은 비교적 시야가 넓어 농업생산경관, 자연경관, 농업생산 기반시설 및 주거경관 등이 어우러진 원경이 시각적으로 중요하므로 자연요소와 인공요소간의 조화를 고려한 특성화 계획을 수립한다.

농어촌경관 계획의 주요 내용은 다음과 같다.

① 농어촌경관의 보전 : 농촌의 우수한 경관자원을 발굴하여 보호 및 유지

② 농어촌경관의 형성 : 훼손된 경관을 복원, 또는 농어촌생활 및 영농형태 변화 등 시대적 흐름에 적합한 농어촌경관을 창출

③ 농어촌경관의 관리 : 보전, 형성된 경관자원을 체계적으로 유지 및 발전

삶의질법에 따른 경관계획내용	농어촌경관계획	세부내용
농산어촌의 자연환경 및 경관보전을 위한 기본목표 및 방향	농어촌경관계획의 목표 및 방향	• 농어촌경관계획의 기본방향 • 공간적, 시간적 범위
농산어촌의 자연환경 및 경관 현황	농어촌 경관현황조사	• 일반현황 조사(자연현황, 인문사회현황) • 농어촌경관자원 분포조사(주민설문조사 등) • 상위계획 및 관련법규 검토
	농어촌경관 평가 및 과제도출	• 해당 지역 농어촌경관지표 추출 및 체크리스트 작성 • 주민의식조사 • 주요 경관문제점 분석
농산어촌의 자연환경 및 경관보전을 위한 추진시책 및 요령	농어촌 경관기본구상	• 주요경관계획 대상 파악 • 주요 계획대상별 경관구상 • 경관주제 설정 • 거시적 차원에서의 농어촌경관계획
	농어촌경관 유형별 계획	• 경관유형에 따른 경관계획 - 농업, 자연, 생활 등의 분야별 경관계획
	농어촌경관요소별 계획 및 설계	• 경관요소별 경관계획 - 마을구성요소 경관계획 - 농어촌마을 시설물 경관계획 • 경관요소별 경관설계 (색채계획 등)
농산어촌의 자연환경 및 경관보전을 위한 활동 및 지원	실행계획	• (농어촌)경관지구의 지정 및 관리 • 경관사업 지정 및 내용 검토 • 경관조례 반영사항 • 경관관리 체계 구축
	재원조달 및 단계적 추진계획	• 농어촌경관개선 재원조달 방안 • 단계별 추진계획

그림 6.15 “삶의질법”에 의한 농어촌경관계획의 주요내용

(3) 경관법

경관법은 아름답고 쾌적하며 지역특성을 나타내는 국토환경과 지역환경을 조성할 수 있도록 경관계획의 수립, 경관사업의 시행, 경관협정의 체결과 지원 등 경관보전을 위한 관리, 형성 활동에 대한 법적 근거를 마련하기 위해 제정되었다. 이 법을 통해 보전가치가 높은 경관은 철저히 보호하고, 경관이 훼손된 지역에 대해서는 양호한 경관을 새로이 조성할 수 있는 근거가 마련되었다.

경관법 제정 이전에는 40여개에 달하는 경관관련 법규정에 의해 시가지경관, 농산어촌경관, 자연경관, 역사문화경관의 보존, 개선 및 관리 등 각각 따로따로 규정하고 있었으며, 국토해양부, 환경부, 문화체육관광부, 농림수산식품부, 산림청 등 여러 부처에 산재되어 실행되고 있었다. 따라서 경관 관련 각종 계획과 지역 · 지구 지정, 개발사업 등에 관련된 규정들이 여러 법에 산재되어 있었으며, 유사한 내용들이 2개 이상의 법에서 중복되어 규정되어 있는 경우도 많았다. 경관법 제정은 이러한 혼란된 법체계를 상호보완 또는 통합하여, 명확하고 일관성 있는 경관관리 시스템을 구축하는 계기가 되었다.

경관법은 지방자치단체의 여건에 따라 필요한 경우, 지방 고유의 자연 · 역사 · 문화경관을 보전하고, 시가지는 물론 농산어촌을 포괄하는 경관계획을 작성할 수 있도록 규정하고 있으며, 이를 실행하기 위한 수단으로서 경관사업과 경관협정, 경관위원회 등을 규정하고 있다.

경관법의 특징은 선행 법률에서 미비하였던 지역주민이 스스로 정주환경을 개선하고 가꾸어 나가는데 필요한 기술적, 행정적, 재정적 지원을 위한 근거규정이 마련된 점이다. 실제 경관계획을 수립하고, 관리업무를 수행하는 지방자치단체에서 지역특성에 맞는 경관을 형성할 수 있도록 자율성을 부여하는 유연성도 가지고 있다. 또한, 경관은 사람에 따라 인지특성이 다양하게 나타나므로 계획을 수립하고, 실행해 나가는 과정에서 다양한 계층의 다양한 의견을 반영하기 위한 주민참여과정도 규정하고 있다.

경관법은 표 6.12와 같이 총칙, 경관계획, 경관사업, 경관협정, 경관위원회를 포함하는 총 5장 25조로 구성되어 있으며, 2007년 11월 18일부터 시행되고 있다.

표 6.12 경관법의 체계

장	항목	내 용	
제1장	총칙	• 목적, 정의, 기본원칙, 의무, 타 법률 관계	
제2장	경관계획	• 경관계획의 수립권자 및 대상 • 경관지구 및 미관지구 관리 • 공청회의 개최, 주민 및 지방의회 의견청취	• 경관계획의 승인 및 결정 절차 • 경관계획 수립의 제안, 내용, 기초조사
제3장	경관사업	• 경관사업의 지정 및 대상 • 경관사업 재정지원 및 감독	• 경관사업의 추진협의체
제4장	경관협정	• 경관협정의 지원 • 경관협정의 준수 및 승계	• 경관협정위원회의 설립 • 경관협정의 체결, 인가, 변경, 폐지
제5장	경관위원회	• 경관위원회의 설치, 구성	• 경관위원회의 기능 및 운영
부칙		• 시행일, 경과규정	• 타 법률의 개정 등

(4) 한국과 일본의 경관형성조례

우리나라는 경관의 계획 및 관리 필요성에 따라 자연환경보전법에 근거하여 전국적으로 56개 지방자치단체(2007년 현재)에서 경관형성조례가 제정되었으나, 2007년 경관법의 제정시행에 따라 주민참여방안의 추가·보완 등을 위한 개편이 요구되고 있다. 일본은 47개 도부 및 현의 광역지자체와 111개의 시정촌 지자체별로 경관형성조례를 제정하고 있다.

한국과 일본의 경관형성조례는 전체적인 내용 구성상 큰 차이는 보이지 않고 있다(표 6.13). 일본의 경우, 조례 명칭은 지역의 특성을 고려하여 다양하게 정하였으며, 총칙에 전문을 두어 지역의 특성인 기후, 풍토, 생활 및 산업에 대하여 언급함으로써 지역경관의 가치인식 및 문제의식에 바탕한 조례제정의 의의에 대해서 서술하고 있다.

경관형성지구(지역)는 지역의 현황과 특성에 따라 도시전체, 특정한 일부지역, 일정지역에 지정할 수 있으며 비지정 지역에 대해서도 경관관리가 가능하도록 한 것이 특징이다.

경관지구 지정은 한국의 경우 지정 내용이 포괄적이며 지역고유의 경관보전에 대한 언급이 없는데 비해, 일본은 지구명이 다양하며 지역의 특성에 따라 차별화된 지정요건을 정해 놓고 있다.

일본의 경우, 단일 건조물은 대부분이 경관형성지구 뿐만 아니라 경관형성에 영향을

줄 수 있다고 판단되는 대규모 건축물, 역사적 · 문화적으로 보존 가치가 있는 건축물 및 수목, 경관보존 가치가 있는 점적 장소, 그리고 공공 시설물 등을 규제 및 보존하기 위하여 경관형성조례에 지정되어 있으며, 대규모 건축물은 각 지자체마다 규제 기준과 내용이 다르다.

표 6.13 한국과 일본의 경관관련조례의 구성내용 비교

<table>
<tr><th colspan="2">구 분</th><th>한 국</th><th>일 본</th></tr>
<tr><td rowspan="5">총칙</td><td>조례명칭</td><td>경관형성조례,
도시경관조례</td><td>• 경관형성조례, 도시경관조례, 삼림도시풍토를 육성하는 경관조례, 전통환경의 보존 및 아름다운 경관형성에 관한 조례 등 지자체별로 다양함</td></tr>
<tr><td>전문</td><td>전문없음</td><td>• 조례제정의 의의, 이념, 지역의 경관가치 인식 및 이의 보전을 위한 결의</td></tr>
<tr><td>목적</td><td colspan="2">• 조례제정의 목적 기술(전문과 비슷한 역할)</td></tr>
<tr><td>용어 정의</td><td colspan="2">• 경관형성 관련조례 내 관련 용어의 정의</td></tr>
<tr><td>주체별 책무</td><td colspan="2">• 지자체 및 지자체장, 시민, 사업자(전문가)의 책무 제시</td></tr>
<tr><td rowspan="3">계획 및 행위 제한</td><td>경관형성 계획수립</td><td colspan="2">• 지역 및 지구별 경관기초조사와 경관기본계획 수립 및 실시의 의무, 경관관리 지침 설정</td></tr>
<tr><td>지구 · 지역 지정방식</td><td>경관계획 수립에 있어서 권역 및 지구별 경관형성계획을 수립하는 방식</td><td>• 도시지역 전체에 대한 경관기본계획
• 경관형성지구 지정(특별히 경관의 관리가 필요한 지역을 지정)
• 지구경관정비계획(일정 지역을 경관형성지구로 지정하여 지역의 경관을 형성해 나감)
• 경관형성지구 외의 지역에 대한 경관관리제도(지구지정에서 제외된 지역에 대한 경관관리로써 대규모건축물 규제 및 건축물 보존 등)</td></tr>
<tr><td>행위유도 및 제한</td><td colspan="2">• 경관형성계획이 수립된 지역 및 지구내 개발행위시 경관관리지침에 위배되는 사항에 대한 행위제한 및 유도</td></tr>
<tr><td rowspan="3">주민 활동 및 지원</td><td>경관협정</td><td colspan="2">• 일정 지역내 토지 및 건축물 등의 소유자 혹은 권리자는 경관형성을 위한 경관협정을 체결할 수 있음(협정의 대상 및 구역, 필요기준을 설정)
• 협정지역 내 주민들의 적극적인 참여 유도</td></tr>
<tr><td>위원회</td><td colspan="2">• 경관형성계획의 수립시 전문가의 의견을 얻기 위한 경관형성위원회를 설치</td></tr>
<tr><td>지원 및 표창</td><td colspan="2">• 경관의 조성 및 개선을 위해 소요되는 경비 및 전문가 자문 등의 지원
• 적극적인 경관형성을 위해 노력했다고 인정하는 행위자, 건조물에 관한 표창(한국의 경우 표창이 없는 곳도 있음)</td></tr>
<tr><td colspan="2">부칙 및 잡칙(기타)</td><td colspan="2">• 시행일자 및 규칙제정에 관한 사항</td></tr>
</table>

자료 : 서주환, 박대우(2005), 한국지방자치단체 경관형성관련조례에 관한 연구

6.3.5 경관계획의 수립

경관(景觀)이란 지역을 형성하는 물리적 요소의 조합(景)과 景을 보는 방법, 보는 사람의 가치관에 의해 파악되는 지역의 시각적 특성 즉, 지역의 개성이 합쳐진 개념이다. 지역의 개성은 단순히 눈으로 보는 색채나 형태를 의미하는 것이 아니고, 지역의 역사, 문화, 풍토, 제반 활동이나 일상생활의 분위기 등 인간의 오감을 통하여 느끼는 전체가 상호 깊이 연계하여 생성된 것이다.

경관은 토지를 기반으로 한 사람의 행위가 축적·구현된 시대적 문화의 산물로 경관계획은 이러한 문화의 품질과 가치를 높이기 위해 수립된다. 경관기본계획에서는 이러한 특성을 근거로 「종합성을 가질 것」, 「중·장기적 전망을 가질 것」, 「주민참가와 민·관의 역할 분담에 대한 방침을 책정할 것」 등 세 가지의 요건을 중시한다(그림 6.16).

지역경관은 지역의 개성을 연출할 뿐만 아니라 지역이미지를 크게 좌우하고 있다. 실제로, 지역정책수립시 전국적으로 시·군 지역의 경관을 체계적으로 형성하기 위해 「경관 마스터플랜」 혹은 「경관(형성)기본계획」 등이 수립되고 있다. 경관계획은 지역이 지닌 자산 즉, 자연환경과 역사문화를 반영하는 기본 바탕위에서 모든 환경 구성 요소에 대해 지역계획의 이념이나 목표를 실현시키는 방편이며, 지역의 아이덴티티(정체성)를 형성하는 수단이다.

경관계획은 지역경관을 종합적, 계획적으로 형성·관리하기 위해 지역의 경관자원 및 지역주민의 경관수요를 파악하고 지역의 경관특성을 살려 미래의 경관상과 경관형성 기본목표를 제시하며, 주민과 행정이 공유할 수 있는 경관계획과 구체적인 실천방안을 마련하는 것을 목적으로 하고 있다.

현지답사를 통한 경관실태의 조사·분석, 주민의식조사·분석, 관련 국내외 사례의 벤치마킹에 의한 시사점 도출 등에 의해 계획방향설정을 위한 기초자료를 확보한다(그림 6.17).

경관 형성에 있어서는, 조형적인 아름다움을 높일 뿐만 아니라, 지역의 풍요로움과 정감을 주는 다양한 요소를 정비하고 연출하는 것이 중요하다. 따라서 경관을 구성하는 여러 가지 요소 중에서 뛰어난 경관의 보전, 훼손된 경관의 복원 및 육성, 불량 경관의 제거, 새로운 경관의 창출 등을 기본으로 각각의 경관적 특성을 살릴 수 있도록 경관계획을 수립한다(표 6.14). 주민, 사업자, 행정이 서로 협력하여 지역의 경관을 체계적으로 형성하는데 있어 기본이 되는 계획이 기본계획이다. 이 기본계획은 정비계획, 사업계획으로 구체화하기 위해서는 주민의 경관형성에 대한 인식을 고취시키면서 행정, 사업자, 전문가, 주민 등의 관련당사자가 구체적인 합의형성을 위해 노력할 필요가 있다. 그림 6.18은 강원도 인제군 용대지구 경관기본계획에 제시된 기본계획도를 사례로 나타낸 것이다.

계획 요건	요건	내용
계획 요건	종합성	경관을 구성하는 요소는 녹지, 건축물, 도로, 하천 등 다양하고 또 경관을 형성하는 행위도 내용적으로는 창출, 보전, 보존, 보호, 수복, 복원 등 다양함. 개별적이 아닌 종합적으로 파악하여 공간특성에 맞는 양호한 경관형성을 도모하는 것이 필요함.
	중장기적 전망	양호한 지역경관의 형성은 장기간에 걸친 노력과 비용이 소요됨. 따라서 경관계획에 있어서도 주민의 의식과 사회구조의 변화 등을 추측하는 중장기적 전망에 따른 계획을 입안, 추진하는 것이 필요함
	주민참가 및 민 · 관의 역할분담에 대한 방침	지역경관은 주민 한사람 한사람의 생활의식과 가치관이 그 기반을 이루며, 그 의미로 경관은 주민문화의 반영이라고도 해석할 수 있음. 따라서 경관계획에는 지역경관에 대한 의식을 고취하고, 주민의 다양한 가치관을 나타내며, 주민적 합의를 이루는 것이 중요함. 그 위에 공공, 민간의 역할분담을 명확하게 하는 것이 필요함

그림 6.16 경관계획의 요건

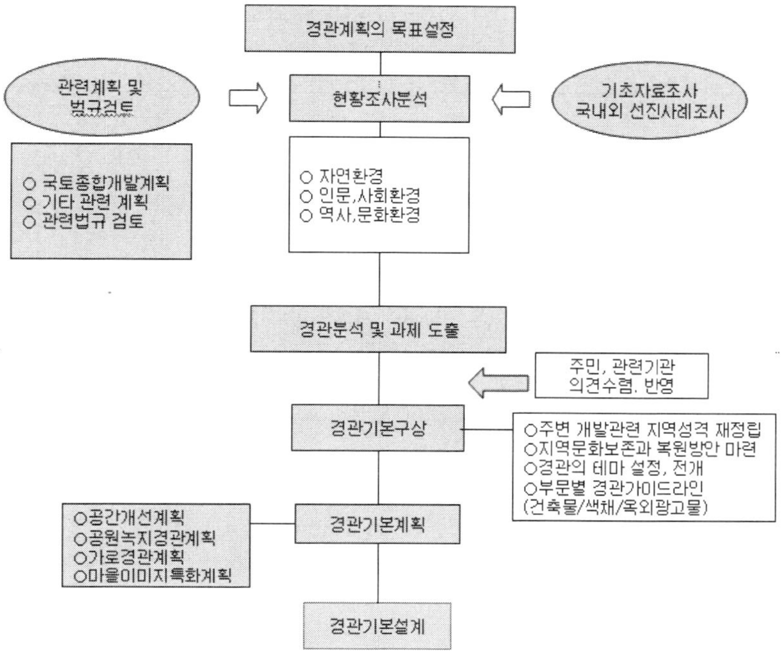

그림 6.17 경관계획의 수립과정

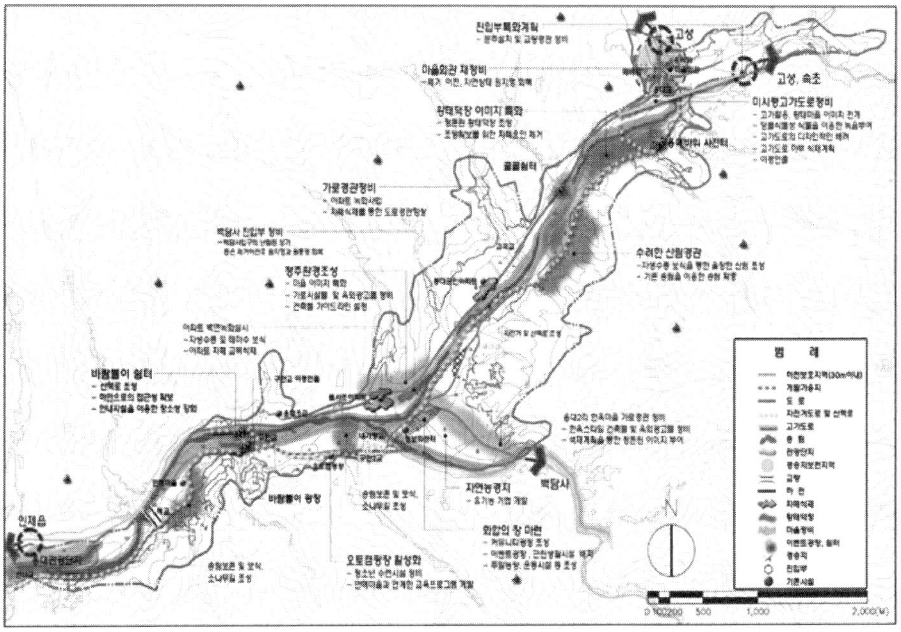

그림 6.18 경관기본계획도(강원도 인제군 용대지구)

표 6.14 경관계획의 주요내용

항 목	세 부 항 목
현황조사 및 분석	• 관련 계획 및 법규 검토 • 경관현황조사 - 선진사례조사 - 주민의 경관의식 조사, 분석 - 경관자원분포 현황조사 • 경관특성도 작성(지리정보시스템 활용) - 산악, 호수, 해안선 등 주요 조망점(LCD) 추출 • 경관특성 및 개선과제 도출
경관형성 기본 목표 설정 및 기본구상	• 경관계획의 목표설정 • 경관계획의 기본방침 및 전개방법 설정
경관기본계획	• 경관축, 결절점, 경계부, 랜드마크, 주요 조망점 • 공원녹지경관계획 • 역사문화경관계획 • 경관지구 설정 및 기본방향 제시 • 거점경관형성계획 • 부문별 경관 가이드라인 - 건축물/옥외광고물/색채/시설물
경관계획 추진방안	• 경관계획의 추진방안 • 경관시책의 추진 • 경관시책의 전개 및 역할분담

6.3.6 경관계획과 환경성 평가

(1) 사전환경성 검토

현행 환경영향평가제도는 대부분 사업 타당성조사와 병행하여 실시하지 않고 계획이 확정된 후 사업실시단계에서 주로 오염의 저감방안을 검토하고 있어 입지의 타당성 등 근본적으로 친환경적인 개발로의 유도에는 한계가 있다. 타당성 조사때 환경측면이 고려되지 않고 계획이 확정된 이후, 사업실시단계에서 환경영향평가가 이루어짐으로써 사업의 지연, 취소 등으로 인해 사회적 문제와 경제적 손실이 초래되고 있다. 따라서 사전환경성검토로 전환하여 자연환경보전지역, 개발제한구역, 관리지역 등을 포함한 국토 전반에 대해 환경친화적 개발을 추구하여야 한다.

「환경 · 교통 · 재해 등에 관한 영향평가법」 제4조 제1항의 환경영향평가 대상사업에 대한 행정계획을 사전환경성검토 대상으로 규정하고 있다(그림 6.19). 사전환경성검토 대상 개발계획은 다음의 사항을 중심으로 검토한다.

① 입지선정과 관련된 구체적인 개발의 규모와 형태, 공간적 배치가 가변적이므로 스카이라인, 보전해야 할 경관자원, 조망축 등의 기본적인 항목을 검토한다.
② 주로 기본계획도 · 경관현황분석도와 같은 평면적인 계획안을 토대로 진행하되, 필요한 경우 주요 조망점에서의 경관시뮬레이션에 의해 경관영향을 검토한다.
③ 경관 유형별 영향 검토는 다음 표 6.15를 참고한다.

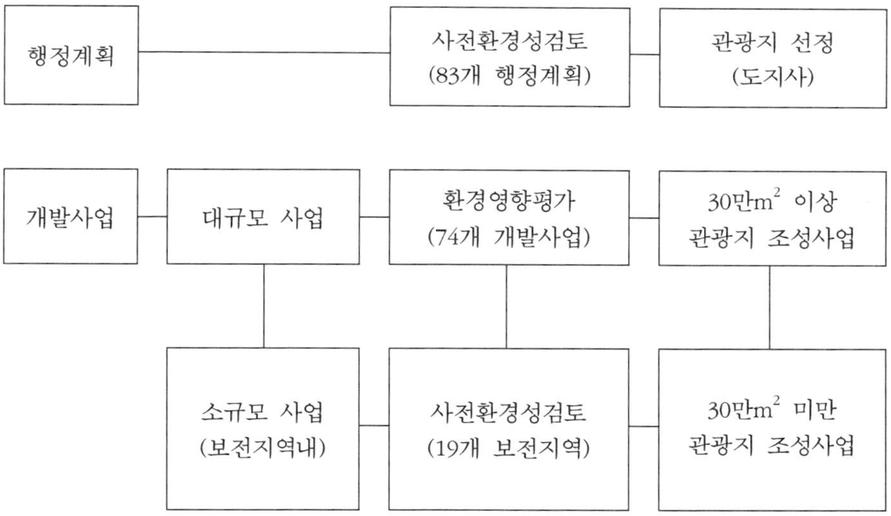

그림 6.19 사전환경성 검토대상 구분

표 6.15 사전환경성검토대상 개발계획에 대한 경관유형별 검토사항

구분	해당경관	검토사항
스카이라인	산지 및 구릉지의 스카이라인	주요 조망점(내부/주변)에서의 조망확보
	건축물, 구조물의 스카이라인	외부 스카이라인과의 조화
산림녹지경관	산지 및 구릉지의 능선 및 주변부	산림의 훼손 여부 (절대 보존)
	자연형 랜드마크(암벽, 폭포, 고목 등)	경관보전가치 판단 및 보전대책
	도시지역 내의 녹지	경관보전가치 판단 및 보전대책
수경관	하천, 해안 및 도서, 호수 및 습지	주변 토지이용 및 개발밀도의 적절성
농촌경관	농지, 농촌마을 등	경관보전가치 판단 및 보전대책
역사문화경관	문화재 및 지역 향토문화유적 등	역사문화경관 주변 자연경관의 보전 및 주변 자연경관과의 조화
생태경관	철새도래지, 야생동물 서식처 등	경관보전가치 판단 및 보전대책
조망축	주요 조망점→주요 경관자원	조망축 설정의 의의, 조망대상의 가치판단의 조망점 설정 적절성

(2) 환경영향평가

환경영향평가는 지역의 환경오염에 대한 사전예방 수단으로서 사업계획을 수립·시행함에 있어서, 해당사업의 경제성·기술성은 물론 환경성까지 종합적으로 고려하여 환경적으로 건전한 사업을 추진하기 위한 계획기법이라 할 수 있다.

과거에는 개발사업계획이 경제성, 기술성에 주안점을 두고 계획되었으나, 산업화의 진전에 따라 과도한 개발사업이 시행되어 환경오염이 점차 심화되자 경제성, 기술성외에 환경보전을 주요 요소로 하여 사업계획의 합목적성을 평가하여야 한다는 견해가 대두되었고 이에 따라 환경영향평가제도가 도입되었다. 1969년 미국은 국가 환경정책법(NEPA) 제102조에 환경영향평가를 최초로 도입하였고, 우리나라도 1977년 환경보전법에 법적 근거를 마련한 이래, 수차례의 법령 개정을 거쳐 현재는 환경영향평가법에 근거하여 환경영향평가를 실시하고 있다.

환경영향평가는 환경영향의 정도, 영향저감방안 등 환경영향에 관한 정보를 정책결정권자에게 제공하고, 정보교류를 통해서 지역주민과의 관계를 긴밀히 함으로써 합의

형성을 촉진하며, 친환경적인 계획안이 되도록 유도하는 기능을 가지고 있다.

환경영향평가 대상사업은 도시개발, 산업단지의 조성 등 17개 분야 76개 세부사업으로 구성되어 있으며, 주요 검토내용은 자연환경(5항목), 생활환경(11항목), 사회경제환경(7항목)으로 이루어져 있다. 경관분야의 환경영향평가는 표 6.16에 나타낸 지침에 따라 시행된다.

표 6.16 경관분야 환경영향평가 지침

기재사항	작 성 방 법
(1) 현황	
•조사항목	• 대상사업의 유형, 규모, 대상지 및 주변의 환경특성을 고려하여 해당지역의 ①자연경관, ②인문경관, ③조망경관 현황과 자원을 조사한다.
•조사범위	• 대상사업이 입지하는 대상지와 주변 환경의 특성을 고려하여 경관영향이 미치는 예상지역을 현황조사의 범위로 한다. ①대상지 주변에서 부지가 보이는 범위, ②사업부지에서 외부 경관자원이 조망되는 범위의 두 가지 측면에서 현황조사의 범위를 설정한다.
•조사방법	• 문헌조사, 현지조사, 컴퓨터 시뮬레이션을 활용하여 조사한다.
•조사결과	• 조사결과는 조사항목과 조사지점에 따라 표나 그림, 사진 등을 이용하여 서술한다.
(2) 사업시행으로 인한 영향 예측	
•항목	• 사업으로 인한 자연경관, 인문경관, 조망경관자원에 미치는 영향항목을 분석한다.
•범위	• 대상사업이 입지하는 대상지와 주변환경의 특성을 고려하여 경관영향이 미치는 예상지역을 현황조사의 범위로 한다. ①대상지 주변에서 부지가 보이는 범위, ②사업부지에서 외부 경관자원이 조망되는 범위의 두 가지 측면에서 영향예측의 범위로 설정한다.
•방법	• 대상사업 및 주변지역의 경관적 특성과 경관적 변화를 잘 파악할 수 있도록 조감도, 사진합성, 와이어프레임, 매핑 등의 시뮬레이션 기법을 활용한다.
•예측결과	• 자연경관, 인문경관, 주요 조망경관자원에 주는 영향예측의 결과를 기술한다.
•평가	• 평가는 영향을 받은 지역의 특성, 경관변화 정도, 특징적 경관의 변화여부, 거리 등에 대해 정성적 · 정량적 평가를 동시에 고려한다.
•저감방안	• 평가결과를 토대로 경관에 따른 영향을 사전에 예방하거나 최소화하기 위하여 경관을 고려한 계획의 조정, 경관보전대책 등 저감방안을 수립한다.
•사후환경영향조사	• 해당사업의 시행으로 인한 경관변화 및 저감대책의 이행 여부를 확인하고 필요시 추가적인 대책을 수립한다.

평가대상규모, 협의시기 등은 시행령에 규정되어 있는데, 사업특성상 자연환경 · 생태계를 훼손할 우려가 크거나, 사업, 환경영향의 예측이 어려우며, 복합적 환경오염이 발생될 것으로 예상되는 사업 등이 평가대상이 된다.

참고문헌

고성군, 2003, 고성군 경관기본계획

김상범, 이상영, 2006, 농촌경관계획을 위한 공간별 주요 경관요소에 관한 연구, 한국농촌계획학회지, 12(3), pp.13-18

김상범, 이승연, 김은자, 이승주, 이상영, 2009, 농촌경관의 보전과 경관관리를 위한 농촌경관계획 수립 및 적용방안에 관한 기초연구, 한국농촌계획학회지, 15(4), pp.161-172

김성학, 양병이, 2009, 농촌마을 경관을 고려한 지역경관계획 수립방안 연구, 한국조경학회지, 37(3), pp.82-90

농어촌연구원, 2007, 농촌마을리모델링 기법개발에 관한 연구 -농촌마을 신재생에너지 활용방안 연구

농림수산식품부, 2008, 농어촌경관계획수립 및 경관관리 업무편람

농촌경제연구원, 2010, 농업전망 2010: 녹색성장과 농업 농촌의 새로운 활로

농촌진흥청, 2006, 선생님과 함께 알아가는 농업 · 농촌 이야기(교육과정자료)

농촌진흥청, 2007, 2009, 농촌어메니티 100선, 농촌진흥청.

농촌진흥청, 2008-2010, 농촌어메니티 자원조사 사업 보고서, 한국농촌계획학회.

농촌진흥청, 2008, 농업의 다원적 기능 평가 -연구성과 및 적용

박승기 외 4인, 2009, 웰빙산업과 마케팅, 협신사

박용하, 김광임, 성현찬, 이관규, 박소현, 최재용, 2007, 농촌경관관리의 인식 및 농촌경관관리 발전방안, 한국농촌계획학회지, 13(3), pp.103-110

배중남, 2004, 농촌어메니티 자원을 활용한 농촌활성화 방안, 삶의 질 높임과 농촌자원개발 포럼 발표 자료집, p.45-72

전영옥, 민승규, 2003, 농촌활성화를 위한 농촌어메니티 정책의 방향, 삼성경제연구소

정남수, 2005, 농촌어메니티 자원의 평가를 위한 조사표와 항목 개발, 한국농촌계획학회지, 11(4), pp.9-15

정하우 외 6인, 1999, 농촌계획학, 동명사

서주환 외 1인, 1994, 경관색채학. 명보문화사

속초시, 2004, 속초시 경관형성 기본계획

안명준, 배정한, 주신하, 신지훈, 이동근, 2008, 농촌어메니티 경관의 평가 체계 개발과 적용 -2007 농촌 어메니티 100선을 중심으로-, 한국농촌계획학회지, 14(2), pp.77-84.

이동근 외 5인, 2005, 농촌경관 보전 및 관리를 위한 경관자원 분류 및 평가에 관한 연구, 한국농촌계획학회지, 11(2), pp.21-34

인제군, 2004, 인제군 용대지구 경관기본계획

주신하, 임승빈, 2008, 농촌경관계획 수립기준 정립연구, 한국농촌계획학회지, 14(4), pp.69-76

최수명, 농촌어메니티 자원화 방안, 농촌 어메니티 보전 및 관광자원화 방안 심포지엄, 2002

한국경관협의회, 2008, 경관법과 경관계획, 보문당

한국농공학회, 2006, 생명의 물과 흙 쾌적한 농촌 만들기

한국도시설계학회, 2009, 도시경관계획, (주)발언

한국조경학회, 2006, 자연경관계획 및 관리, 문운당

환경부, 2009, 환경영향평가, 환경성평가제도 관련 규정 지침

系長浩司 外 5人, 1993, 地域のデザイン, 明文書房

梅田安治 外 1人, 1990, 農地・農村の景觀, 農業土木新聞社

小林重順, 1994, 景觀の色とイメージ. ダウイット社

農村景觀計画研究會, 1994, 景観づくりむらづくり

進士五十八 外 2人, 1994, Rural Landscape Design, 學藝出版社

日本農業土木學會編, 2003, 農村計劃學, 農業土木學會

富田正彦, 1984, 現代農村計劃學, 東京大學出版社

梅田安治, 野本健, 1990, 農業・農村の景觀, 農業土木新聞社

農林水産省構造改善局計劃部, 1997, 土木改良事業計劃指針(農林環境整備), 農業土木學會

田園計劃インステテュート, 1991, 田園計劃論, 綠地計劃

OECD, 1994, The contribution of amenities to rural development

OECD, 1999, Cultivating rural amenities: an economic development by OECD. 오현석, 김정섭(역), 『어메니티와 지역개발』. 서울: 새물결출판사. 2002.

Chapter 07

농촌사회 활성화

7.1 농촌공간의 특성과 공익적 기능

7.1.1 농촌공간의 특성

농촌공간의 특성은 도시공간의 특성에 대비하여 생각하면 쉽게 이해할 수 있으며, 자연조건, 생산조건 및 생활조건으로 구분하여 살펴본다.

자연적 관점에서, 도시공간은 주로 인공적 구조물로 이루어진 공간으로 각종 산업이 입지하고, 좁은 지역에 많은 인구가 밀집되어 있으며 도시생활에 필요한 각종 기반시설이 갖추어져 있다. 또한, 토지가격이 높아 경제적인 토지이용이 우선되므로 인근의 녹지대를 잠식함에 따라 자연공간이 극도로 축소된 인공적 공간이라 할 수 있다. 이에 비해 농촌공간은 자연조건의 혜택을 많이 받고 있는 공간이다.

농촌공간은 소규모의 농촌마을이나 농공단지, 광역적 토지형 시설 등 산업단지 · 시설 등이 입지하고 있지만 대부분 녹지로 되어 있고, 농산업이 자연생태계의 순환과정과 조화를 잘 이루는 자연 · 반자연공간이다. 인공적으로 농지와 수로가 정비된 반자연공간의 경우도 관개배수를 통하여 자연생태계의 물질순환계를 조절함으로써 토양을 보전하고, 공기를 정화하며, 강우의 유출을 조절하여 홍수피해를 방지하여 국토를 보전하고 생물자원을 길러주는 친자연적 기능을 수행한다. 또한, 농촌의 풍부한 자연공간은 도시생활자들의 정신적 여유로움을 제공하는 휴양공간이기도 하다.

생산적 측면에서는, 도시공간은 시설 · 설비 등이 구비된 2, 3차 산업 중심 공간인데 비해, 농촌공간은 농림업 등 자연 의존적인 1차 산업이 중심인 공간이다. 특히, 농촌공간은 국토이용 측면에서 산림지와 농지가 대부분으로 국민의 식량공급 기능을 가지고 있다.

주민생활 측면에서는, 도시공간은 공업과 서비스업 또는 정보산업이 집중되어 이에 종사하는 노동인구가 많은 고밀도의 주거공간으로 경제적 입지조건이 양호하고 각종 문화시설이 잘 갖추어져 있다. 농촌공간은 농업의 기반이 되는 농지를 따라 저밀도의 주거공간이 소규모로 산재되어 있기 때문에 공공시설의 정비 및 서비스 공급 수준이 낮고, 도로와 공급 처리시설이 상대적으로 부족하다. 반면, 도시에 비해 1인당 토지면적이 넓고, 택지나 마을에 여유공간을 많이 확보하고 있어 쾌적한 주거환경을 계획할 수 있는 장점이 있다.

자연과의 조화 측면에서, 도시는 변형적 개발로 자연과의 조화가 부족한데 비해, 농촌은 자연친화적 개발로 자연의 순리를 활용하고 있다. 즉, 농촌의 공간계획은 점 · 선 · 면 및 입체적 계획으로 이루어지며, 점계획은 주택이나 각종시설 등이 대상이고, 선계획은 도로, 수로 등 선적 시설물이, 면계획은 농림적 토지이용, 마을 및 주거단지, 중심지 등이 대상이며, 입체계획은 세 가지 계획의 시설과 정비의 내용을 종합하여 3차원적으로 접근하는 계획이다.

7.1.2 농촌공간의 공익적 기능

농촌공간은 농산물의 생산장소 만이 아니고 토양침식. 홍수방지 등 국토의 보전. 국민에 대한 생활 및 취업기회의 제공, 자연 및 문화자원의 제공 등 다양한 역할을 가지고 있다(표 7.1). 이러한 역할이 구체적으로 발휘되는 형태는 지역의 농지상황, 지형 등에 따라 다양하며, 도시적 지역, 평지농촌 지역, 중산간 지역 등 지역유형에 따라서도 다른 특성을 가지고 있으므로 이를 고려하여 공익적 기능을 향상시키는 방안이 마련되어야 한다. 표 7.2는 일본에서 중산간지역의 공익적 기능 향상방안을 예로 든 것이다.

① 도시적 지역 : 소비지와 가까운 특성을 살려 야채, 화훼 등 농산물 공급과 다양한 주민에게 자연과 여유감이 있는 거주 및 여가공간을 제공

② 평지 농촌지역 : 토지이용형 농업을 중심으로 한 농업생산을 통해 각종 농산물의 공급과 지역주민에게 여유 있는 주거공간을 제공

③ 중산간 지역 : 기후, 표고차 등 자연조건을 이용하여 다양한 농산물을 공급하고, 전통문화등 문화적 자원과 자연경관 등 풍부한 자연자원을 국민에게 널리 제공. 특히 많은 산림, 농지의 유지 · 관리를 통해 국토 · 자연환경의 보전 등 다양한 기능을 발휘

표 7.1 농촌의 공익적 기능

주 요 기 능		지역별 특성		
		도시적	평지 농촌	중산간
농림수산물	농산물공급	△	◎	○
	임산물공급 : 목재공급, 임산물공급	△	△	◎
	수산물공급			
	에너지공급 : 수력발전, 지열발전		○	◎
생활 · 취업 기회제공	주택지공급 : 쾌적한 환경, 여유 있는 주거공간제공	◎	○	○
	시설용지공급 : 공장, 사무소, 여가시설 용지의 공급	◎	○	○
국토보전	침식방지 : 토양침식방지, 토사유출방지, 풍식방지 등	△	△	◎
	자연재해방지 : 산사태 방지, 홍수방지 등	△	△	◎
	영해, 영토의 보전			
수자원 함양	물 저장, 수량조절, 수질정화	△	○	◎
자연환경의 보전 · 형성	자연환경			◎
	기상완화 : 기온 및 지온완화, 습도조절	△	△	◎
	대기정화 : CO_2흡수, O_2공급	△	△	◎
	야생동물의 보호	△	△	◎
자연 · 문화 자원의 제공	자연학습 : 자연탐구, 체험학습(관광농원), 산촌유학, 정서 함양	○	○	◎
	여가활동 : 운동 활동, 여가장소, 건강유지증진, 지역교류장소	○	○	○
	농촌경관	○	○	○
	문화 : 전통문화의 보존 장소	○	○	○

자료 : 일본 농림수산성(1991)
주 : 지역별 특성은 각각의 역할이 상대적으로 큰 순서대로 ◎, ○, △로 표시

표 7.2 중산간 지역의 공익적 기능 향상방안

분 류	구체적 방안 (예)	
다원적 기능 향상을 위한 조치 및 작업 등	외적 방안	• 경관과 자연환경을 배려한 농지정비 • 안정적이고 유지관리가 용이한 논밭의 사면 정비 • 경관보전을 고려한 도로 · 수로의 설치 • 시민농원 · 체험농원의 설치
	내적 방안	• 농지 및 주변시설에서의 유지관리 활동 • 상징물로서의 문화적 경관의 확립 • 다락논 소유제의 실시와 지원농가 체제 형성
농업지속을 위한 조치 및 작업 등	외적 방안	• 경작조건의 개선(농지정비) • 폐경지의 복구 및 토지이용 전환 • 경계지역의 조류 · 가축 피해방지 방안
	내적 방안	• 지속적인 토지이용계획의 형성 • 후계자 육성(신규취농, 정년귀농자 지원 등) • 농지 및 주변지역의 유지관리 활동

자료 : 농림통계협회(2002). 중산간지와 다면적 기능

7.1.3 공익적 기능의 가치

세계무역기구(WOT)의 출범, 도하개발 아젠다(DDA) 협상의 지속적 추진, 자유무역협정(FTA) 확대추세 등으로 농산물교역의 개방 폭이 확대되고 농업여건이 악화되면서 농업 · 농촌의 다원적 기능과 이에 대한 경제적 가치 평가의 중요성이 새롭게 부각되고 있다. 농업 · 농촌의 다원적 기능은 농산물 수출국들의 추가적인 시장개방 요구에 효과적으로 대응할 수 있는 대안으로 관심을 받고 있으며, 농업 · 농촌분야에 대한 공공투자를 지속할 필요성이 강조되고 있다.

(1) 농업·농촌의 인식 변화

농촌을 식량생산기능보다는 휴양 · 휴식공간으로 인식하는 국민이 늘어나는 등 전통적인 농업 · 농촌관이 변화하고 있다.

한국농어촌공사에서 전국의 초 · 중 · 고생 학부모와 대학생 935명을 대상으로 실시한 '농업 · 농촌에 대한 국민여론조사' 결과에 의하면, 농촌의 기능과 역할에 대해 응답자의 21.6%가 '국민에게 휴양 · 휴식을 제공하는 공간'이라고 답해 '국민에게 안전한 먹을거

리를 공급하는 식량생산기지'(20.3%)라는 응답보다 많았다.

농촌의 미래상으로 자연환경이 보전된 쾌적한 휴식공간을 꼽은 응답자가 전체의 29.7%로, 안전한 농산물을 생산하는 농업공간이라고 답한 경우(28.6%)보다 많아 농업 · 농촌에 대한 기대수요가 변하고 있는 것으로 나타났다. 농촌의 미래상과 관련, 젊은층일수록 휴식공간을 꼽는 비율(20대 이하 30.4%)이 높았으나, 50대 이상에서는 농업공간이라는 응답(33.1%)이 휴식공간(26.3%)이라는 답변보다 높아, 세대 간 농업 · 농촌에 대한 기대수요도 다른 것으로 나타났다(그림 7.1).

농촌을 방문하거나 거주하고 싶은 이유에 대해서는 전원생활이 가능(23.7%), 건강에 도움(19.7%) 등의 순으로, 앞으로 농촌개발은 전원적 분위기를 살리고 자연과 건강을 상품화하는 방향을 제시하였다. 농촌에서 우선 개선해야 할 사항에 대해서는 안정적 소득원을 확보할 수 있도록 생산 · 유통을 지원해야 한다는 응답이 23.2%로 가장 높았고, 보건의료서비스(18.1%), 주거환경 개선(13.4%), 문화 · 복지부문 개선(13.3%) 등의 순이었다.

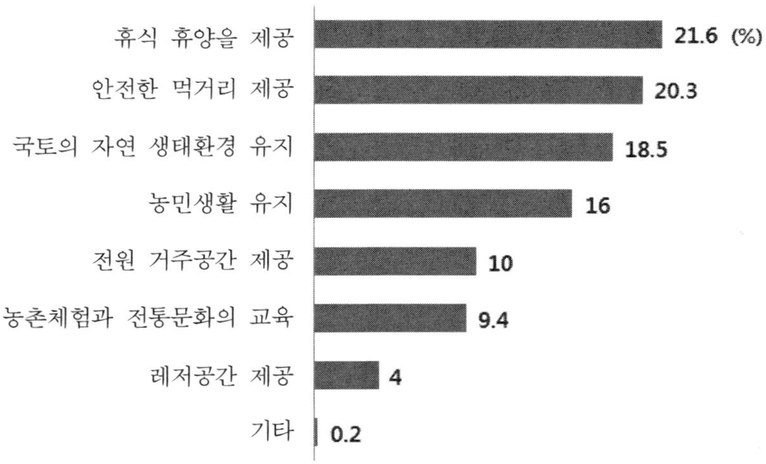

그림 7.1 농촌의 기능과 역할에 대한 인식

자료 : 한국농어촌공사, 농민신문(2003)

(2) 농업의 주요 공익적 기능

환경적 기능을 들 수 있다. 농업은 시장에서 거래되는 농산물 생산 이외에 수자원함양 · 홍수조절 · 대기정화 · 생물종 보존 등 환경보전 기능을 추가로 담당하고 있다.

농촌은 경관 및 전통문화를 유지하고 계승, 발전시키는 기능도 있다. 이는 대부분의 국가들이 인정하고 있는 다원적 기능이며, 협소한 국토면적으로 인해 혼주화가 보편화된 국가에서 이 같은 기능은 더욱 큰 가치를 지니고 있다. 농업 · 농촌은 또한 휴양처와 영농체험을 통한 다양한 교육의 장을 제공하고 전통문화를 보전하는 역할을 수행하고 있다.

농촌사회의 활력을 유지하는 기능도 포함된다. 농업은 농촌지역의 고용을 확보하고 농촌경제를 유지하는데 결정적인 역할을 수행하며 도시화의 급진전에 따른 여러 가지 부작용을 줄여주는 역할도 새롭게 인식되고 있다.

식량안보 기능도 농업의 주요 다원적 기능중 하나이다. 식량은 수요와 공급이 모두 비탄력적이어서 단기간에 수요증대나 공급 감소로 인해 시장가격이 크게 상승할 수 있기 때문이다.

(3) 농업의 다원적 기능에 대한 가치

한국농어촌공사는 '논밭의 가치' 연구에서 농업의 다원적 기능을 평가할 경우, 연간 49조 3,400억원에 이른다고 제시하였다(그림 7.2). 사회 · 경제적 효과 평가액은 20조 4,000억원으로 제시하고 있는데, 식량문제 해결을 통한 사회 안정, 전체 취업인구 중 10%(200만명)에 대한 일자리 제공, 지역경제 안정 등을 계량화한 수치이다. 홍수조절 평가액은 17조 8,098억원에 이르는데, 논은 소양강댐과 대청댐 저수량을 합한 26억t, 밭은 충주댐 수준인 연간 5억7,000t의 홍수를 조절하고 있다.

농업을 통한 대기정화 · 수질정화 · 토양보전 · 대기온도 조절 · 조류 등의 서식지 제공 등 환경보전 평가액은 8조 632억원으로 계량화 하였다. 자원확보 측면에서 농업의 다원적 기능 평가액은 지하수 함양을 통한 수자원 확보(1조 8451억원), 농촌경관보전(7,451억원), 전통문화보전 및 휴양 · 레저공간과 체험학습기회 제공(4,768억원) 등을 합쳐 모두 3조670억원으로 분석하였다.

농업과 농촌의 다면적 가치는 농업생산이라는 「직접가치」와 농업생산 활동을 통해 자연이라는 교육의 장을 제공하고, 풍부한 정서 속에서 내일을 향해 살아갈 활력을 주는 「간접가치」로 나눌 수 있다. 특히, 「간접가치」인 농촌의 사회문화적 기능은 농촌인구를 유지함으로써 도시의 인구 집중 현상을 완화시켜 주고, 논농사에 기반을 두고 발전한 전통적인 고유문화를 유지 · 계승시켜며, 도시인들에게는 여가활동 기회 및 장소를 제공해 준다. 농촌은 자연을 관찰하고, 자연과 문화에 친숙해지는 교육의 기회를 제공하는데, 실제로 농촌에서의 자연체험은 어린이들의 인격 형성에도 많은 영향을 미친다. 농촌 사회문화적 기능에 대한 고유의 가치를 살펴보면 다음 표 7.3과 같다.

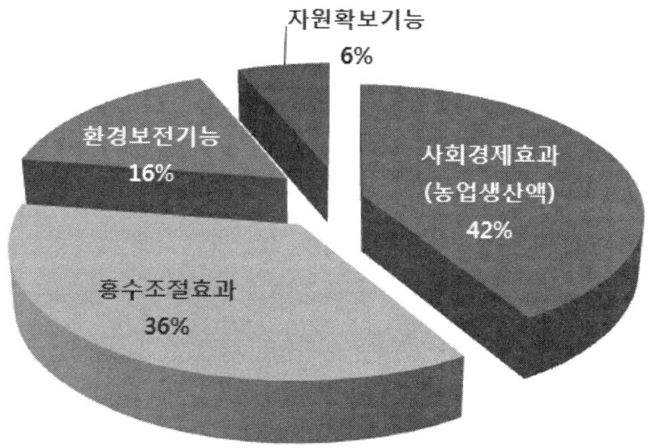

그림 7.2 농업의 다원적 기능 가치

표 7.3 농촌의 사회문화적 기능의 종류

범 주	주 요 기 능
정서함양기능	• 고향정서, 혈족정서, 농촌생활체험, • 자연환경체험, 영농체험
전통문화보전기능	• 전통생활문화 및 전통영농용품 보전, • 유형전승문화 및 무형전승문화 보전
지역사회유지기능	• 도시문제 완화, 피난처 제공, 공동체의식 제고 • 공동의례의 장, 친환경교육의 장, 향토문화의 장
녹지공간제공기능	• 자연 및 농지 경관제공, 보건의 장소, 휴양의 장소

자료 : 농촌진흥청(2006)

7.2 농촌사회 활성화의 필요성

7.2.1 농촌활성화의 배경

산업화 · 정보화의 급속한 진전에 의해 농업을 제외한 다른 산업분야에서는 생산성 향상이 뚜렷하게 나타나고 있다. 농촌에서도 농업 이외의 취업기회가 확대되어 농업노동력이 크게 감소하고 있다. 이러한 현상은 도시의 과밀화와 중산간지역을 중심으로 한 농촌의 과소화가 상호 악순환적으로 심화되어 국토의 균형발전을 더욱 어렵게 만들고 있다.

1980년대에 들어서는 대도시를 중심으로 사람, 물건, 정보 등의 집중화가 뚜렷해지고 있는데, 특히 수도권 지역에서의 집중화가 과도한 상황이다. 이로 인해 중앙과 지방, 도시와 농촌 간의 발전 격차는 더욱 더 커지게 되어, 중산간 농촌지역에서는 계속되는 인구감소와 고령화에 따라 기본적인 지역사회 유지에도 어려움을 보이고 있다.

읍면단위의 농촌인구는 2014년경에 전체인구의 15%까지 저하할 것으로 예상하고 있다. 이는 1990년(25.6%), 2000년(20.0%) 2005년(18.5%)에 비해 농촌인구의 감소가 급격히 진행될 수 있음을 의미한다. 농촌인구의 감소는 농촌사회의 침체는 물론 지역기반 유지에 어려움을 주게 된다. 선진국은 농촌거주 인구비율을 20~25%로 유지하려는 정책을 펼치고 있으며, 프랑스의 경우 농업종사자는 2%이지만 농촌정주인구는 24%에 달하고 있다.

우리나라에서도 공공서비스와 일정 수준의 사회복지서비스 제공 등을 위한 농촌인구의 적정수준을 20%로 정하여, 이에 따른 대책을 수립하고 있으나 농촌인구의 감소는 계속되고 있다. 인구의 유입과 적정인구 유지를 위해서는 다양한 취업기회 창출과 편리하고 쾌적한 주거생활공간 정비가 우선되어야 한다. 2005년 현재 읍면단위 농촌지역의 사업체수는 3,326개로 도시지역 23,918개의 14%에 불과하여 농촌활성화를 위한 다양한 대책마련이 요구되고 있다.

이러한 농촌의 현실을 고려하여 국토공간의 균형있는 발전을 꾀하기 위해서는 단순한 식량생산 만이 아니고 자연환경보전, 여가공간 제공, 국토보전 등 다양한 기능을 가지는 농업 · 농촌으로 발전시켜 활력있는 농촌지역사회를 만드는 것이 가장 중요한 농촌발전 과제이다.

7.2.2 농촌활성화의 효과 및 과제

국내외적으로 농촌활성화를 촉진하기 위한 주요대책으로 농특산물의 판매촉진 및 가공지원, 지역사회 공동활동지원, 도농교류지원, 2차 산업 및 기업유치, 귀농·귀촌지원 등이 있다.

농촌지역에서 식량의 안정적 공급을 비롯한 다양한 공익적 기능을 충분히 발휘하기 위해서는 농업과 농촌의 종합적 발전을 이루기 위한 적절한 대책이 수립되어야 한다. 또한, 국민의 농업과 농촌에 대한 이해와 관심을 높이기 위해 도농교류를 농촌발전의 중요한 대책으로 인식할 필요가 있다. 농촌지역의 여건과 특성에 따라 발전방향도 달라질 수 있으나, 상대적으로 농업기반 및 생활환경조건이 불리한 중산간지역과 같은 과소화 지역에서는 생활환경정비에 의한 정주안정, 농업 및 관련산업 진흥을 통한 취업기회 확대, 근원적 소득격차를 해소하기 위한 직접지불제 등의 대책이 도입되어야 한다.

농촌활성화의 직접적인 의의는 대상지역의 ① 경제적 발전, ② 문화적 발전, ③ 사회적 발전과, 이들을 지원해 주는 ④ 물적 환경의 발전을 들 수 있다. 구체적으로, 경제적 발전의 의의는 농림축산업, 관광, 상업, 공업, 토착산업 등의 발전에 따른 생산·고용·소득증대, 지역재정기반의 확대 등을 들 수 있다. 문화적으로는 음식문화 발전, 애향심 고취, 지역간 교류 등을 들 수 있으며, 사회적으로는 다양한 지역주민 조직의 활동, 주민간의 대화촉진 등이 있다. 그리고 물적 환경 발전의 의의로는 농업생산기반 정비, 공공시설 확충, 쾌적한 환경 조성, 자연생태계 보전·창출 등을 들 수 있다.

간접적인 의의로는 ① 식량의 안전하고 안정적인 공급, ② 자연환경, 지역자원 및 국토의 보전·관리·활용, ③ 도시문화와 다른 고유의 농촌문화를 계승발전, ④ 국민의 정서함양과 사회의식 양성 등을 들 수 있다.

농촌활성화는 활력있는 농촌을 만들기 위한 정책수단이라는 측면과 함께 농촌지역발전과 같은 의미로 사용되는 경우도 있으므로 그 자체가 정책목표가 될 수 있다. 어느 경우에도 지역할성화를 위해서는 먼저 지역 고유의 활력있는 농촌의 미래상을 명확히 설정하는 것이 필요하다. 이러한 전제하에 농촌활성화의 주요 과제로는, ① 생활환경의 정비, 토지·물의 이용조정 등 농촌주거환경 개선에 관한 과제, ② 고령화에의 대처, 농촌부인활동의 촉진, 농촌지역사회의 운영 등 농촌공동체 복원에 관한 과제, ③ 농업·농촌활동의 체험, 농산물의 산지직송, 도시와의 자매결연 등 도농교류 촉진에 관한 과제, ④ 자연환경의 적극적인 보전과 활용에 의한 농촌형 여가시설, 지역고유산업의 육성, 농촌공업의 도입 등 농촌지역에서의 취업과 소득기회의 확보에 관한 과제 등을 들 수 있다.

7.3 농촌사회 활성화 대책

7.3.1 도시농촌 교류

농촌과 도시의 교류는 주로 2, 3차 산업의 도입이 어려운 농산촌 지역에서 지역활성화 대책의 일환으로 시작되었다. 이러한 교류활동은 자연, 생태계, 지역생산물 등 농촌 고유의 특성을 살리면서도 도시주민의 농촌에 대한 수요 행태 변화에 맞추어 다양한 형태로 전개되고 있다(표 7.4).

(1) 도농교류방향

1) 산업적 교류

농촌과 도시 간에 지역농산물을 대상으로 교류하는 배경에는 생산자와 직접적인 관계를 맺음으로써 신선한 농산물을 구입코자 하는 도시민(소비자)의 요구가 있기 때문이다. 예를 들면, 각 지역에서 정기적으로 열리고 있는 농산물 전시 및 직판장은 생산자와 소비자가 직접 접촉하는 기회가 되고 가격이 저렴하여 도시민에게 호평을 받고 있으며, 도시민을 대상으로 한 농업체험 등이 활성화 되고 있는 것은 체험에 대한 도시민의 요구가 높다는 것을 의미한다.

농산물의 전시 · 시식 · 판매 등을 통한 교류 목적으로는 ① 지역농산물의 홍보, ② 새로운 농산물의 생산 증가에 따른 소비확대, ③ 과소화 대책의 일환인 풍부한 자연조건을 활용한 마을의 활성화추진, ④ 혼주화 마을의 다양한 지역주민 간의 접촉기회 확대, ⑤ 소비자의 농업에 대한 이해도모 등을 들 수 있으며, 적극적인 교류를 통하여 농산물의 소비확대는 물론 생산기술 · 품질향상에 의한 지역농업의 발전을 기대하고 있다.

표 7.4 지역활성화 대책

구분	주요 행사 내용	실시 목적	특징
전통행사	• 마을전통축제 • 눈축제 • 지역산 농산물 · 가공품의 시식 · 판매병행	• 마을기념행사로 지역민 중심 • 부분적 개최를 통합하여 전체행사로 확대시행 • 지역전통 문화의 보전 · 계승	• 행사를 통한 풍요롭고 활력있는 주거환경 조성 • 과소화 지역의 활성화
관광여가	• 마을축제(향토음식, 미니목장) • 가족여행(낚시, 캠프장, 야유회) • 지역목장교류(목장사생대회, 우유시음, 바베큐, 사육체험) • 관광농원(봄 : 버섯 · 산채 채취, 가을 : 감자수확, 낚시) • 지역공원(캠프장, 수목원, 야생조수)	• 자연환경을 이용하여 관광진흥과 지역농산물의 소비확대 • 도시소비자에게 지역농업홍보 • 과소화 지역의 신성장동력화 • 산촌 활성화를 위한 여가 시설 및 공원설치 확대	• 도농 교류확대를 통한 청년층 정착과 지역 활성화 • 풍부한 자연환경 속에서의 현장체험을 통한 책임감과 연대감 육성
농업농촌체험	• 농산물 축제(과일 · 서류 수확, 시식, 판매) • 농촌체험(농촌생활연수, 농산물 생산과정 견학) • 식물과의 교류(식물원 개설, 화훼 묘목의 판매) • 수학여행 일정과 연계한 농업체험	• 도시인에게 자연의 풍요로움 과 농업을 체험 • 지역주민제도 시행 • 밭작물의 재배확대 • 지역의 관광농업발전 • 어린이에게 지역농업 체험	• 과소화 지역의 활성화 • 도시민의 농업에의 이해 증진 • 풍요로운 자연을 살려 농촌의 진흥도모
농산물교류	• 지역 농산물의 품평 · 시식 · 판매 기회 마련, 우수농산물 시상 • 요리 강습 및 실습 • 원예 · 농업경영 · 건강상담코너 • 작물 그림 사진전	• 지역농산물 홍보 • 밭작물의 소비확대 • 자연조건을 활용한 과소화 지역의 활성화 • 혼주화에 따른 비농가 지역민과의 교류확대	• 농업후계자 부족, 결혼난 해소를 위한 도시민과의 교류확대 • 농산물 판매를 통한 마을기금 조성 • 농림축산업의 이해 도모
기타	• 고향주민제도(행사초대, 농산물 택배 등) • 다양한 행사를 통한 교류기회 확대 • 농산물 소유제도	• 도농 교류확대로 농업진흥을 통한 활성화 기대 • 농업후계자 육성 및 정착 • 전작 진흥에 의한 농산물 소비확대	• 지역 특산물의 개발 육성 및 소비확대 • 청소년층의 향토심 고취 • 도시근교농업의 발전 • 도시민과의 정기적 교류로 활성화 기대
임업관련	• 임산물 · 산채가공품의 판매 • 임업생산에 대한 강연 · 실습 • 목공예품의 전시 • 삼림소유제도, 임업체험	• 지역의 과소화방지 • 임산물의 안정적 수요확대 • 임업의 활성화	• 임업관련 주민의 교류촉진 • 임업 후계자 육성 • 임산물의 생산 · 소비 확대로 임업진흥을 통한 지역활성화
수산관련	• 수산물 · 가공품의 시식, 판매 • 수산물 요리교실 • 낚시 · 포획 대회 • 치어방류	• 하천환경을 보전하여 어류 자원보호 • 수산물 소비 확대 촉진으로 어업진흥 • 수산자원의 부활	• 신선한 수산물 제공에 의한 지역주민간 교류기회 확대 • 소비자에게 수산자원 보호 필요성에 대한 이해 도모 • 수산물 소비확대 등으로 어업진흥과 자원보호

농산물을 중심으로 한 산업적 교류에 의해 ① 농업후계자 육성과 도시민과의 교류, ② 목장에서의 사생대회 등에 의한 가축에 대한 관심제고, ③ 농민자치조직의 자체적 실시에 의한 지역역량강화 등의 성과를 올리고 있다.

농산물을 중심으로 한 교류 중 활발한 것은 삼림 · 과수 · 가축 등의 소유자(owner) 제도, 회원제와 지역농산물의 택배제도가 있다. 이는 도시민과의 교류는 물론 삼림 · 목장의 유지관리 또는 낙농 · 과수의 진흥을 위해 외부자금을 도입하고, 농산물의 판로를 안정적으로 확보하고자 하는 농산촌 자체의 교류 필요성에 의해 이루어진 것이다. 소유자 제도 중, 수익배분 육림제도는 도시민이 생육단계에 있는 인공림에 투자하여 완전히 성장한 후, 벌채했을 때 수익을 삼림소유자와 분배하는 제도이다. 이 제도는 목재가격의 하락과 임업종사자의 감소 · 고령화에 의해, 간벌 등 중간 관리와 벌채후의 조림조차 어려워 산림이 황폐화되는 것을 방지하고자 실시하고 있다.

도농교류는 주로 일반 농산촌 지역을 대상으로 하고 있다. 그러나 가까운 거리에서 일상적인 교류가 가능한 도시근교 농촌은 혼주화가 일반적인데 농가와 비농가 간의 결합적 교류형태를 보이고 있다. 예로, 새로이 주택단지가 건설된 도시근교농촌에서 축산공해 문제는 농민과 비농민 사이의 갈등을 유발할 수 있다. 이 경우, 농가 주부가 단지 내 비농가 주부들을 대상으로 채소 판매운동을 전개하여 농산물을 통해 농가와 비농가 주민과의 연대감을 꾀하는 경우도 있다.

도시근교농촌에서 농촌과 도시의 교류의 장으로 농업공원이 있다. 이는 겸업화 · 고령화 · 농지면적의 감소에 의해 농업이 쇠퇴하고 있는 도시근교농촌에서 도시화의 유리함을 살려 소득이 높은 농업으로의 발전방향을 모색하는 과정에서 제안된 것이다. 농업공원은 농업생산장소를 공원과 같이 아름답게 정비하여 시민의 여가공간으로 활용하면서도 농업소득을 증대시킬 목적으로 시행하고 있다.

농산물 판매를 통한 교류에서 농가는 도시주민이 요구하고 있는 신선하고 안전한 농산물을 생산하여야 한다. 이러한 교류를 지속하기 위해서는 농가는 농업생산 방법부터 전환하지 않으면 안 될 것이다. 예로서, 교류행사의 일환으로 농촌을 방문한 도시주민이 농약과 화학비료를 많이 사용하는 생산현장을 보면 지역의 이미지 저하가 예상되므로 유기농업 등 지속가능한 농업을 활발하게 추진하여야 한다.

2) 자원의 활용적 교류

지역자원을 활용한 교류는 관광농원(산채 및 농산물 채취 또는 시식, 낚시 등), 가족 여행지(식당, 미니목장, 야영장 등), 풍부한 자연경관의 감상 모임 등이 있다. 이러한 교류를 통해 젊은 층의 정착과 지역활성화에 기여하며, 풍부한 자연을 배경으로 상호간의 접촉기회를 확대하고 자연을 감상하는 즐거움을 느끼게 하여 책임감과 연대감을 육성한다.

지역자원을 활용한 교류는, ① 자연환경을 활용한 관광과 지역농산물의 소비확대, ② 도시소비자를 초청한 양질의 농산물 생산 홍보, ③ 젊은층의 이촌에 대비한 과소화 대책, ④ 관광농업을 통한 마을 활성화, ⑤ 여가시설과 공원 등의 활용을 목적으로 한다.

관광농원을 통한 지역활성화 사례로 제주도내 일부 감귤농장을 들 수 있다. 일정한 입장료만 내면 감귤원에서 감귤을 마음껏 시식할 수 있도록 하여 많은 관광객의 호평을 받고 있다. 제주도 전래설화를 그린 조형물과 돌하루방, 원두막 등도 설치하여 지역의 특색을 최대한 살리는 노력도 함께 하고 있다. 감귤농장은 감귤이 익어서 나무에 매달려 있는 11월~1월 사이에만 개장되어 계절성 문제가 있으므로, 감귤 이외에도 사슴이나 염소를 사육하여 내방객들에게 가축체험 기회를 제공함으로서 사계절 관광실현을 위해 노력하고 있다. 농원을 찾는 관광객들에게 신선한 감귤을 원두막에서 시식하면서 지역의 전통적 분위기를 접하게 하고 신선한 감귤을 값싸게 판매 하는 등 1차 및 3차 산업을 효율적으로 연계시켜 지역활성화에 기여하고 있다.

지역자원 중 풍부한 자연경관을 관광자원화 한 시책으로 경관보전직불제가 있다. 우리나라에서는 농어촌지역에서 아름다운 경관작물의 재배를 확대하고 지역축제와 농촌관광을 활성화하기 위하여 2005년부터 경관보전직불제가 시행되고 있다. 경관보전직불제 시책의 추진에 의해 지역축제가 확대되고 지역별로 1.25배에서 150배까지 도시민 방문객이 증가하였다.

경관보전직불제는 농지에 유채, 메밀, 들꽃 등 경관작물 재배하는 농가에 직불금을 지원하는 제도로, 사업면적을 확대하고, 지원대상 작물을 기존의 유채, 코스모스 등 8개 종류에서 전체 초화류로 확대하는 한편, 재배지 주변 탐방로 조성 등 관광기반의 확대도 도모하고 있다(표 7.5). 주요 성공사례로는 경남 하동군 북천면 메밀축제, 경기도 파주시 돌곶이 꽃마을 축제를 들 수 있는데 경관보전직불제 시행 전에는 방문객이 200여명 내외에 불과했으나 시행 후에는 각각 46만명, 50만명으로 크게 증가하였다. 강원도 평창군 봉평면의 봉평메밀꽃 축제에는 2006년 67만여명이 방문하여 약 82억원의 소득창출효과를 거둔 것으로 나타나고 있으며 지역별로 경관작물을 원료로 농특산물과 가공품을 개발하여 지역의 브랜드 이미지를 높이는 효과도 큰 것으로 나타났다.

표 7.5 경관보전직불제 관련 축제 주요사례

시도	시군	읍면	지구명	면적(ha)	경관작물	축제명	축제시기
경기	파주	교하	돌꽂이	10	꽃양귀비 유채, 야생화	돌곶이 꽃마을축제	5~6월
강원	원주	부론	홍호	16	헤어리베치	헤어리베치 축제	5월
전북	고창	공음	선동	70	청보리	청보리축제	4~5월
전남	함평	엄다	화양	59	유채	함평나비곤충 엑스포	4~5월
경남	남해	상주	두모	5.2	유채, 튤립	유채 및 개매기축제	4월

외국의 대표적 사례로는 일본 홋카이도의 중부 내륙지대인 후라노(富良野), 비에이(美瑛町)지역의 농촌경관이 언론매체를 통해 국민에게 널리 알려져 유명 관광명소가 되고 있다. 후라노 지역의 관광경제 규모는 연간 100억엔 이상으로 전국 각지에서 연간 100만명 이상의 관광객이 방문하고 있다. 일본에서 자연조건을 효과적으로 활용하면서도 자연과 조화를 이룬 영농형태를 실현하고 있는 대표적 지역으로, 농가에서는 넓고 완만한 구릉지 밭에 감자, 사탕무 등의 농작물을 재배하여 아름다운 경관을 만들어 내어 관광객을 유인하고, 관광객을 대상으로 지역 농산물을 활용하여 다양한 제품을 생산 · 판매 하는 등 지역활성화에 기여하고 있다. 이는 장기간에 걸친 공공기관 및 민간기업의 적극적인 투자와 함께, 법적 규제사항에 대한 지역주민의 적극적인 협조 및 지역활성화를 꾀하기 위한 공감대가 형성된 결과로 나타난 것이다. 관광객의 양적 확대는 지역농업과 연계시켜 소득증대, 농산물의 부가가치 향상 등을 꾀할 수 있어 농촌의 활성화에 기여하게 된다.

3) 교육 · 문화적 교류

교육 · 문화적 교류는 마을 전통행사에의 참여, 여가와 함께 하는 농업 · 농촌체험(농산물의 생산과정 관찰 및 채취, 농촌생활의 연수, 수학여행 코스) 등을 통한 교류로 마을주민의 일체감 형성, 과소화 지역의 발전, 농산물생산과 가축사육 등 농업에 대한 이해 제고, 풍부한 자연에서의 여가기회 제공 등을 목적으로 하고 있다.

마을의 전통행사는 역사·전통적 행사의 활용·복원, 연극제·음악제 등 새로운 행사의 신설 등 다양하게 기획될 수 있다. 이러한 교류는, ① 도시민에게 자연의 풍요로움과 농작업을 통한 일하는 즐거움 제공, ② 특별주민제도 등에 의한 농촌에 대한 이해심 및 애착심 고취, ④ 지역농산물을 이용한 관광농원 조성, ⑤ 어린이들의 농촌 유학 및 체험에 의한 농업·농촌 이해 증진 등을 목적으로 하고 있다.

특별주민제도의 경우, 지역의 명예주민이 된 도시민은 일정한 연회비를 내는 대신 고향농산물을 배달받고 마을행사에 초대받으며, 여관·민박시설의 숙박 및 이용요금을 할인받는 등 우대조치를 받게 된다. 이 제도는 자치단체의 홍보와 마을소식지 배포 등 지역정보 제공활동과 연계되어 실시되고 있다.

(2) 도농교류와 농촌관광

1980년대부터 농촌활성화를 위한 대책의 하나로 도농교류의 필요성이 제기된 이래, 영농 후계인력의 부족, 고령화 등 농촌 내적인 요인에 농산물수입 자유화 등 외적인 요인이 더해져 농촌이 위기를 벗어나 활성화를 도모하려는 과정에서 도농교류가 대안으로 제시되어 정부의 주요 추진시책으로 정착하게 되었다.

도농교류활동은 시설(하드 측면) 이용이 전제가 되는 것과 교류이벤트·특별주민제도·산촌유학프로그램 등 소프트 측면으로 구분되나, 여기서는 시설을 중심으로 설명한다.

도농교류시설이란 도시민과 농업인·농촌과의 접촉을 목적으로 한 전시·체험·판매 등의 기능시설과 공원 등 공간시설을 의미한다. 교류시설은 도시에서의 거리에 따라 여러 가지 유형으로 구분된다. 도시에 인접한 시설로는 시민농원, 어느 정도 교외에 위치한 시설은 관광농원과 농산물직판장이 있는데, 이는 잠시 외출하여 신선한 농촌 환경을 체험하고자 하는 도시민을 대상으로 하고 있다. 농업공원은 농업·농촌·음식 등의 테마를 가진 테마파크로, 농산물 가공과 공예 체험학습시설, 박물관·향토자료관, 음식점, 숙박시설, 농원, 목장 등 농업과 농촌생활을 테마로 한 복합시설이다.

급속한 경제성장에 의해 경제적 여유와 여가시간이 증가하고 있다. 이에 수반된 취미 · 여가활동의 증가 등 가치관과 생활패턴의 변화, 교통여건의 개선 등 인프라 환경변화로 관광의 대중화가 급속하게 진행되고 있다. 관광의 대중화는 대규모의 자연생태계 변화와 외부자본에 의한 대형시설정비가 이루어지므로 하드투어리즘이라고도 한다. 이의 대표적인 시설로 여가활동의 수요를 종합적으로 수용하는 체류형 대규모 리조트를 들 수 있다. 이러한 하드투어리즘에 대하여 새로운 형태의 소프트투어리즘이 제시되고 있으며, 표 7.6은 하드투어리즘과 그린투어리즘의 특성을 비교한 것이다.

표 7.6 하드투어리즘과 소프트투어리즘의 비교

일반적 특성		관광객의 행동	
하드투어리즘	소프트투어리즘	하드투어리즘	소프트투어리즘
급속한 개발	여유로운 개발	집단행동	개인, 가족 등 소수행동
최대 규모화	최적화	적은 시간	여유있는 시간
부적합 규모	적정규모	결정된 일정	자연발생적 결정
단기적 관점	장기적 관점	명소관찰	체험실습
가격지향	가치지향	수동적	행동적
양적추구	질적추구	지역변화	지역유지
불안정	안정	환경피해	환경보전지원

농촌관광(rural tourism)은 관광활동, 관광상품. 농촌활성화와의 관련성 등에 따라 다양하게 정의되고 있으며, 영국을 비롯한 서유럽국가에서 주로 사용되고 있다. 프랑스와 일본 등은 그린투어리즘(green tourism), 독일과 이탈리아는 농업관광(agricultural tourism)으로 부르고 있으며, 이외에 생태관광(eco-tourism) 등의 명칭으로 다양하게 불리우고 있다.

그린투어리즘은 소프트투어리즘의 한 분야로, 도시민이 풍요로운 자연, 아름다운 경관, 전통문화, 주민과 교류하면서 농촌에 체류하는 여가활동을 의미한다. 프랑스에서 농촌관광활동 대상지역의 전원이미지를 반영하여 처음으로 그린투어리즘이라는 명칭을 사용하였는데, 유럽의 선진국에서 1970년대부터 널리 보급되었으며, 우리나라에서는 녹색관광의 명칭으로 1990년대에 도입되었다.

일본에서의 그린투어리즘은 도농교류를 통한 농업과 관련산업의 활성화, 취업기회의 확대, 지역자원의 유지를 목적으로 도입되었다. 점차 자연성이 풍부한 농촌에서 여유로운 체류형 여가활동을 기대하는 도시민의 요구를 반영하게 되었고 세계화의 충격 속에서 소외가 극심한 중산간지역 등 조건불리지역의 활성화 특별대책의 하나로 채택하게 되었다. 일본에서의 농촌관광도입은 침체된 농촌지역의 활성화 수단으로 추진한다는 측면에서 유럽과 다른 배경을 지닌다. 지역 활성화 사업의 일환으로 1960년대부터 전개된 농촌관광은 과소화되어 활력을 잃어가는 농촌지역 경제를 활성화시키기 위해 지역 차원에서 스키장과 같은 리조트 시설 조성에 집중하였다. 그러나 이러한 대규모시설 위주의 관광개발이 농촌지역 경제에 미치는 문제점이 크게 대두되어 1980년대에 이르러 일본은 전국적으로 '지역 만들기' 운동을 전개하며 본격적으로 농촌관광사업을 육성하였다. 이러한 지역 만들기 운동에서는 지역의 농업과 전통문화, 특산물을 중심으로 전통문화마을을 조성하는 등 다양한 사업이 추진되어 왔다.

유럽의 그린투어리즘은 다음과 같은 특징이 있다.

① 관광활동의 주대상이 농촌의 자연 또는 생활공간 내에서의 체류와 산책, 지역 생활의 체험 등이다.

② 지역이 자발적으로 그린투어리즘을 계획 · 실행하고 사회적 · 경제적 이익을 지역에 환원하는 체제를 갖추고 있어 지역활성화에 기여한다.

③ 서비스의 공급주체는 기업 등 외부자본이 아니고 지역농가이며 부업으로 경영하는 농가민박(farm inn)이 핵심적 요소이다.

유럽의 선진국과 우리나라의 관광 환경에는 차이가 있다. 선진국에서는 일반주민도 1~2주 이상의 장기 휴가가 일반화되어 있으나, 우리나라의 경우는 대부분 1~3박 정도의 단기간이며 연휴 등에 집중되는 경향이 있다.

시설 면에서 보면 선진국 농가주택의 건축 재료는 견고한 석재로 되어 있어 비교적 간단한 개보수로 쾌적한 숙박공간을 만들 수 있는데 비해, 우리나라 농촌주택은 노후도가 심하고 대가족중심의 생활공간형태로 되어 있어 개별 숙박공간으로 만드는데 어려움이 많다. 또한, 선진국에서는 그린투어리즘이 대중화되고 있으나, 우리나라는 이에 이르기까지 시간과 노력이 필요한 상황이다. 따라서 선진국의 이러한 발전된 관광형태를 그대로 우리나라에 적용하기에는 한계가 있다.

휴가기간이 짧고 집중되어 있어 부업형태의 농가민박 경영은 채산성을 맞추기 어려워 원래의 의미로 국내에 적용하기에는 문제가 있다. 전업형태의 체험형 민박의 경우, 공공기관이 운영주체가 되어 시설정비를 하고 운영관리는 지역주민이 참여하는 민관협동의 숙박시설유형 도입을 검토할 필요가 있다.

현 단계에서 그린투어리즘의 수요 확대를 위하여, 체류형 관광객은 물론 당일귀가형 관광객 유치도 적극 검토할 필요가 있다. 구체적으로는, 농산물직판장, 관광농원, 체험실습시설, 시민농원, 농업공원 등 단시간에 체험과 구매가 가능한 교류시설 정비가 필요하다.

그린투어리즘은 자원 · 전통 · 문화 등 지역특성을 활용하면서 도농교류를 통한 지역활성화를 목적으로 하므로 농촌관광의 개념과 같다고 볼 수 있다. 여기서는 농업의 지속을 전제로 관광이라는 서비스 개념을 더한 의미로 농촌관광을 해석한다.

농림수산식품부에서는 농촌관광을 농촌의 자연경관과 전통문화, 생활과 산업을 매개로 한 도시민과 농촌주민간의 체류형 교류활동으로, 도시민에게는 휴양 및 체험공간을 제공하고, 농촌에는 농산물 판매(1차), 가공산업(2차), 숙박 · 음식 서비스(3차) 등 소득원을 제공하는 지역활성화운동으로 정의하고 있다.

(3) 도농교류 추진현황

1) 우리나라 도농교류 추진현황

도농교류를 체계적으로 추진하기 위하여 도농교류촉진법을 제정하였다. 이 법은 도시와 농어촌의 균형발전과 국민의 삶의 질 향상에 이바지하며, 농어촌의 사회 · 경제적 활력 증진과 도시민의 체험 · 휴양 수요에 대응하는 것을 목적하고 있다. 현재까지의 추진과정을 요약하면 다음과 같다.

① 도입기(1980~2000) : 농어가의 농외 소득창출을 목적으로 농어촌 휴양지 개발을 위하여 농어촌발전특별조치법 및 농어촌정비법 등에 근거를 두고, 관광농원(1984년), 민박(1993년), 주말농원(1994년) 등 개인사업 중심으로 추진하였다.

② 확대기(2000~2007) : 마을단위 농어촌체험관광을 도입하기 위해 삶의 질 향상법(2004)에 도농교류 활성화 시책 추진근거를 마련하여, 농어촌 테마공원 조성사업과 같은 체험시설조성사업과 함께 녹색농촌체험마을, 어촌체험마을, 전통테마마을 등 마을단위사업을 추진하고 있다.

③ 성장기(2008~) : 도농교류촉진법(2008년) 시행으로 질적인 성장을 도모하기 위하여, 체험 · 휴양마을사업자 육성, 체험교육 활성화, 도농교류지원기구 지정 등 소프트 · 휴먼웨어를 개발하는데 역점을 두고 있다.

도농교류를 추진하면서 농촌공간에 대한 국민들의 인식과 교류 여건이 크게 개선되었다. 즉, 농업 · 농촌을 식량생산공간에서 휴양 등 다원적 공간으로의 기능확대가 요구됨에 따라 체험 · 휴양 수요의 증가, 관련 인프라 및 제도적 기반을 갖추었다고 할 수 있다.

그러나 양적확대에 치우치면서 질적 성장이 부족하다는 과제를 안고 있다. 도시와 농어촌의 교류 필요성에 대한 전 국민적 공감대가 필요하며, 청소년 등 젊은층들의 농어촌 체험 및 방문기회 확대, 지역특성의 활용 및 발굴도 해결과제로 대두된다. 유럽, 일본과 달리 마을공동사업을 중심으로 지역 활성화를 추진함으로써 경영주체별 조직화 미흡, 마을공동사업의 시장 경쟁력 취약, 도농교류 프로그램의 다양성 부족, 관련 인프라의 질적수준 열악 등이 문제점으로 대두되었다. 또, 중앙정부 주도로 추진됨으로서 지방정부와 민간의 자율적 참여 저조 등이 해결과제로 대두되고 있다.

2) 선진국의 도농교류 현황

대부분의 선진국에서 도농교류는 농촌관광을 통한 농가소득 증대, 도농 균형발전, 농업 · 농촌 가치보존, 고용창출, 여가제공 수단으로 도입 시행하고 있다. 지역 활성화를 위한 도시와 농어촌 협력관계를 구축하기 위하여, 일본에서는 정부부서 간 다양한 도농교류사업을 연대 추진하고 있고, 영국에서는 1960년대 일부 농가에서 경영 다각화의 일환으로 농촌관광을 시작하였다. 앞으로는 관광중심에서 자연경관의 유지 · 보전(환경), 농가소득 보전(농수산물 · 가공품 판매) 등으로의 확대발전을 꾀하고 있다(표 7.7).

프랑스는 1939년 유급휴가제도의 도입이후 저렴한 여가형태에 관한 관심이 높아지면서 1950년대부터 농촌관광을 정책적으로 지원하고 있다. 초기 은퇴농 중심에서 중소농 중심으로 전환되고, 농외소득 기회 확대라는 경제적 동기가 가미되면서 양적 성장이 이루어지고 있다. 농업관광협회를 조직하고, 농가민박을 장려하기 위해 정부에서 보조금 지급하고 있다. 숙박 · 식사제공은 물론 교육체험 분야까지 서비스가 다양화되고, 동호회와 장애인 등 특수계층까지 대상고객이 확대하고 있으며, 전국 1,200여 체험교육농가들은 프로그램 개발, 학교교육과의 연계에 주력하고 있다.

독일은 1960년대 후반부터 농가 경영다각화 차원에서 연방정부가 중심이 되어 농촌관광정책을 수립하고, 여러 이해관계자의 협조 하에 '농촌에서 휴가를' 사업을 추진하고 있다. 최근에는 농촌의 자연과 문화보전을 강조하며, 농촌활성화를 위해 도시-농촌의 연계성을 강화하고 있다.

일본은 1990년대부터 농촌 지역전체의 소득 유지 · 확보 차원에서 농촌관광을 진흥하여 왔는데, 관련법 제정 이후에는 도농교류차원에서 정부 주도로 추진하고 있다. 2002년부터 경제재정운영과 구조개혁에 관한 기본방침을 수립하여 도시와 농산어촌의 공생 · 교류를 추진하며, 초등학생 교류, 기존자원 활용, 상점 · 중소기업과 연계, 도시농업 진흥, 지역연계 등의 정책을 정부부서별로 연계 추진하고 있다.

표 7.7 선진국과 우리나라 도농교류정책 비교

구분	유럽(영국 · 프랑스 · 독일)	일본	우리나라
단계	질적 발전단계	질적 도입단계	양적 성장단계
특징	• 농촌관광으로 시작 • 농가 경영 다각화 • 전국 조직화, 네트워크 • 일반관광부문과 경쟁 (시장점유율 20% 수준, 외국인 고객 20%)	• 농촌관광 → 도농교류 발전 • 지역 소득유지 · 확보 • 전국 조직화, 네트워크 • 범부처간 연계 추진	• 농촌관광 → 도농교류 발전 • 농외소득 향상 도모 • 전국단위 조직 없음 • 마을공동사업 위주
운영주체	• 개인〉민간조직〉지방정부〉중앙정부	• 지방정부〉개인(마을)〉민간조직〉중앙정부	• 중앙정부〉지방정부〉마을(개인)〉민간조직
제도적 장치	• 농업관련법 *농촌관광활동을 농업활동으로 인정	• 농산어촌체재형 여가활동 촉진법('95), 농촌휴가법 등	• 도농교류촉진법('07) 농어촌 정비법 등
공공부문 역할	• 시설투자 보조 및 융자 • 직업훈련 및 교육 (관련비용 50~100% 보조)	• 시설설치 지원 • 소프트웨어분야 지원 (농업체험지원, 교육, 인재활용 등)	• 시설설치 보조 및 융자 • 소프트웨어분야 지원 (정보제공, 홍보, 인력육성, 프로그램 개발 지원 등)
민간부문 역할	• 농업인 〉 은퇴자 • 민간조직 설립 · 운영 • 민박농가 등록 · 관리, 품질인증, 홍보, 경영상담, 조언, 기술교육, 연구, 정책제안 등	• 농업인 〉 은퇴자, 귀촌인 • (재)도시 · 농산어촌활성화 교류기구 전담 • 컨설팅, 정보제공, 시설운영지원, 연수, 농가민박 등록제 운영, 인재육성, 홍보 등	• 마을 〉 농업인, 귀촌인 • 민간전담조직 없음 (도농교류센터 등) • 1사1촌 운동, 홍보, 주민교육 등 산발적 추진

자료 : 농림수산식품부(2009)

3) 우리나라 도농교류 주요사업

도시주민의 농촌에 대한 인식변화의 한 예로, 조사대상 도시민의 85%는 농촌의 쾌적함이 우리 삶에 필요하며, 77%는 주말여가를 농촌에서 보낼 수 있으며, 79%는 노후를 농촌에서 보낼 수 있다고 답하고 있다. 이와 같이 도시주민의 농촌에 대한 인식변화와 교류확대가 예상되는 것은 농촌이 다양하게 교류기회의 장을 제공하고 있기 때문이다.

교류는 축제 · 이벤트 등이 대부분 자치단체 주관으로 개최되고 있으며, 지역특산물의 판매, 공영 또는 민간시설에서 식사 · 숙박 · 체류 서비스, 농업 체험학습, 자매도시 등 도시 · 단체와의 협정체결, 계약재배 등 직거래 활동 등이 이루어지고 있다.

도농교류 활성화를 계속적 · 안정적으로 추진하기 위한 해결과제로, 농촌마을의 교류를 위한 인력 · 시설 · 조직의 부족, 도시민의 요구 반영 미흡, 낮은 시설 이용률, 주민의 지지와 협력 부족 등을 들 수 있다. 현재 추진중인 도농교류관련 주요 시책 및 사업은 표 7.8과 같다.

표 7.8 우리나라 도농교류 추진사업

추진전략	주요과제
도농교류의 생활화	• 도시민과 함께 하는 교류문화운동 저변 확대 • 초중등학생 교류사업 강화 • 도시민의 '슬로우 인생2모작' 지원
농어촌체험 · 휴양기반의 브랜드화	• 도심 속 도농교류기반 구축 • 농어촌 체험 · 휴양기반 확충 • 체험 · 휴향사업 품질관리 및 전국 브랜드화 • 인프라 네트워킹 및 금수강촌 조성
도농교류 인적자원 양성 및 유치	• 전문인력 양성 및 인적 역량강화 • 도시 인력활용시스템 구축
도농교류의 글로벌화	• 도농교류 국제 네트워크 구축 • 도농교류 조직화, 협력체제 구축

자료 : 농림수산식품부(2009)

① 녹색농촌체험마을 조성

현재 정부에서 추진하고 있는 농촌관광마을 조성사업은 표 7.9에 나타난 바와 같이 지역특성을 활용한 다양한 사업이 추진되고 있다. 이중, 농림수산식품부에서는 친환경농업, 자연경관 등을 활용한 농촌체험관광 활성화를 통해 농의 부가가치를 증진하고 도농교류를 통한 지역활성화를 목적으로 녹색농촌체험마을을 조성하고 있다. 2002~2017년간 850개 마을을 목표로 2008년 364개 마을, 2009년 현재 442개 마을을 조성하였다(표 7.10).

또, 많은 농촌마을에서 친환경농업, 자연경관 등 부존자원을 활용하여 도시민들에게 체험 · 휴양공간을 제공하고자, 농촌체험기반시설과 생활편의시설 정비, 마을경관조성 및 주민교육 등의 사업을 추진하고 있다. 주민합의를 바탕으로 마련한 마을협정과 사업계획에 따라, 마을주민이 공동으로 사업을 운영하는 가운데 공동체 복원을 도모하며, 인적 · 물적 교류 확대, 마을안길 및 경관 정비, 민박용 주택개량, 주차장 설치 등 마을생활환경의 종합정비도 함께 추진하고 있다.

표 7.9 정부부서별 농촌관광마을 지원대상사업

주관	사업명	개요	지원 내용
농림수산식품부	녹색농촌체험마을	농촌의 자연경관, 전통문화, 생활과 사업을 연계시켜 도시민의 체류형 교류활동 촉진	2002년부터 마을 여건에 따라 1~3억원 지원
농촌진흥청	농촌전통테마마을	고유의 전통문화와 생활풍습, 쾌적한 삶을 기반으로 도시인의 농촌휴양과 문화체험을 확대	2009년 종료, 마을당 2억원 지원
행정자치부	아름마을가꾸기	자연환경과 편리성이 조화된 자연친화적 농촌공간 형성으로 소득증대와 활력있는 지역공동체 형성	마을당 10억원 내외 지원
환경부	자연생태우수마을	생태계와 경관보전, 자원순화형 생활형태와 생태계 복원 등으로 자연친화형 마을 조성	주체적인 지원은 없으나 우수마을로 홍보, 관련 사업 시행 시 우선 지원

자료 : 농촌진흥청 농촌생활연구소(2004)

표 7.10 녹색농촌체험마을사업의 추진현황

구 분	2002	2003	2004	2005	2006	2007	2008
마을수(누계)	18	44	76	123	190	274	364
방문객(천명)	-	-	928	994	1,343	1,579	2,359
매출액(억원)	-	-	74	111	183	233	309

자료 : 농림수산식품부(2009)

② 농어촌관광휴양단지 조성

쾌적한 자연환경과 농어촌특산물 등을 활용한 농어촌관광휴양단지를 조성하여, 도시민 등에게 체험 · 휴양공간을 제공하고 도농교류 활성화 및 농어촌지역 소득증대를 위해, 규제완화 및 제도적 지원으로 민간투자를 촉진하며 민간의 개발수요를 농촌으로 유치하기 위하여 시행하고 있다.

지역수요 및 여건에 맞는 자율적인 농어촌관광휴양단지 조성을 위해 사업규모는 30,000m^2(어촌관련 휴양단지사업의 경우 15,000m^2~1,000,000m^2) 이하로 제한하고 있다. 농어촌관광휴양단지사업에서는 반드시 60㎡ 이상의 농림어업전시관 및 학습관을 설치하여야 하며, 2008년 현재 전국적으로 16지구(지자체 14, 민간 2)가 지정되어 운영중에 있다.

③ 관광농원 조성

1970년대 말부터 농산물 수입확대로 인한 농업한계론이 대두되고, 부업단지, 새마을공장 등 기존 농외소득사업의 효과도 저조하여, 농촌의 자연 · 자원을 농업 · 농촌체험과 연계 · 개발하고 도시민의 여가수요를 농촌공간으로 유치함을 목적으로 1984년부터 관광농원사업이 추진되었다. 2007년 현재 405개소가 지정운영되고 있다(표 7.11).

농원의 전체면적이 100,000m^2 미만이어야 하고, 영농체험시설은 반드시 설치하여야 하는 시설로 관광농원 전체면적의 20% 이상이어야 하며, 기타시설로 지역특산물 판매시설, 체육시설, 숙박시설, 음식점 등 관광농원 운영을 위한 시설을 갖추고 있다.

표 7.11 관광농원지정 및 운영현황

(단위 : 개소)

지역	경기	강원	충북	충남	전북	전남	경북	경남	제주	계
지정 농원수	16	66	29	67	32	60	42	66	27	405

자료 : 농림수산식품부(2008)

④ 농어촌 민박

농어촌지역 주민이 거주하고 있는 주택 일부를 활용하여 방문객에게는 농촌의 생활체험 기회를, 지역주민에게는 소득향상 기회를 제공하기 위하여 시행하고 있다.

1994년 농어촌정비법 제정 시 지역주민이 거주하는 농촌주택을 활용하는 민박농어가 · 민박마을 지정제도를 도입한 이후, 2005년 농어촌민박제도를 개선하여 운영되고 있다. 현 제도는 농어촌민박사업자 지정제도를 도입하여, 기존의 객실 7실 이하로 규정된 농어촌민박의 시설기준을 연면적 230m^2 미만의 단독 또는 다가구주택으로 제한하고, 단독정화조를 설치를 의무화하는 등 시설기준을 변경 시행하고 있다. 표 7.12는 2008년 현재 농어촌민박 사업자 지정현황을 나타낸 것이다.

표 7.12 사업자 지정현황

(단위 : 호)

구분	지정 현황	총 지정현황									
		주택규모 및 유형별									
		150m^2(45평) 미만		150m^2(45평) ~200m^2(60평)		200m^2(60평) ~230m^2(70평)		230m^2(70평) ~300m^2(90평)		300m^2(90평) 이상	
		단독 또는 다가구	기타	단독 또는 다가구	기타	단독 또는 다가구	기타	단독 또는 다가구	기타	단독 또는 다가구	기타
계	15,227	8,416	142	2,787	90	1,442	35	921	35	1,299	60

자료 : 농림수산식품부(2009)

⑤ 도시민 농촌유치 지원사업

도시민이 농촌에 이주 · 정착 시 도움이 되는 정보를 종합적 · 체계적으로 온라인과 오프라인을 통해 제공하는 사업이다.

농어촌종합정보 온라인 서비스로는, 포털 서비스의 운영관리, 시스템 유지관리 및 기능개선, 컨텐츠 확대 및 신규 발굴, 기초 생활환경 등 정보제공 서비스 개발(GIS 기반 정주생활권 단지의 복지 · 문화 · 교통정보), 농어촌 기초생활환경에 대한 『서비스 맵』 구축 등이 있다(표 7.13). 정주지원 오프라인 서비스는 도시민의 농어촌 이주 촉진 홍보, 농어촌 종합정보 상담실 운영 등이 있다.

표 7.13 농어촌종합정보 온라인 서비스

분야별	서비스 내용
체험/관광	농산어촌체험마을 중심의 체험정보 및 지역여행 정보 제공
전원/생활	도시민의 농촌 이주단계(준비-실행-정착이후)별 정보 제공
지역/정보	지역개발사업정보, 지역투자정보 등 농산어촌 지역개발정보 제공
부가서비스	농산어촌 삶의 질 서비스 맵, 투어맵 등 GIS 기반의 지도서비스 제공

7.3.2 농촌마을 개편

(1) 농촌마을 개편방향

인간이 농촌마을을 조성하여 농업생산활동과 주거생활을 안정적으로 추구하는 경우에는 안정적인 생활구조가 나타나게 된다. 그러나 주민생활이 내부 또는 외부 요인에 의해 변화하여 생활구조가 불안정하게 되면, 이를 안정화시키려 하는 움직임이 나타나게 된다. 이들 변화요인이 마을 전체에 영향을 미칠 정도로 크게 작용하게 되면 어떠한 형태로든지 공간적인 변화를 수반한 새로운 마을구조가 출현하게 되는 바, 이러한 일련의 과정을 여기서는 농촌마을 개편으로 정의하고 있다.

농촌지역 활성화의 일환으로 농촌마을이 새롭게 개편되고 있다. 중산간, 오지 농촌과 같이 과소화가 크게 진행되고 있는 지역의 활성화 대책으로 마을 개편에 의해 정주 · 교류를 촉진하는 방법이 있다. 이 경우, 마을개편은 인구감소로 마을을 유지하기 어려운 벽지마을을 보다 조건이 양호한 지구 또는 마을로 이전 · 통합함으로서 주민의 정주기반을 개선하기 위해 실시하고 있다. 일본에서는 마을유지를 위한 한계수준을, 마을의 자치기능 유지측면에서는 11가구 · 42인, 마을해산의 한계로는 4~6가구 · 10~18인을 제시하고 있다.

(2) 과소화 농촌마을의 개편

고도 경제성장이 시작된 1970년대 이후부터 농산촌 지역에서는 젊은층을 중심으로 한 인구유출 현상이 두드러지고 있으며 농가세대 전체가 이주하는 경우도 발생하고 있다. 이로 인해 용배수로 관리 등 농업생산활동은 물론이고 농촌 지역사회를 유지하는 것이 곤란한 마을이 생겨나고 있다.

농촌마을의 과소화에 대처하기 위하여 지방중심도시를 주축으로 한 광역생활권 구상이 제시되고 있으며 벽지마을을 중심부로 이전시키는 과소화마을 개편사업이 구상되고 있다. 마을이전 형태는 집단이전 · 분산이전 · 자연해산으로 구분되며, 집단이전과 자연해산의 경우, 다시 소속 행정구역 내외부로 구분된다. 과소화가 심각한 산간지역에서는 생활권정비와 마을이전정비로 구분하여 추진할 수 있고, 마을 이전 후 주민의 생활과 영농형태는 마을 내 전직, 통근겸업, 통근농업, 마을 내 취농 등 지역특성에 따라 다르게 나타나고 있다.

포장과 농가가 인접하는 산촌형(散村型) 마을에서는 영농 규모확대와 기계화를 위해 새로운 농업 공동체가 구축되어야 하므로 분산거주에서 집단거주형태의 마을개편을 할 수 있다. 그러나 이러한 마을개편은 단기간에 성취되기 어려우며, 지역주민의 합의형성이 우선되어야 한다.

과소화에 따른 마을 개편은 대부분이 마을이전의 형태를 취하고 있다. 마을이전과 관련된 두 가지 유형를 살펴보면 다음과 같다.

① 이농전직형의 마을이전 : 농촌마을 개편 시 2개의 마을이 지역 중심부에 위치한 주택단지 1개소에 이전하는 경우이다. 일반적으로 이전하게 된 동기는 2개 마을 서로 다른데, 예로서 다른 지역에의 접근성이 불량 해소, 또는 지역 내 주요 취업장소에 가까운 곳으로 이전하기 위함 등이다.

② 통근농업형의 마을이전 : 겨울철의 혹한이나 적설, 그리고 초등학교의 통 · 폐합 등의 불리한 지역여건을 개선하기 위해 지역의 중심지 부근에 위치한 주택단지로 집단 이전하는 경우이다. 이에는 마을의 집단이전, 통근경작에 의한 농업경영의 근대화, 부문별 협업에서 전면적 협업으로의 전환을 위한 포장정비 등이 병행된다.

(3) 농촌마을 개편의 과제

농촌마을 이전이 계획된 지역에서 이전 실행률이 둔화하는 요인은, ① 과소화 경향의 일시적인 둔화, ② 겸업화의 진행에 따라 마을과 농업생산과의 일체성 둔화, ③ 농촌공업도입, 도로교통조건 향상에 의해 통근겸업의 일반화 등을 들 수 있다.

과소화 마을을 개편하면서 지역에서의 생산과 생활, 주민 사이의 관계 등을 그대로 유지한 채, 이전하는 것은 현실적으로 어려우며 이전계획 시 아무리 면밀히 검토하여도 예측하지 못했던 여러 가지 문제가 발생하게 된다. 또한, 같은 주민이라도 고소득자와 저소득자, 농가와 비농가 사이에는 여러 가지 문제가 발생하여 이해관계가 갈등을 빚으면 합의형성을 저해하는 요인이 된다. 따라서 주민과 주민 사이, 행정기관과 주민과의 충분한 대화를 통하여 합의형성을 하는 것이 필요하다.

앞으로, 마을을 중심으로 정주안정을 도모하고 교류를 확대하기 위해서는 마을특성에 맞는 마을기능을 개편하여야 하며, 과소화에 의해 발생되는 잉여 시설이나 주택을 활용한 체류형 시설정비를 추진하여야 한다.

(4) 농촌마을 정주환경의 조성

개편된 농촌마을은 생활환경정비에 필요한 제반 조건이 불충분한 경우가 많다. 또한, 농촌마을 개편이 추진되지 않는 농촌지역에서도 생활과 농업생산은 내·외부적 변화에 영향을 받는다. 예로서 생활의 전면적인 도시화, 농가의 겸업화와 생활권의 광역화 등이 중요한 내·외적인 변화이다. 이러한 과정에서 여러가지 구조적 모순이 생겨나는데, 이에 대한 대응책의 하나가 점진적인 농촌마을 개편이라고 할 수 있는 농촌생활환경정비이다.

1980년대 까지 농촌생활환경의 정비는 농업기반정비사업, 농업구조개선사업, 농가주거환경 개선사업 등 국가 보조사업, 도로와 공공시설 등의 확충을 위한 일반공공사업 등과는 별도로 추진되어 왔다. 그 후, 종합적인 농촌생활환경정비의 필요성이 크게 대두되면서 종합정비사업이 활발히 진행되어 농촌활성화를 위한 중심사업이 되고 있다.

농촌생활환경정비는 다음과 같이 단계별로 뚜렷한 변화를 보이고 있다.

제 1단계에서는 도시에 비해 크게 낙후되어 있는 생활환경시설의 정비에 치중하였다.

제 2단계에서는 인간이 거주하는 환경의 체계적 정비를 위해 생활환경, 농업생산기반, 취업기회 등 생활여건을 총체적으로 정비하였다.

제 3단계에서는 시설의 정비만이 아니고 이용의 편의성과 기능 유지를 위하여 지역주민이 참여하는 시설 유지관리 활동을 활성화 하고, 농촌의 미래상 실현을 위하여 지역의 각종 활동을 활성화하는 지역행동계획을 추진하게 되었다.

제 4단계에서는 그 동안의 공통 목표인 「도시에 비해 낙후되어 있는 농촌환경의 정비」와 함께 「특성있는 지역 조성과 지역경제의 활성화를 포함한 농촌의 새로운 요구에 대응한 정비」를 병행 추진하고 있다.

특히, 최근에는 지역 간 교류(도시와 농촌 간 교류, 국제적 교류)등 농촌 활성화를 위한 생활환경정비로의 추진이 필요해지고 있다.

앞으로 농촌마을에서 쾌적한 정주환경 조성을 위해서는 고령화 사회의 급속한 진행에 대비하여 생활유지기능을 향상시킬 필요가 있다. 즉, 상수도, 오수처리시설 등 생활환경정비는 물론, 지방도시와의 접근성 개선 등 일상적인 교통서비스기능의 개선, 정보통신시설의 정비, 의료복지시설의 정비 등이 필요하며, 특히 마을기능이 크게 저하한 지역은 마을개편 등을 통해 생활유지기능을 확보하여야 한다.

최근, 「도시에 비해 여유롭고 아름다운 농촌환경」이 강조되면서 농촌경관과 농촌의 쾌적함에 대한 관심이 높아지고 있다. 한편으로는 지역의 특성을 고려하지 않은 획일적인 정비가 행해지고 있는데, 도시민의 쾌적한 공간에 대한 욕구를 적극적으로 수용하는 대책이 요구되고 있다. 앞으로 고령화, 정보화의 지체, 과소화, 농업후계자 확보난 등 해결과제에 대하여 농촌 주민자신이 직접 계획하고 실행에 옮기는 주체적인 능력을 갖추어야 한다. 일례로 사업지구가 확정되면 계획주체인 지역주민은 기계와 노동력을 제공하여 주변의 환경개선에 직접 참여한다. 이 참여과정에서 경험을 통하여 독특한 정비방법이 개발되면 앞으로의 생활환경정비 계획 및 실행에도 응용할 수 있게 된다. 지역주민의 참여 또는 주민이 중심이 된 정비·계획은 앞으로 여러 가지 사업에도 크게 영향을 주게 된다.

(5) 전원마을의 조성

경제적 여유를 바탕으로 다양한 생활을 영위하려는 도시민의 수요가 증가하고 있다. 많은 도시민들은 단순히 여유로운 전원생활만을 위해서라기보다는 자기가 추구하는 새로운 삶의 방식을 실현하기 위해 농촌으로의 이주를 결정한다. 전원에서의 여유로운 노후생활, 농업활동 등 희망내용은 다르지만 기존의 도시생활과 다른 생활방식을 필요로 하게 된다.

전원마을조성사업은 농촌지역에서 쾌적하고 다양한 형태의 전원마을을 조성하여 도시민의 농촌유입을 촉진함으로써 농촌지역활성화를 도모하는 사업이다. 귀촌을 희망하는 도시민은 여건에 맞는 전원마을을 직접 조성하거나 분양받을 수 있으며, 농촌은 경제적으로 여유있고 능력있는 지역주민을 확보하여 지역을 활성화할 수 있는 물적 · 인적 자원을 확보하게 된다. 사업의 추진방향은 다음과 같다.

① 다양한 주체가 참여하여 자율적이고 창의적이며 지역 특성에 맞는 전원마을 조성
② 마을과 숲이 조화를 이루고 전통문화가 깃든 품격있는 농촌마을 조성
③ 주변경관과 어울리는 단지 배치 및 농촌주택 건축 유도
④ 관련 부처 및 사업 간 연계를 강화하여 시너지 효과 창출
⑤ 지역 공동체 형성을 통해 마을의 지속적인 유지 · 발전도모

수도권, 광역시를 제외한 농촌의 면지역에서 마을기반시설 및 공공시설 설치 등을 지원하며, 마을 가구 수에 따라 10억~30억 원 범위 내에서 차등 지원하고 있다. 사업추진주체는 입주자 주도형(20~49가구)과 공공기관 주도형(20가구 이상)으로 구분하고 있다.

표 7.14 전원마을조성사업과 연계추진 가능한 관련부서의 사업(예)

구 분	사업명(부처)
기초생활시설	농촌마을종합개발, 농촌정주기반확충 · 오지개발촉진(농림수산식품부), 농산어촌주거환경개선(농어촌 주택개량, 농어촌빈집정비-농림수산식품부), 도서개발촉진(행정안전부), 면 · 마을단위 생활용수개발(환경부/농림수산식품부), 면 · 마을단위 하수도정비(환경부), 소하천 정비(소방방재청)
문화 · 체육	공공도서관 건립, 농어촌 문화체육센터 건립, 마을단위생활체육시설 설치, 생활친화적 문화공간 조성, 문화 및 생태 · 녹색 · 관광자원 개발(문화체육관광부)
농촌체험관광	녹색농촌체험마을 조성(농림수산식품부), 농촌전통테마마을 조성(농촌진흥청), 어촌체험마을 조성, 어촌관광활성화사업(농림수산식품부)
복지시설	농업인 건강관리실 확충(농촌진흥청), 농산어촌 보육시설 확충, 가족친환경형마을 조성(여성부), 농산어촌 재가노인복지센터 확충, 농산어촌 복합노인복지시설 시범설치(보건복지가족부), 농촌건강장수마을 육성(농촌진흥청), 여성농어업인센터 설치(농림수산식품부), 농산어촌 공공보건기관 의료기반 확충, 고령친화모델지역 조성(보건복지가족부)
기 타	도시민 농촌유치 지원, 디지털사랑방(농림수산식품부), 정보화마을 조성(행정안전부), 교통서비스 강화(공영버스 구입지원 등-국토해양부), 폐기물처리시설 지원(환경부), 신재생에너지 지방보급사업(지식경제부), 저수지 수변개발(농림수산식품부), 산림휴양공간 및 수목원 조성, 자생식물 식재 및 생태숲 조성(산림청)
권역종합개발	농촌마을종합개발, 어촌마을개발(농림수산식품부), 산촌마을개발(산림청), 신활력지역지원사업(농림수산식품부), 소도읍 육성(행정안전부)

(6) 농촌마을 종합개발

농촌마을 종합개발 사업은 농촌마을의 경관개선, 생활환경정비 및 주민 소득기반확충 등을 통해 살고 싶고, 찾고 싶은 농촌정주공간을 조성하여 활력있는 농촌사회 형성을 목적으로 하고 있다. 농산어촌 읍·면 지역중 생활권·영농권 등이 같고 발전 잠재력이 있는 마을들을 상호 연계하여 1개 법정리 이상의 소권역 단위로 개발하며, 지역주민과 지자체, 관련전문가 등이 주도적으로 참여하는 상향식으로 추진하고 있다.

주요 사업내용은 지역특성별 농촌마을의 경관개선, 기초생활환경정비, 소득기반확충, 지역사회유지를 위한 인구유치 및 지역역량강화사업 등이며, 2017년까지 1,000개 권역을 추진하여 농어촌의 40만 가구가 혜택을 받게 된다.

(7) 농어촌 뉴타운 조성

농어업 경영 승계가 가능한 도시 거주 30~40대 젊은 인력을 농어촌으로 유치하여 핵심 주체로 육성함으로써 농어업의 경쟁력을 제고하고 활력있는 농어촌을 형성하는 것이 이 사업의 목적이다. 이 사업은 고령 농어업인의 젊은 출향 자녀가 귀농하여 기존의 젊은 농어업 인력과 함께 지역 농산업의 핵심 주체로 성장토록 지원하는 맞춤형 인력육성 지원 종합 프로그램이다. 사업내용은 다음과 같다.

① 맞춤형 영농기술 및 자금지원 : 맞춤형 교육 및 창업자금 지원
② 양질의 교육여건 조성 : 커뮤니티센터에 보육시설 설치
③ 쾌적하고 저렴한 전원형 주택 공급 : 임대주택 또는 분양주택 등을 건설

7.3.3 농촌소득기회의 창출

농촌지역에 국민 누구라도 거주할 수 있도록 하는 것이 농촌활성화의 기본이며, 거주조건의 기본은 안정된 취업·소득 기회 확보이다.

취업기회가 상대적으로 부족한 농산촌지역에서는 젊은 층을 중심으로 이촌이 심화되고, 이로 인해 과소화와 고령화의 악순환이 계속되고 있어 안정된 취업기회의 확보가 시급한 과제이다. 또한, 불안정한 겸업농가가 원격 농촌지역에서 주로 나타나고 있어, 이의 개선도 요구되고 있다.

취업기회를 확보하기 위해서는 기간산업인 농업발전을 1차적으로 도모하고 지역 특

화 산업이 도입되어야 한다. 이를 위해서는 산업의 종합적 발전 기반이 되는 교통 및 정보통신시설의 정비와 함께 산업의 후계인력 및 지역인재 육성이 필요하다.

지역의 특성과 여건을 최대한 활용한 대책으로는 지역자원에 바탕한 지역연고산업의 진흥, 지역의 풍부한 자연환경과 관광자원을 활용한 농촌관광의 진흥, 농촌공업 도입, 고도의 정보통신기반을 활용한 하이앤드(high-end) 산업유치 등이 있다. 특히, 풍부한 자연환경과 관광 · 여가대상 자원의 활용, 농산물의 고부가가치화와 특산물 판매 등을 통해 지역산업의 발전과 연관되도록 계획되어야 한다.

(1) 농촌공업의 도입

1) 농촌공업 도입의 필요성

초기에는 농업경영의 규모화 추진을 위한 이농 촉진, 고용기회 확대, 기존 공업지대의 과밀화 해소하기 위한 공장의 지방분산 등을 목적으로 농촌공업이 도입되었다. 이후, 적극적이고 계획적으로 농촌공업을 도입하여 취업기회의 확대와 함께 취업구조도 개선되어 농업구조의 개선을 촉진하는 계기가 되었다. 이제는 농촌정주를 촉진하기 위해 고용기회를 창출한다고 하는 관점에서 농촌공업 도입을 적극적으로 활용하는 의의를 찾을 수 있다. 일반적으로 농촌공업의 도입 필요성은 다음 두 가지로 설명할 수 있다.

첫째, 지역 내에 양질의 공업노동력 수요를 창출하여, 농촌지역의 저소득 또는 과부담 취업(원정취업, 원거리 통근) 문제를 개선하고, 나아가서는 지역소득을 증대하고, 인구유출을 억제한다. 구체적으로는 안정된 겸업농가의 육성 및 이농 촉진에 대한 기대가 중심이 된다(취업구조 개선의 필요성).

둘째, 영세농가의 이농 내지는 안정겸업화를 촉진하여 잔존 농업노동력에 대한 토지자원이용의 효율성을 개선하며(소유합리화 또는 생산조직화), 새로운 도시적 수요에 대응한 생산기회를 증가시켜 농업구조의 개선을 꾀한다(농업구조 개선의 필요성).

2) 농촌공업 도입의 효과와 과제

농촌의 공업도입은 농촌지역에 저렴한 공장부지를 조성하여 기업을 유치함으로써 농어촌 부존자원을 활용하고 소득증대 및 지역경제 활성화를 목표로 하고 있다. 우리나라에서는 1983년 「농어촌소득원개발 촉진법」 을 제정하고 1984년부터 농공단지제도를 도입하여 2014년까지 400개소 조성을 목표로 농공단지 조성사업을 추진하고 있다.

효과적인 사업추진을 위하여 1991부터 정부 4개 부처에서 협력 지원하고 있는 바, 농림수산식품부는 농어촌 지역별 구분, 농공단지 부지조성비 지원, 지식경제부는 시책 총괄, 입주기업지원, 국토해양부는 단지 지정 · 입지 기준 설정 및 승인, 환경부는 환경 기준 설정, 폐수시설 지원 등을 분담하고 있다.

공영개발과 민간개발로 나누어 농공단지 지정대상 농어촌지역(122개 시 · 군) 중 시 · 군별(최대 2,000천m²) · 단지별(30~330천m²)로 지원하고 있으며, 운영중인 4,655개 업체에서 120,171명을 고용, 업체당 평균 고용인원은 25.8명이며, 이 중 현지인(농가+비농가) 76천명(63.2%), 현지인중 농가 15천명(12.2%)의 고용창출 효과를 나타내고 있다(표 7.15).

농촌지역에 공장이 진출함으로써 얻어지는 효과 및 문제점은 표 7.16에 나타난 바와 같으며, 농촌주민 및 농업에 미치는 단점을 최소화하고 장점이 최대한 발휘될 수 있도록 계획수립 시 충분히 검토하여야 한다.

표 7.15 농공단지 지정 및 조성 현황

(단위 : 개소)

연도	2001까지	2002	2003	2004	2005	2006	2007	2008
지정	299	305	315	322	337	345	359	385
조성(완료)	276	291	297	295	298	311	324	330

자료 : 농림수산식품부(2009)

표 7.16 농촌공업 도입에 따른 장단점

항 목	효 과	문 제 점	대 책
지역경제	• 지역소득의 증대 • 자원의 효과적 이용 • 관련수요의 증대(상업, 하청공업) • 건설투자에 의한 지역경제 자극	• 노임상승, 노동력 부족에 따른 기존 산업의 약화 • 기업의 건설계획 지연과 기업도산에 따른 지역 경제의 혼란	• 하청제도의 육성 • 진출기업에 대한 지역내 수요 창출 • 기존산업의 육성 • 신규수요에 대응한 산업진흥

토지이용과 물이용	• 유휴지의 활용 • 시가지의 증가 • 물이용 체계의 개선	• 우량농지의 전용, 농지 감소 • 지가상승에 따른 공공용지 취득의 어려움 • 오폐수에 의한 수질오염	• 토지이용계획의 확립과 규제강화 • 우량농지의 보전 • 지하수 규제 • 수원확보와 물이용 체계 확립 • 수질기준과 감시체제로 보전
인구와 노동력	• 인구유출 억제와 과소화 방지 • 젊은층의 정착 • 취업기회 확대, 취업조건 개선	• 농업노동력의 부족 • 기존기업과의 노동력 확보 경쟁 • 중 · 고령층의 고용회피 • 저임금, 노동조건의 불리	• 농업구조개선의 추진 • 노동력경쟁의 조정 및 지도 • 중 · 고령층의 적극적 취업 • 기업선택 • 기능연수의 촉진
농업생산	• 농업구조의 개선(겸업화에 따른 토지집중, 자립경영의 증가) • 도시형 농업의 증가	• 노동력의 부족에 따른 생산력 저하 (경작포기, 경영규모 축소) 및 농업의 단순화(단일작목 재배) • 겸업화에 따른 생산조직의 와해 • 상승으로 규모 확대가 곤란 • 인구증가로 공해 발생 우려 • 정보와 기술부족으로 도시형 농업이 곤란	• 우량농지의 보전과 기반정비 • 생산조직화, 기계화, 현대적 시설 정비 • 농지의 유동화 • 도시형 농업경영체의 육성
농가생활	• 겸업에 따른 농가소득증대 및 수준 향상 • 생활 형태의 다양화 • 도시적 생활환경으로 생활이 편리 • 생활활동범위 확대	• 겸업에 위한 노동의 과중 • 불규칙한 근무(야근, 연장근무)에 따른 가정생활의 변화 • 가정교육 및 노인문제 • 도시의 나쁜 요소 유입(공해, 연대감 결여)	• 생활과 생산의 분리 촉진(농업구조개선) • 생활지도 • 생활관련 사회시설의 정비
사회 · 생활 환경	• 도시시설의 증가(상점, 여가시설, 공원, 상하수도 등) • 도로, 교통의 개선 • 시가지 정비	• 공해 및 혼주화에 의한 주거환경의 악화 • 경관 파괴 • 시가지 과밀화와 농촌 과소화의 이중구조화 • 교통량 증대와 교통사고 증가 • 도시시설정 비의 지연으로 인한 생활환경의 불균형	• 공해, 환경규제와 감시 체제의 정비 • 도시시설정비에 의한 마을환경개선 • 농촌경관, 녹지의 보전 • 지역 내 교통조건의 개선 • 마을 이전 및 개편 • 공업화, 도시화에 관한 주민의향 파악 • 공업화 계획에 주민참여
지방자치 단체의 행정 · 재정	• 세수입의 증대 • 행정의 현대화, 합리화 • 계획행정의 발전	• 공업관련 투자의 증대 • 사회생활 환경정비에 대한 투자 증대 • 행정부담의 증가(공업대책, 공해대책 등)	• 지역계획의 수립 • 행정의 능률화와 인력의 육성 • 광역화에 따른 상호협조 체제 확립

(2) 농촌여가시설의 개발

1) 농촌여가시설 도입의 효과

소득수준의 증가에 따라 여가시설의 정비 및 확충 필요성이 커지고 있다. 농촌의 여가시설은 도시화 · 공업화에 따라 새롭게 요구되고 있는 농촌의 다양한 기능에 바탕하여 지역활성화를 추진하기 위해 도입하는 것이다.

농촌여가시설의 도입에 따른 효과로는, ① 건설투자로 인한 경제적 효과, ② 지역의 고용효과, ③ 농림수산업, 지역산업 등 관련기업의 육성 효과, ④ 지역의 이미지 향상 효과, ⑤ 도시문화와의 교류를 통한 지역문화의 창출효과 등을 들 수 있다. 반면, 농촌여가시설 도입에 따른 해결과제로는, ① 지역자원의 무계획적 개발, ② 지가 상승, ③ 상수도 부족, ④ 하천 등의 수질오염, ⑤ 도로 정체, ⑥ 소음공해 발생, ⑦ 지역사회의 질서파괴 등을 들 수 있다.

2) 농촌여가시설의 개발방향

농촌에서 스키장, 골프장, 호텔 등 대규모 여가시설의 개발은 삼림과 구릉지 등에서 자연파괴 등 환경문제를 일으키는 경우가 많으므로, 자연환경과 생활환경을 보전하면서 관광과 농업을 연결시키는 방향으로의 전환이 필요하다.

농촌여가시설 개발 시 고려할 사항으로는, ① 정확한 수요파악에 따른 계획수립, ② 지역특성을 살린 개발, ③ 자연경관과 전통경관의 보전과 조화, ④ 향토요리, 생활체험 등 생활관련분야의 도입, ⑤ 다양성의 확보, ⑥ 국제화에의 대처, ⑦ 지역도입 체제의 정비, ⑧ 도시민에의 정보제공 등을 들 수 있다.

농촌여가시설 개발 시 지역활성화와 지역주민의 복지증진에도 기여하기 위해서는 다음과 같은 방향으로 추진하여야 한다.

① 여가활동과 휴양 등 다양한 활동을 위해 장기체류 하는 경우에 대비하여 우선 쾌적한 생활공간이라는 기본조건을 충족시킨다,
② 지역의 환경, 자원, 산업, 기술, 문화 등을 고려하여 독창성있는 계획을 수립한다,
③ 여가시설을 중심으로 지역산업 발전과 연계한다,
④ 여가시설의 개발을 마을정비, 지역개발과 연계시켜 경제, 자연과 경관, 문화, 주민복지 등을 아우르는 종합적인 지역개발을 도모한다,
⑤ 지역주민이 중심이 되어 계획 · 실행한다.

다음의 6가지 원칙은 영국, 일본 등 주요 선진국에서 농촌여가시설 개발시 적용되고 있는 내용이다.

① 즐거움 : 여가시설 이용의 즐거움을 느끼게 하기 위해 아름다움, 문화, 역사, 그리고 전원지역이 가지고 있는 특성을 살린다.

② 개발 : 여가시설의 개발은 환경보전과 여가생활의 발전에 기여하여야 한다.

③ 디자인 : 여가시설의 계획, 디자인, 위치 결정시 지역경관과의 조화를 고려한다.

④ 농촌경제 : 여가시설에의 투자는 지역의 농촌경제에 기여하도록 한다. 침식 등에 의한 환경파괴가 일어나지 않도록 하고, 경제 및 부가가치가 극대화되도록 광역적인 개발을 통해 연중 이용할 수 있도록 한다.

⑤ 환경보전 : 여가시설의 수혜자는 환경보전 및 여가시설 확충시책에 적극 지원하며 전원지역의 보전과 함양에도 기여하여야 한다.

⑥ 시장활동 : 여가 관련 산업계는 홍보, 정보, 교육 및 시장활동을 전개하여 농촌지역 만이 아닌, 환경문제 전반에 대하여 국민전체의 이해과 관심을 높이도록 노력한다.

참고문헌

강기경, 2004, 논의 바람직한 미래상, 자원보존125, 한국자연보존협회, pp.46-55

강기경, 2005, OECD농업환경지표의 향후 개발 전망과 연구과제, 한국환경농학회 춘계워크샵 자료집, 한국환경농학회지, pp.27-62

권오상, 이태호, 2001, 농업의 다원적 기능 관련 실증분석 방향제시 및 정책 제안 연구동향 분석보고서, 농촌진흥청

김동수, 엄기철, 윤성호, 윤순강, 황선웅, 1994, 논, 왜 지켜야 하는가?

김성수, 오세익, 최찬호, 조경만, 전은경, 2003, 농업 · 농촌의 이해, 한국방송통신대학교출판부

김은자, 이한기, 2001, 농업 · 농촌의 공익기능 인식 평가, 농촌사회, 11(2), pp.135-158

김은자, 이한기, 윤여창, 2001, 델파이 기법을 통한 농촌의 공익적 기능 평가, 한국농촌계획학회지, 7(2), pp.55-64

김은자, 이상영, 김영, 변종석, 2006, 농촌 사회문화적 공익기능의 미래예측 분석 연구, 2005 농촌자원개발연구보고서, 농업과학기술원, pp.21-47

김종진, 2000, 농업의 다원적 기능과 농업정책, 2000 농업과학기술 심포지엄 자료집, 농촌진흥청 농업과학기술원

농림부, 2001, 농업의 다원적 기능의 가치평가 연구

농림수산식품부, 한국농어촌공사, 2007, 전원마을만들기

농림수산식품부, 2009, 농어촌지역 활성화를 위한 도농교류 5개년계획(2010~2014)

농촌진흥청, 2001, 농업의 다원적 기능 평가 방법

농촌진흥청, 2003, 농업의 다원적 기능에 관한 가치평가 연구

농촌진흥청, 2005, 농촌의 다원적 기능향상을 위한 어메니티 보전 및 자원관리시스템 개발(연구보고서)

농촌진흥청, 2006, 농업 · 농촌의 다원적기능(교육과정자료)

안윤수, 김은자, 김영, 서정호, 2005, 농촌의 사회문화적 공익기능 가치 평가, 농촌사회, 15(1), pp.175-213

엄기철, 윤성호, 2000, 농업의 다원적 기능 계량화 평가, 2000 농업과학기술 심포지엄자료집, 농업과학기술원, pp.1-39

유진 어덤(이도원, 박은진, 김은숙, 장현정 옮김), 2001, 생태학, 서울: (주)사이언스북스

윤여창, 1996, 농업이 환경에 미치는 공익적 기능 평가, 농촌진흥청

이규천, 2002, 생물다양성 관리계약제도 도입 필요성과 대안 -철새도래지를 중심으로-, 농촌경제, 25(2), pp.1-27

이상영, 신용관, 김영, 2004, 지속가능한 농촌지역 개발을 위한 환경자원의 가치평가, 농촌진흥청 농촌자원개발연구소

이재욱, 2000, 농업의 다원적 기능과 WTO협상, 2000 농업과학기술 심포지엄자료집, 농촌진흥청 농업과학기술원

오세익, 김수석, 강창용, 2001, 농업의 다원적 기능의 가치평가 연구, 한국농촌경제연구원 수탁연구보고 C2001-31

조인상 외, 2002, 농업환경의 계량화 평가를 위한 OECD 농업환경지표 개발 및 대책연구, ARPC 최종보고서, 농림부

최찬호, 2000, WTO 체재하 농업의 다원적 기능 유지 전략, 2000 농업과학기술 심포지엄자료실, 농업과학기술원

한국농어촌공사, 2009, 농어촌지역개발자료(전원마을조성, 농공단지 조성, 도농교류 활성화, 도시민 농촌유치)

日本農業土木學會, 2003, 農村計劃學

農林統計協會, 2002, 中山間地と多面的機能